EXCEL을 이용한

통계학의 기초와 이해

김제영 · 배현웅 · 윤병창 지음

敎友社

머리말

정보화 시대라 일컫는 오늘날 통계학은 인문·사회·자연과학, 공학, 의학 등 여러 분야에서 폭넓게 활용되고 있으며, 그 중요성도 날로 더해가고 있다. 그러나 많은 사람들은 통계학의 필요성과 그 중요성을 인식하면서도 공부하기 어려운 학문으로 생각하고 있다. 그 이유는 통계 이론을 이해하기가 쉽지 않고, 복잡한 계산을 필요로 하여 통계학을 활용하게 되기까지 많은 시간과 노력이 필요하기 때문이다. 이러한 점을 고려할 때, 통계학에 대한 기본 개념을 보다 쉽게 이해하면서 컴퓨터를 이용하여 복잡한 계산과정을 피하면서 통계학을 올바르게 활용할 수 있는 능력을 배운다는 것은 매우 중요한 일이라 하겠다.

이 책은 통계학을 처음으로 배우고자 하는 학생들을 위하여 통계학의 기본 개념을 보다 쉽게 이해하고 간편하게 활용할 수 있도록 하는데 역점을 두고서 엮은 책이다. 따라서 주요 개념들을 가능한 쉽게 설명하고자 노력하면서 이에 대한 이해를 돕기 위해 각종 예제를 많이 포함하는 한편, 쉽게 주위에서 접할 수 있는 소프트웨어 중의 하나인 EXCEL 2000을 이용하여 자료를 통계적으로 처리하고 분석하여 그 결과를 해석할 수 있도록 하는데 역점을 두고서 집필하였다.

이 책은 총 4개 부 9개의 장으로 한 학기 강의용에 적합하도록 그 내용이 구성되어 있다. 즉, 제 1 부 '통계학의 소개'에서는 통계학의 정의 및 통계 공부를 하는데 있어 주요한 기본 용어에 대한 개념 설명을, 제 2 부 '기술통계학'에서는 자료를 요약하고 정리하는 요령 및 기술통계량에 대한 설명을 하였다. 제 3 부 '추측통계학을 위한 기초 개념'에서는 확률의 정의 및 계산 방법, 확률변수, 확률 및 표본분포 등에 대한 설명을 하였다. 마지막으로 제 4 부 추정과 가설검정에서는 모집단의 특성을 추론하고 검정하는 방법을 설명하였다.

이 책의 특징으로는 직장 또는 사회에서 광범위하게 사용되고 있는 소프트웨어 중의 하나이면서 최신 버전인 EXCEL 2000을 이용하여 통계학을 처음 접하는 사람들도 쉽게 통계 이론을 이해하고, 주어진 자료를 이용하여 통계 처리 및 분석을 간단하게 할 수 있도록 집필되었다는 것이다. 이 책에 포함된 내용에 대해서 완전하게 이해한다면 각종 응용분야와 관련된 통계기법을 공부하고 활용하는데 있어 많은 도움이 될 수 있으리라 필자는 확신하는 바이다.

이 책이 나오기까지 많은 격려를 아껴주지 않은 분들에 대해서 고마운 마음을 표하는 바이다. 그리고 이 책의 출판을 위해 애써 주신 교우사 여러분의 수고에 감사 드린다.

화랑대에서 저자 일동

차 례

제 1 부 통계학의 소개

제 2 부 기술통계학

제 3 부 추측통계학을 위한 기초개념

제 4 부 추정과 가설검정

제 1 부 통계학의 소개

제 1 장

통계학이란?

1.1 서 론

통계학의 대두는 300여년에 불과하나 그 발생 배경은 역사적으로 이보다 훨씬 오래되었다. 기록에 의하면, 기원전 3,000년 이전에 고대 바빌로니아, 중국, 그리고 이집트에서 인구조사가 행하여 졌으며, 로마시대에는 국가의 조직이 발달되면서 주민들로부터 세금 징수와 군사력 유지를 위한 징병을 목적으로 서기 74년까지 5년마다 전 주민의 인구와 재산상태를 조사하였던 것으로 나타나 있다.

근세에 있어서의 통계학은 주로 정치적인 필요에서 인구와 종교, 산업에 대한 많은 정보를 수집하는 형태로 시작되었으며, 그 기원은 17세기 중엽, 독일과 영국으로부터 찾을 수 있다. 독일에서의 통계학은 수량적인 면을 일체 배제하고 대학에서의 강의를 통한 관념적인 국세학(國勢學)의 형태로 이루어졌으며, 반면에 영국에서는 정치산술(政治算術)이라는 형태로 계량적인 통계학이 발달하였다.

1660년 독일에서 C. Corning이 Hermstadt 대학에서 강의를 하면서 "장차 정치가가 되고자 하는 사람들은 국가의 중요사항인 국토, 군사, 인구 및 행정 등에 관하여 올바르게 아는 것이 가장 중요하다"고 주장하였다. 그 후 G. Achenwall이 오늘날의 통계학(statistics)의 어원이 된 'statistik'이란 용어를 처음으로 사용하면서 "이것이 바로 국가의 중요사항을 기술하는 학문"이라고 정의하였다.

같은 시기에 영국의 런던시에서는 1348년, 1563년, 1592년에 흑사병으로 사망한 기록과 그 동안의 전쟁에 의한 사망 기록 등을 근거로 출생과 사망에 관한 통계를 발표하였으며, 1662년에 J. Grant는 런던시에서 발표한 출생과 사망에 관한 통계를 근거로 원인별 사망자수, 인구의 추정, 연령계층별 인구 등을 분석하여 흑사병 또는 전쟁 등으로 인하여 남녀의 성비율이 어떻게 변화하였는가를 논문으로 발표하면서, 출생 · 사망 등의 인구 변화에는 일종의 법칙이 존재함을 역설하였다. 1690년 W. Petty는 토지, 인구, 재정, 경제 등 각 방면에 걸쳐 영국의 국력을 프랑스, 이탈리아, 네덜란드 등의 여러 나라와 비교하였다. 이 당시의 통계학은 대량의 실제 자료를 이용하여, 주어진 현상 등을 비교, 분석하는데 중점을 두어 왔다.

그러나 19세기에 들어와서 통계학은 단순히 자료를 나열하고 도표를 그려 필요한 사항을 비교, 분석하는 것에 한정되지 않고, 수집된 자료에 통계적 방법을 적용하여 사회 및 자연현상에 대한 어떤 규칙성 또는 법칙성을 이끌어 내거나, 또는 수집된 자료를 토대로 그 모체가 되는 집단에 관한 어떤 특성을 도출해 내는 추론의 학문으로서 그 중요성이 인식되기 시작하였다.

1859년 C. Darwin은 대량 관찰에 의한 기술적이고 경험적인 방법을 이용하여 '종의 기원'이라는 진화론을 발표하였으나, 그의 연구는 보다 수리적이고 과학적이지 못하였다. 이러한 문제점을 보완하기 위하여 F. Galton, K. Pearson, 그리고 W. R. Weldon은 백분위수, 상관계수, 회귀계수 등의 개념을 도입하여 다윈의 진화론을 과학적으로 입증하고자 하였다.

추론의 학문으로서 통계학이 발달하게 된 것은 아일랜드의 맥주회사 기사였던 W. S. Gosset에 의해서였다. 그는 재료의 품질변동과 온도변화에 따른 맥주의 품질 변화문제를 실험을 통하여 과학적으로 처리하고자 하였으나, 실험으로부터 얻을 수 있는 자료의 수가 적었기 때문에 그 당시 주류를 이루고 있던 '대표본에 의한 통계학의 이론'으로는 문제를 해결할 수가 없었다. 이에 그는 자신의 독창적인 개발로 '소표본에 의한 t-분포법'을 고안, 발표하였다.

Gosset에 의한 t-분포의 발견에 의해서 추측통계학이 탄생하게 되었으며, 그 후 추측통계학을 더욱 발전시킨 사람은 R. A. Fisher이었다. 그는 농업시험장에서 십여 년간의 실험에서 얻은 자료를 근거로 획기적인 농사시험 설계방법을 고안하였으며, 동시에 분산분석법, 실험계획법 등을 창안하여 추측통계학에 있어서 중추적인 역할을 하는 통계적 방법을 새로이 개발하였다. 그 후 J. Neyman, K. Pearson, 그리고 E. S. Pearson 등 많은 학자들은 통계적 방법과 수학적 이론을 접목, 발전시켜 추정론, 가설검정론 등의 이론체계를 수립하면서 농학, 천문학, 경제학, 심리학 등 광범위한 분야에서 적용할 수 있는 과학적인 통계적 방법을 완성시켰다.

오늘날 통계학은 정보이론 및 게임이론 등에 적용되어 여러 현상들의 연구에 유용하게 사용되고 있을 뿐만 아니라, 인문·사회과학, 자연과학, 공학, 의학 등 거의 모든 학문분야에서 널리 이용되고 있으며, 그 이용도도 계속 증가 추세에 있다.

1.2 통계학의 정의

아직도 많은 사람들은 통계학을 단순히 자료를 수집하고 도표 또는 그림을 이용하여 자료를 기술하고, 정리하여 비교, 분석하는 학문 정도로 생각하고 있다. 물론 이러한 것들도 통계학의 일부이기는 하지만, 현대 정보사회에서의 통계학은 사회 및 자연의 여러 현상을 파악하고, 규명하기 위하여 과학적으로 자료를 수집하고, 정리, 분석하여 해석함으로써 그 현상을 밝히는 추론의 학문으로서의 기능을 하고 있다. 따라서 통계학을 다음과 같이 정의할 수 있다.

통계학의 정의

통계학(statistics)이란 관심의 대상에 대한 자료를 효율적으로 수집하고 정리, 요약하며, 또한 제한된 자료나 정보를 토대로 전체 자료의 특성에 관한 추론 및 불확실한 사실에 대하여 과학적인 판단을 내릴 수 있도록 그 방법을 제시하여 주는 학문이다.

통계학은 일반적으로 크게 기술통계학(descriptive statistics)과 추측통계학(inferential statistics)으로 나눌 수 있다.

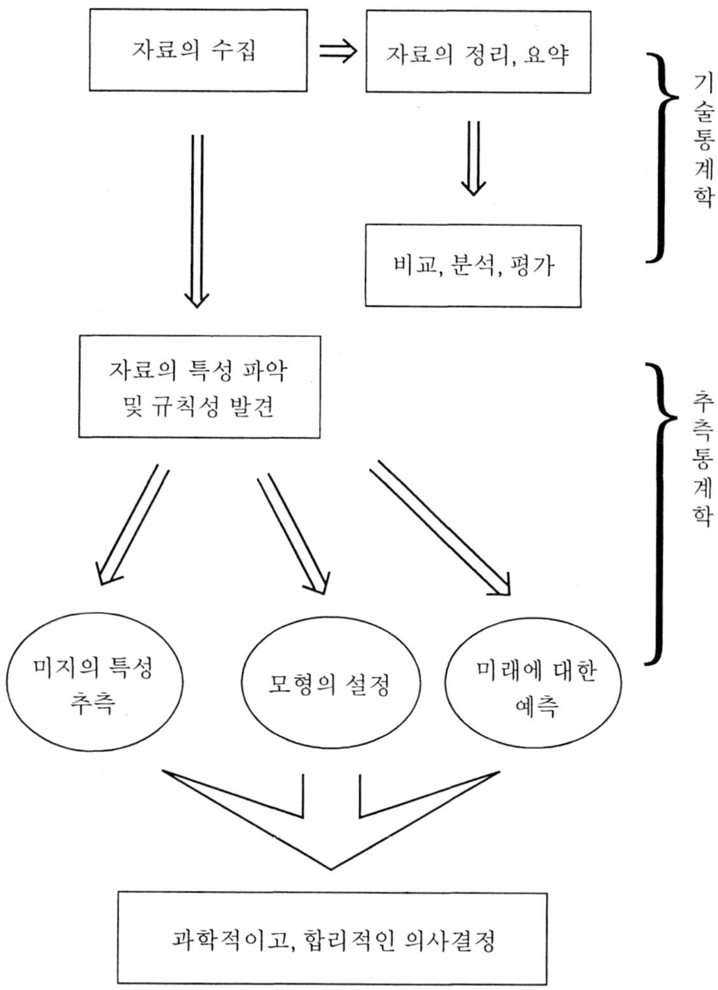

<그림 1.1> 통계학의 기본 개념

기술통계학이란 표나 그림 또는 대표값, 변동의 크기 등을 이용하여 수집된 자료를 효과적으로 정리, 요약하는 방법을 주로 다루는 통계분야를 말한다. 도수분포표, 막대그림표, 원형그림, 줄기-잎 그림, 상자그림 등과 같은 표나 그림, 또는 평균, 중앙값, 최빈값 등과 같은 중심위치를 나타내는 대표값, 그리고 분산, 표준편차, 범위, 사분위수범위 등과 같은 산포도를 나타내는 값들을 이용하여 자료를 정리하고 요약하는 방법 등이 이에 속한다.

이에 비하여, 추측통계학이란 전체 자료의 일부에 포함된 정보를 분석하여 전체의 여러 특성에 대하여 과학적으로 추론하는 방법을 다루는 분야로써, 여기에는 전체 자료의 특성에 대한 추정, 가설검정, 분산분석, 회귀분석 등이 포함된다.

예를 들어, 어떤 대학교 2학년 통계학 강의에서 기말고사 시험결과가 평균이 80점이고 표준편차가 10점이라고 설명하는 것은 기술통계학 분야에 속한다. 그러나 우리 나라 고등학교 3학년 학생의 수학능력을 측정하고자 전국 고등학교 3학년 학생 중 일부를 뽑아 수학능력을 측정하여 그 평균이 70점이라고 할 때, 전국 고등학교 3학년의 수학능력이 70점인지를 추론하는 것은 추측통계학 분야에 속한다.

1.3 통계학을 위한 주요 기본 개념

통계학을 이해하는데 있어서 필요한 기본 용어와 개념으로는 여러 가지가 있으나, 이 절에서는 그 중에서 가장 기초적인 용어들 즉, 변수, 모집단, 표본, 모수, 통계량, 표본추출 등에 대해서 간략하게 설명하고자 한다.

1.3.1 변수의 종류

어떤 현상에 대한 일반적인 사실을 파악하고자 할 경우에 필요한 값들을 조사하게 된다. 그러나 이러한 관측값들은 서로 동일하지가 않으며 변하게 된다. 통계학에서는 이와 같이 조사 하고자 하는 대상에 따라 변하는 값을 가지게 되는 속성을 변수(variable)라고 부른다. 예를 들어, 어느 대학교 학생의 연령에 따른 키를 측정한다고 할 때 연령과 키는 학생마다 다르기 때문에 여기에는 두 개의 변수 즉, 연령과 키가 존재하게 된다.

변수는 그 값이 가지는 형태에 따라서 질적 변수와 양적 변수로 나눌 수 있으며, 또한 가지는 값이 연속적인지 비연속적인지의 여부에 따라서는 연속형 변수와 이산형 변수로 각각 구분할 수 있다.

[속성에 따른 분류]

성별(남, 여), 인종(백인종, 황인종, 흑인종), 학력(초졸, 중졸, 고졸, 대졸) 등은 관측된 값들이 문자로 표시되어 그 속성에 따라 분류되어지기 때문에 이러한 변수들을 질적 변수(qualitative variable)라고 부른다. 반면에 키, 몸무게, 성적 등과 같은 변수들은 관측된 값이 양으로 표시되어지기 때문에 이러한 변수들을 양적 변수(quantitative variable)라고 한다.

질적 변수는 필요에 따라 숫자로 나타낼 수 있다. 예를 들어, 질적 변수인 학력수준을 국졸은 1, 중졸은 2, 고졸은 3, 대졸은 4와 같이 숫자화 할 수 있다. 하지만 이때의 숫자 크기는 그것이 나타내는 값의 크기와는 무관하며, 단지 편의상 정한 약속에 불과하다.

양적 변수는 관측값 자체가 크고 작음 또는 많고 적음을 나타내는 숫자로 표현되어 있으며, 이때 숫자는 관측된 값이 가지고 있는 속성을 그대로 반영한다. 양적 변수도 경우에 따라 질적 변수의 형태로 변환될 수 있다. 예를 들어 시험 성적의 경우, 90에서 100점을 A, 80에서 89점을 B, 70에서 79점을 C, 60에서 69점을 D, 60점 미만을 F로 바꾸면 질적 자료의 형태로 된다.

[연속성 여부에 따른 분류]

양적 변수는 변수의 연속 여부에 따라 연속형 변수(continuous variable)와 이산형 변수(discrete variable)로 나누어진다.

연속형 변수는 관측값을 하나 하나 셀 수 없는 형태 즉, 소수점을 무한히 포함하게 되는 형태의 값을 가지는 변수를 말한다. 연속형 변수의 예로서는 키를 들 수 있다. 왜냐하면, 키가 170.5㎝라는 것은 측정도구의 한계 때문에 근사치로서 170.5㎝이지 정밀하게 측정할 수 있는 도구만 있다면 실제로는 소수점 아래로 계속 이어지는 값이 되기 때문이다. 연속형 변수의 다른 예로서는 몸무게, 시간, 온도, 나이 등이 있다.

이산형 변수는 관측값을 하나 하나 셀 수 있는 특징을 가진 변수를 말한다. 이산형 변수는 일반적으로 정수값을 가지게 되는 경우가 대부분이며, 그 예로서는 일일 교통사고수, 휴가 일수, 대학교 합격자수 등을 들 수 있다.

1.3.2 모집단과 표본

여러 형태의 사회현상 또는 어떤 자연현상에 대한 사실을 규명하기 위하여 각종 자료를 수집, 조사하게 된다. 이때 자료를 얻는 방법에는 전체 자료를 빠짐없이 전부 조사하는 경우와 일부만을 조사해서 전체를 추측하는 경우가 있다. 전체 자료를 전부 조사하는 경우를 전수조사(complete survey), 전체 중에서 일부분만을 뽑아 조사하는 경우를 표본조사(sample survey)라고 한다. 이때 조사하고자 하는 대상 전체를 모집단(population)이라 하고, 조사하기 위해서 뽑는 전체의 일부분을 표본(sample)이라 한다. 예를 들어, 한국의 20대 남성의 평균 신장을 알아보기 위하여 각 시, 도에서 500명의 20대 남성을 뽑아 조사하고자 한다. 이때 모집단은 한국의 20대 남성 전체이며, 표본은 각 시, 도에서 뽑은 500명의 20대 남성이 된다.

모집단 전체의 성질을 정확히 알기 위해서는 전수조사를 하는 것이 당연하겠지만, 다음과 같은 경우에는 표본조사를 하는 것이 바람직하다.

1) 전구의 수명조사를 하는 경우와 같이 조사의 결과가 파괴적일 경우
2) 농업과 관련된 실험에서와 같이 노력, 경비, 시간 등을 절약하고자 할 경우
3) 어떤 질병에 대한 치료방법의 효과 여부를 판단할 때 현재 그 질병을 앓고 있는 환자뿐만 아니라 앞으로 발생하는 환자까지 모두 그 실험대상이 되는 경우와 같이 조사대상이 무한일 경우

1.3.3 모수와 통계량

일반적으로 관측의 대상인 집단의 특성을 수량화하여 나타낸 값들 즉, 평균, 분산, 비율 등을 그 집단의 특성값이라 한다. 실험이나 조사의 목적은 모집단에 대한 정보를 알아보려고 하는 것이다. 모집단의 정보란 대개 모평균, 모분산, 모비율 등과 같은 모집단의 특성값을 말하며, 이러한 모집단의 특성값을 모수(parameter)라고 한다.

모집단의 특성을 정확히 알기 위해서는 모집단 전체를 대상으로 조사하여야 한다. 그러나 일반적으로 모집단은 매우 크기 때문에 전체 모집단을 모두 조사하는 것이 현실적으로 불가능하거나, 비록 가능하다 하더라도 엄청난 비용과 시간을 필요로 하는 경우가 대부분이다. 따라서 모집단의 특성을 나타내는 모수는 일반적으로 표본을 추출하여 추정하게 되는데, 표본으로부터 계산되는 표본평균, 표본분산, 표본비율 등과 같은 표본의 특성값을 통계량(statistic)이라 한다.

통계학에서는 모집단 전체를 조사한 경우와 표본을 뽑아 조사한 자료로부터 계산된 특성값을 구분하는 것은 중요하다. 모집단에 대한 평균, 분산, 비율 등은 μ, σ^2, p 등으로, 이에 비하여 표본을 이용하여 계산된 평균, 분산, 비율 등은 $\overline{X}$, S^2, $\hat{p}$ 등으로 각각 나타낸다.

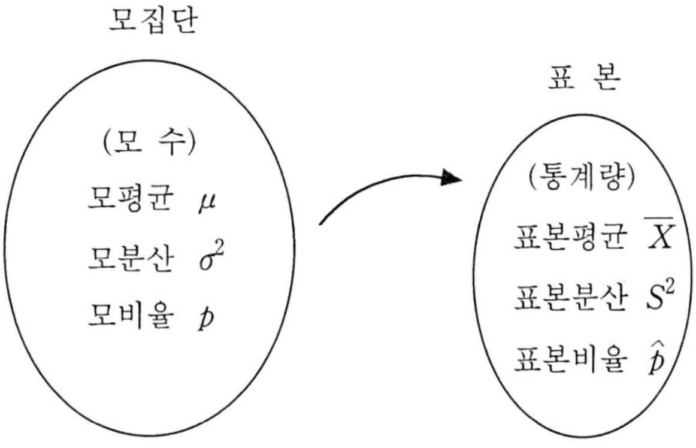

<그림 1.2> 모수와 통계량 간의 관계

1.3.4 표본추출

일반적으로 실험이나 조사를 할 때 전수조사를 하게 되면 규명하고자 하는 어떤 현상에 대한 사실을 가장 정확하게 조사할 수 있게 되지만, 모든 자료를 수집하는 것이 불가능하거나, 또는 가능하다 하더라도 엄청난 비용과 시간을 필요로 하는 경우가 대부분이다. 따라서, 우리는 모집단의 일부로서 추출된 표본을 이용하여 전체 모집단의 특성을 추측하게 된다. 그러나 표본의 조사결과는 모집단의 조사 결과와 차이가 있기 마련이며, 이러한 차이를 줄이기 위하여 모집단을 잘 대표하는 표본을 뽑는 것은 매우 중요하다.[주)]

[랜덤추출]

랜덤추출(random sampling : 또는 무작위추출)이란, 모집단의 모든 원소가 표본으로 뽑힐 확률이 같고, 하나의 원소가 뽑히는 것이 다른 원소가 뽑히는 것에 영향을 주지 않도록 표본을 추출하는 방법을 말한다. 실제로, 표본을 추출할 경우 모집단의 각 원소가 표본으로 뽑힐 확률이 같고, 서로 독립적이 되도록 하기 위해서는 난수표(random number table)를 이용하거나 또는 컴퓨터를 이용하여 난수를 만들어 사용하기도 한다. 난수표란 0에서 9까지의 숫자를 특별한 규칙성이 없이 흩어 놓은 표이다. 부록의 <표 1-2>는 난수표의 한 예이며, 이를 이용하는 방법을 실명하면 다음과 같다.

예를 들어, 300개로 구성된 모집단에서 크기 10인 표본을 추출한다고 할 때 모집단의 각 원소에 1에서 300까지 번호를 부여한다. 부록의 <표 1-2>에서 임의의 한 열을 선택하

주) 모집단에서 표본을 추출하는 방법으로는 랜덤추출법, 층화추출법, 집락추출법, 계통추출법 등 여러 가지가 있으나 가장 많이 사용되는 추출법 중의 하나로서 랜덤추출법을 들 수 있다.

여, 만약 두 번째 열을 선택하였다면, 앞에서 세 자리수(모집단의 크기가 세 자리수이기 때문)를 읽어 내려가면 다음과 같다.

168 003 478 509 064 183 142 386 466
527 278 669 947 157 655 146 716 127

여기서 난수가 301이상 되거나 같은 숫자는 버리고 나머지 중에서 차례로 10개를 선택하면 된다. 그러면 다음과 같은 숫자를 얻게 되고, 이들 숫자에 해당되는 모집단의 원소를 표본으로 선택하면 그들은 랜덤으로 추출된 확률표본(random sample)이 된다.

168 003 064 183 142 278 157 146 127 226

[복원추출]

서로 다른 n개의 공이 들어 있는 상자에서 한 개의 공을 랜덤으로 뽑고 그 숫자를 확인한 후 다시 집어 넣고, 그리고 다시 한 개의 공을 뽑아 또 다시 번호를 확인한 후 다시 집어 넣는 이러한 방법으로 원하는 만큼의 공을 추출하는 과정을 복원추출(sampling with replacement)이라 한다. 이때 각 단계에서 공을 뽑을 확률은 같아지며, 공들은 서로 독립적으로 뽑히게 되는 것이다.

[비복원추출]

서로 다른 n개의 공이 들어 있는 상자에서 한 개의 공을 랜덤으로 뽑고, 나머지 $n-1$개 중에서 두 번째 공을 뽑으며, 다음에는 남아 있는 $n-2$개 중에서 세 번째 공을 뽑는 이러한 방법으로 원하는 만큼의 공을 추출하는 과정을 비복원추출(sampling without replacement)이라 한다. 이때 각 단계에서 공이 뽑힐 확률은 달라지며, 따라서 각 단계에서 뽑히는 공은 그 이전에 뽑힌 공의 영향을 받게 되는 것이다.

제 2 장

자료의 정리

2.1 서 론

통계학에서 이용되는 자료(data)는 크게 실험자료(experimental data)와 조사자료(survey data)로 나눌 수 있다. 실험자료는 특정한 요인과 결과 간의 인과관계를 규명하기 위하여 주로 실내에서 실험환경을 조절하면서 얻은 자료를 말하며, 조사자료는 설문조사, 전화조사 또는 직접적인 조사 등을 통하여 얻게되는 자료를 말한다. 일반적으로 사회과학분야에서는 실험환경을 통제하기가 거의 불가능하기 때문에 엄밀한 의미의 실험자료를 얻기가 힘든 경우가 대부분이다. 따라서 실험자료는 자연과학분야에서, 반면에 조사자료는 주로 사회과학분야와 관련되어 얻어지게 된다.

통계분석을 위해서는 먼저 자료를 수집하게 되며, 이렇게 수집된 자료를 원자료(raw data)라고 한다. 그러나 이들 원자료는 정리가 되어 있지 않기 때문에 분량이 많고 산만하다. 이러한 상태로는 원자료를 이용하여 조사 대상에 대한 특성을 파악하기가 매우 어렵다. 따라서, 이러한 원자료를 도표로 작성하거나 적당한 모양의 그래프로 표현할 수 있다면 조사 또는 실험하고자 하는 현상에 대한 특성을 쉽게 파악할 수 있게 된다.

어떤 현상에 대한 일반적인 특성을 규명하기 위하여 자료 즉, 관측값들을 얻게 된다. 그러나 이러한 관측값들은 서로 동일하지가 않고 변하는 값을 가지게 되므로 통계학에서는 이렇게 관측 대상에 따라 변하는 값을 가지는 속성을 변수라고 한다.

변수는 그 변수가 취하는 값의 형태에 따라 질적 변수와 양적 변수의 두 가지 형태로 나눌 수 있다. 이와 마찬가지로, 자료도 그 변수가 취하는 값의 형태에 따라 질적 자료와 양적 자료의 두 가지 종류로 나눌 수 있게 된다. 즉, 관측된 자료값이 남・여 등과 같이 문자로 표시되어 몇 개의 범주로 나타내어지는 자료를 질적 자료(또는 범주형 자료), 크기, 무게 등과 같이 관측된 값이 숫자로 나타내어지는 자료를 양적 자료라고 한다.[注)]

2.2 도표 또는 그림에 의한 자료의 정리

자료의 수가 많고 복잡할 때 그래프나 도표를 이용하여 자료를 정리하거나 요약하여 자료에 포함된 정보 예를 들면, 자료 속에 존재하는 집단 간의 차이 여부 또는 어떤 값을 중심으로 자료값의 흩어진 정도, 그리고 분포의 모양 등을 보다 쉽고 빠르게 파악할 수 있다.

注) 변수와의 관계와 관련지어 자료를 구분한다면, 질적 변수들의 자료를 질적 자료 또는 범주형 자료, 양적 변수들의 자료를 양적 자료라고 부른다고 보면 된다.

2.2.1 도수분포표

[질적 자료의 경우]

도수분포표(frequency table)는 질적 자료를 정리하는데 많이 사용되는 도표로서, 원자료를 자료값의 범주에 따라 구분한 후 각 범주에 속하는 도수, 이 도수를 전체 도수로 나눈 상대도수, 이를 누적한 누적상대도수 등을 측정하여 정리한 표를 말한다.

예제 1 서울에 있는 S대학교 학생 300명을 대상으로 개인이 믿는 종교가 무엇인지에 대한 설문조사를 한 결과 다음과 같은 자료를 얻었다. 도수분포표를 작성하여라.

구분	기독교	불교	천주교	기타
인원	120	80	75	25

풀이 각 종교별에 대한 도수분포표는 다음과 같이 작성된다.

<표 2.1> 질적 자료에 대한 도수분포표

구 분	도 수	상대도수	누적상대도수
기독교	120	0.400	0.400
불 교	80	0.267	0.667
천주교	75	0.250	0.917
기 타	25	0.083	1.000
계	300	1.0	

■

[양적 자료의 경우]

양적 자료를 도수분포표로 나타내고자 할 경우, 전체 자료를 동일한 간격을 가지고 서로 중복되지 않는 몇 개의 계급구간으로 나누어 각 구간에 속하는 자료의 개수를 세어 도표로 정리하면 된다. 그러나 실제로 도수분포표를 작성할 때, 전체 자료값들을 효율적으로 정리하는데 있어서 몇 개 정도의 계급구간으로 나누는 것이 적절한 지를 판단하기는 쉽지가 않다. 왜냐하면, 계급구간수가 너무 적으면 자료값들의 분포 경향을 파악하기가 곤란해지고, 반대로 너무 많으면 분포 모양이 제대로 표현되지가 않기 때문이다. 양적 자료를 이용하여 도수분포표를 작성할 경우, 일반적으로 계급구간수는 자료의 개수에 따라 5개에서 10개 사이로 정하는 것이 보통이다. 양적 자료를 이용하여 도수분포표를 만드는 절차는 다음과 같다.

양적자료를 이용하여 도수분포표를 만드는 절차

① 범위(=최대값 - 최소값)를 구한다.

② 계급구간의 개수를 정한다.

③ 계급구간의 폭 $\left(= \frac{\text{범위}}{\text{계급구간의 개수}}\right)$을 계산한다.

④ 계급구간의 폭에 따라 계급구간을 설정한다.

⑤ 각 계급구간에 속하는 자료의 개수를 세어 도표를 작성한다.

예제 2 다음 자료는 어느 대학교에서 통계학 과목을 수강한 학생들의 기말시험 성적을 나열한 것이다. 이 자료를 이용하여 도수분포표를 만들어라.

71	84	68	75	91	87	63	77	81	98	57	73	74	85	50
62	66	78	65	59	75	89	94	93	86	61	87	74	70	67

풀이 시험성적은 양적 자료이므로 먼저 계급구간의 개수를 정해야 한다. 만약 계급구간 수를 6개로 한다면, 각 구간의 폭은

$$\frac{\text{최대값} - \text{최소값}}{\text{계급구간의 개수}} = \frac{98 - 50}{6} = 8$$

이 된다. 따라서 구간의 폭이 8이 되도록 계급구간을 설정하면, 첫 번째 구간은 50이상 ~ 58미만, 두 번째 구간은 58이상 ~ 66미만, … 등이 될 것이다. 단, 이때 각 계급구간의 경계값은 중복되지 않아야 한다. 각 계급구간에 속하는 자료의 개수를 세어 작성된 도수분포표는 다음과 같다.

<표 2.2> 양적 자료에 대한 도수분포표

계급구간	도수	상대도수	누적상대도수
50이상 ~ 58미만	2	0.07	0.07
58이상 ~ 66미만	5	0.17	0.24
66이상 ~ 74미만	6	0.20	0.44
74이상 ~ 82미만	7	0.23	0.67
82이상 ~ 90미만	6	0.20	0.87
90이상	4	0.13	1.00
계	30	1.00	

■

2.2.2 막대그림표와 히스토그램

[질적 자료의 경우]

막대그림표(bar graph)는 질적 자료인 경우 각 범주가 가지는 도수 또는 상대도수를 같은 폭의 직사각형 막대모양의 그림으로 나타낸 것을 말한다. 이때 막대그림은 등간격으로 서로 떨어져 있게 그려야 한다. 막대그림표는 막대들을 수평 또는 수직으로 나란히 그림으로써, 막대의 길이로 도수 또는 상대도수를 시각적으로 쉽게 비교할 수 있다는 장점을 가지고 있다.

예제 3 예제 1)의 도수분포표를 이용하여 막대그림표를 그리면 다음과 같다.

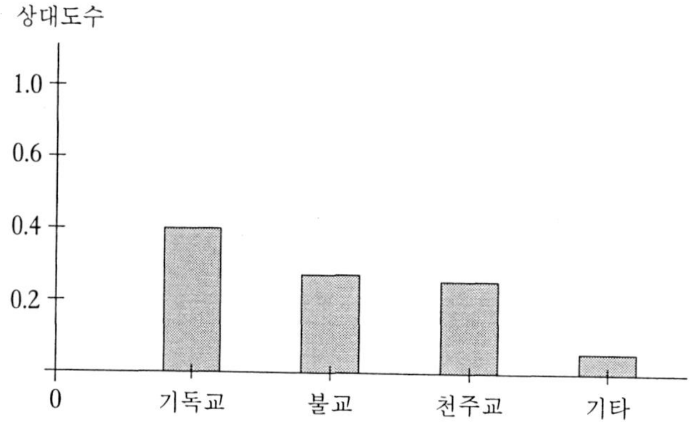

<그림 2.1> 종교에 대한 막대그림표 ■

[양적 자료의 경우]

양적 자료이면서 연속형인 경우의 막대그림표를 히스토그램(histogram)이라 한다. 히스토그램은 전체 자료 값을 몇 개의 구간으로 나눈 후, 각 구간에 속하는 자료수의 상대도수를 직사각형 모양의 막대그림으로 나타낸 것을 말한다. 히스토그램은 막대그림표와는 달리 막대와 막대 사이가 붙어 있는 것이 특징이다.

막대그림표가 막대의 길이로 도수나 상대도수를 나타내는 것과는 달리, 히스토그램은 막대의 면적으로 상대도수를 나타낸다. 따라서, 히스토그램은 막대의 면적으로 상대도수를 나타내기 때문에 같은 상대도수라 하더라도 막대의 폭에 따라 막대의 길이가 달라질 수 있다.

히스토그램을 그리기 위해서는 먼저 수평선에 계급구간을 표시하고, 그런 후에 각 구간에서 막대의 길이가

$$길이 = \frac{계급구간의\ 상대도수}{계급구간의\ 폭}$$

이 되도록 그리면 전체 막대의 총면적은 1이 된다.[주)]

2.2.3 상대도수다각형과 누적상대도수다각형

[상대도수다각형]

상대도수다각형(relative frequency polygon)은 히스토그램에서 각 막대 윗부분의 중간점을 연결하여 그린 그림을 말한다.

예제 4 예제 2)의 도수분포표를 이용하여 히스토그램과 상대도수다각형을 그려라.

풀이 주어진 자료를 이용하여 그려진 히스토그램과 상대도수다각형은 각각 다음과 같다.

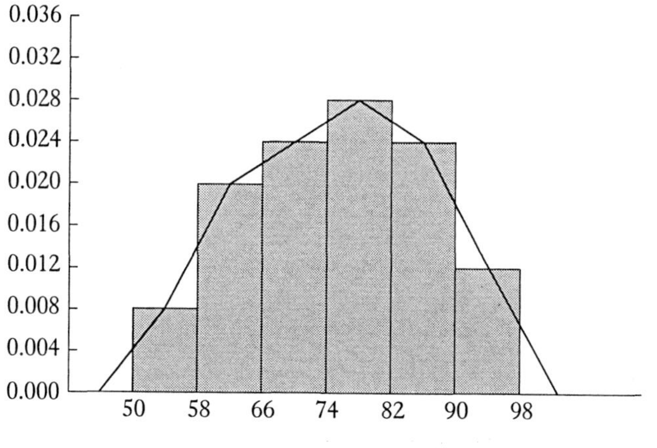

<그림 2.2> 기말시험 성적에 대한 히스토그램과 상대도수다각형

■

주) 연속형인 양적 자료의 경우, 관측수를 한없이 크게 하는 동시에 구간의 너비를 한없이 작게 잡으면 히스토그램은 연속적으로 이어진 어떤 곡선에 가까이 가게 되며, 이렇게 만들어진 곡선을 분포곡선이라 한다. 히스토그램에서 막대의 총면적이 1이므로 분포곡선 아래의 전체 넓이도 1이 된다.

[누적상대도수다각형]

누적상대도수다각형(cumulative relative frequency polygon : ogive)이란 도수분포표에서 계급구간의 중앙값을 수평축에 표시하고 수직축에는 해당하는 누적상대도수를 표시하여 그 점들을 연결하여 그린 그림을 말한다.

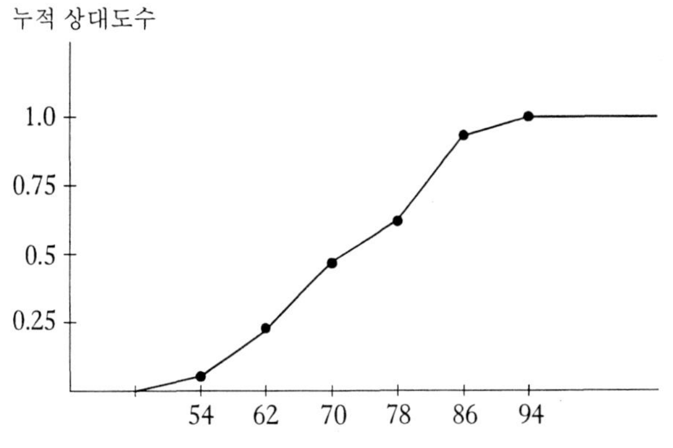

<그림 2.3> 기말시험 성적에 대한 누적상대도수다각형

2.2.4 원형그림

원형그림(pie chart)은 신문이나 잡지에서 많이 볼 수 있는데, 질적 자료인 경우 각 범주의 상대도수에 비례하도록 몇 개의 조각으로 나눈 후, 각 조각에 해당 범주의 이름과 비율을 기입한다. 양적 자료인 경우에는 도수분포표를 만드는 경우와 동일한 요령으로 구간을 적절히 나눈 후 원형그림을 그리면 된다.

예제 5 결혼 적령기에 있는 미혼 남녀 40명에게 신혼여행을 어디로 가고 싶은지를 설문 조사한 결과 다음과 같은 자료를 얻었다. 주어진 자료를 이용하여 원형그림을 그려라.

신혼 여행지	응답수	상대도수
하와이	12	0.30
동남아	14	0.35
유 럽	8	0.20
기 타	6	0.15

풀이 각 범주에 해당하는 조각의 크기는 다음과 같이 계산된다.

하 와 이 : $0.30 \times 360^\circ = 108^\circ$

동 남 아 : $0.35 \times 360^\circ = 126^\circ$

유 럽 : $0.20 \times 360^\circ = 72^\circ$

기 타 : $0.15 \times 360^\circ = 54^\circ$

이 값들을 이용하여 그린 원형그림은 다음과 같다.

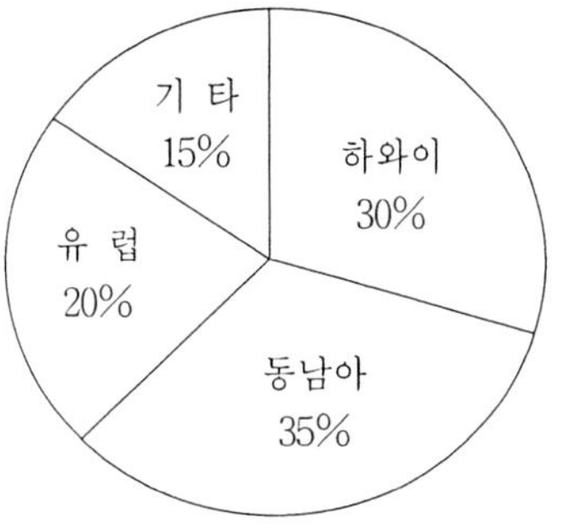

<그림 2.4> 신혼 여행지에 대한 원형그림 ▩

2.2.5 점도표

자료의 크기가 그다지 크지 않은 경우, 변수의 분포모양을 알 수 있는 가장 손쉬운 방법은 점도표(dot plot)를 그려보는 것이다. 점도표는 수평선 위에 눈금을 정한 후, 그 선 위에 관측된 각 자료값을 점으로 나타내어 자료의 흩어진 정도를 알 수 있도록 작성된 그림을 말한다.

예제 6 어느 병원에서 한달 동안 출생한 아기의 몸무게가 4.0, 2.5, 3.5, 3.5, 3.0, 3.5, 2.5, 3.0, 3.5, 3.0(단위 : kg)과 같다고 할 때 점도표를 그려라.

풀이 먼저 수직선을 그린 후, 자료값의 개수에 따라 점을 찍으면 된다.

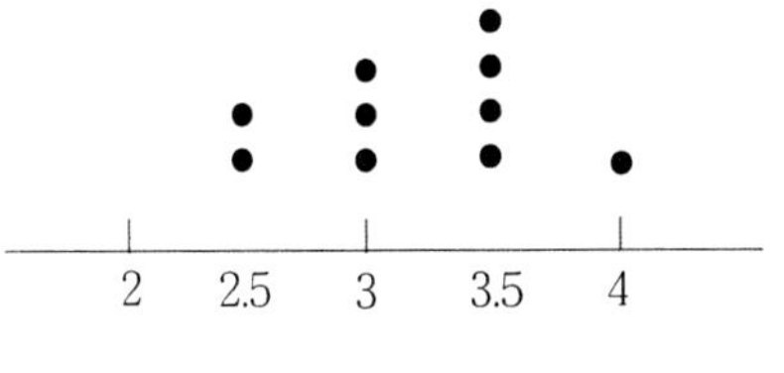

<그림 2.5> 출생아의 점도표 ▩

2.2.6 줄기 - 잎 그림

줄기-잎 그림(stem and leaf plot)은 글자 그대로 줄기와 잎의 형태를 보여 주는 그림으로서 양적 자료를 정리할 때 많이 사용되며, 관측된 자료의 범위, 분포의 모양, 집중도 등을 쉽게 알 수 있다.

> **줄기-잎 그림 작성 순서**
>
> ① 자료값들의 자리수를 고려하여 처음 몇 개의 자리수를 줄기, 나머지 자리수를 잎으로 결정한다.
>
> ② 줄기값을 크기순으로 세로로 나열하고, 그 오른쪽에 수직선을 긋는다.
>
> ③ 각 자료값에 대하여 어느 줄기에 속하는지를 확인한 후, 그 자료의 잎에 해당하는 숫자를 해당 줄기 오른쪽에 기입한다.
>
> ④ 각 줄기에서 잎의 값들을 오름차 순으로 다시 배열한다.

줄기-잎 그림의 단점으로는 하나의 자료에 대하여 작성자에 따라 여러 개의 그림이 나올 수 있다는 것이다. 가장 적절한 줄기 개수는 상황에 따라 다르기 때문에 일률적으로 정할 수 없다. 그리고 줄기-잎 그림의 또다른 단점으로는 자료의 개수가 많을 때 제한된 공간에 많은 자료값들을 기입한다는 것이 불편하다는 점이다. 이러한 경우에는 히스토그램을 사용하는 것이 바람직하다.

예제 7 예제 2)의 자료를 이용하여 줄기의 크기를 5단위와 10단위로 하여 줄기-잎 그림을 각각 그리고, 비교하여라.

풀이 줄기의 크기를 5단위와 10단위로 하여 그린 줄기-잎 그림은 각각 다음과 같다.

줄기	잎
5	0
5	7 9
6	1 2 3
6	5 6 7 8
7	0 1 3 4 4
7	5 5 7 8
8	1 4
8	5 6 7 7 9
9	1 3 4
9	8

줄기	잎
5	0 7 9
6	1 2 3 5 6 7 8
7	0 1 3 4 4 5 5 7 8
8	1 4 5 6 7 7 9
9	1 3 4 8

<그림 2.6> 기말시험 성적의 줄기-잎 그림

줄기의 크기가 5단위일 때 줄기-잎 그림을 살펴보면, 성적분포의 모양이 다소 흩어져 있고 70점대와 80점대를 중심으로 두 개의 봉우리가 형성되어 전체 분포의 흐름을 한마디로 설명하기가 다소 어렵다. 그러나 줄기의 크기를 10단위로 한 줄기-잎 그림에서 성적의 분포는 70점대를 중심으로 좌우대칭이고, 학생들의 점수가 70점대에 가장 많이 몰려 있다는 사실을 한 눈에 알 수 있다. ■

만약 잎의 값이 두 자리 이상일 경우에는 잎과 잎 사이에 쉼표를 표시하여 잎의 값들을 구별하면 된다. 예를 들면, 10개의 자료 1210, 1312, 1100, 1254, 1388, 1165, 1278, 1319, 1233, 1295가 있을 때 줄기와 잎을 각각 두 자리수로 나타내어 그린 줄기-잎 그림은 다음과 같다.

11	00, 65
12	10, 33, 54, 78, 95
13	12, 19, 88

2.3 기술통계량에 의한 자료의 정리

도표 또는 그림을 이용한 자료의 정리는 관측된 자료의 분포 모양이나 특징을 시각적으로 살펴보는데 도움이 된다는 것을 알았다. 그러나 양적 자료를 도표나 그림을 이용하여 정리할 때에는, 계급구간의 수 또는 줄기의 수 등이 작성자의 주관적인 판단에 좌우되어 하나의 자료에 여러 개의 그림이나 도표가 나올 수 있어 자료의 분석에 어려움이 따른다.

이러한 단점을 보완하기 위하여 양적 자료의 분포 모양이나 특징을 보다 객관적으로 요약하고 설명, 비교할 수 있도록 하기 위해서 여러 형태의 기술통계량이 사용되어진다. 일반적으로 자료의 분포 모양이나 특징을 표시하는 기술통계량은 크게 자료값의 중심위치를 나타내는 통계량, 중심위치를 중심으로 자료값들이 흩어져 있는 산포정도를 나타내는 통계량, 그리고 상대위치를 나타내는 통계량 등으로 구분되어진다.

2.3.1 중심위치를 나타내는 통계량

어떤 분포 전체의 중심위치를 나타내는 통계량으로는 평균, 중앙값, 최빈값 등이 있다. 이들 각 통계량들은 중심위치를 표현하는데 있어 각각 장・단점을 가지고 있기 때문에 자료의 성격이나 파악의 목적에 따라 적절한 통계량을 선택하여 사용하는 것이 바람직하다.

[평균]

중심위치를 나타내는 통계량들 중 가장 많이 사용되는 것이 평균(mean : 또는 산술평균)이며, 이 평균은 모든 자료값들을 다 더한 후 그 더한 전체 개수로 나누어 계산한다.

> **평균**
>
> 관측된 자료값을 $X_1, X_2, \cdots, X_n$이라 할 때,
>
> $$평균 = \frac{X_1 + X_2 + \cdots + X_n}{n} = \frac{1}{n}\sum_{i=1}^{n} X_i$$

이때 주어진 자료가 모집단 전체를 나타낼 때의 평균을 모평균(population mean : μ로 표기)이라 하고, 모집단의 일부인 표본에 대한 평균을 표본평균(sample mean : $\overline{X}$로 표기)이라 한다.

일반적으로, 평균은 어느 한 자료의 값이 다른 자료의 값보다 아주 크거나 작을 때 이 극단값의 영향을 많이 받는다. 따라서 주어진 자료에 극단값들이 있을 때는 자료를 크기 순서로 나열한 후, 일정한 개수의 큰 값과 작은 값을 제외하여 평균을 계산하거나 또는 다음에 설명되는 중앙값을 중심 위치를 나타내는 측도로 사용하는 것이 바람직하다.

자료값들 중 일정한 개수의 큰 값과 작은 값을 제외하고 계산한 평균을 절사평균(trimmed mean)이라 하며, 이러한 평균은 체조, 피겨스케이팅 등의 운동경기에서 심판의 편파적인 판정을 방지하기 위해 많이 사용된다.

만약 관측된 자료가 도수분포표로 정리되어 있을 경우, 그 평균은 다음과 같이 계산된다.

> **도수가 주어졌을 때의 평균**
>
> 계급구간이 n개인 도수분포표에서 각 계급구간의 중앙값을 $X_1, X_2, \cdots, X_n$, 각 계급구간의 도수를 $f_1, f_2, \cdots, f_n$이라 할 때,
>
> $$평균 = \frac{f_1X_1 + f_2X_2 + \cdots + f_nX_n}{N} = \frac{1}{N}\sum_{i=1}^{n} f_iX_i, \quad 단, \; N = \sum_{i=1}^{n} f_i$$

예제 8 예제 2)에서 작성된 도수분포표를 이용하여 기말시험 성적의 평균을 계산하여라.

풀이

계급값 (X_i)	도수 (f_i)	f_iX_i
54	2	108
62	5	310
70	6	420
78	7	546
86	6	516
94	4	376
계	30	2,276

따라서, 평균은 $\overline{X}=\frac{1}{N}\sum_{i=1}^{6}f_iX_i=\frac{1}{30}\times 2,276=75.866$이 된다. ■

평균의 다른 형태로서 많이 사용되는 것으로 가중평균(weighted mean)이 있다. 가중평균은 각 측정값에 일정한 가중값을 곱하여 평균을 구하는 것으로서, 대학교에서 학생들의 성적평점평균(grade point average : GPA)을 계산할 때 많이 사용된다.

가중평균

관측값을 $X_1, X_2, \cdots, X_n$, 각각의 가중값을 $\omega_1, \omega_2, \cdots, \omega_n$이라 할 때

$$가중평균=\frac{\omega_1X_1+\omega_2X_2+\cdots+\omega_nX_n}{\omega_1+\omega_2+\cdots+\omega_n}=\frac{\sum_{i=1}^{n}\omega_iX_i}{\sum_{i=1}^{n}\omega_i}$$

예제 9 통계학을 전공하는 어떤 대학원생이 지난 학기에 수리통계학(4학점), 회귀분석(3학점), 세미나(2학점)의 세 과목을 수강하여 수리통계학은 A^+, 회귀분석과 세미나는 각각 B^0와 C^+를 받았다. A^+는 평점이 4.5, B^0는 3.0, C^+는 2.5라 할 때, 학점을 가중값으로 한 가중평균과 산술평균을 계산하여 비교하여 보아라.

풀이 가중평균은 $\frac{4\times4.5+3\times3.0+2\times2.5}{4+3+2}=3.55$이며,

산술평균은 $\frac{4.5+3.0+2.5}{3}=3.33$이다.

이때 가중평균이 산술평균보다 높은 이유는 학점수가 많은 수리통계학을 학점수가 적은 세미나보다 상대적으로 잘했기 때문이다. ■

[중앙값]

중앙값(median)은 자료값들을 크기순으로 나열하였을 때 중앙에 놓이는 값으로서, 관측값의 개수가 홀수이면 제일 가운데의 값, 짝수이면 제일 가운데 두 값의 평균이 중앙값이 된다. 중앙값은 평균과는 달리 크기 순서가 변하지 않는 한 다른 자료값이 변하여도 영향을 받지 않는다는 장점을 가지고 있다.

> 중앙값
>
> 자료의 수를 n이라 할 때,
>
> $$n\text{이 홀수이면, 중앙값} = \frac{n+1}{2}\text{ 번째값}$$
>
> $$n\text{이 짝수이면, 중앙값} = \left\{\frac{n}{2}\text{ 번째값} + \left(\frac{n}{2}+1\right)\text{번째값}\right\}/2$$

예제 10 미국에서 최초의 심장이식환자 6명에 대하여 수술 후 생존기간을 조사한 결과, 생존일수는 15, 3, 46, 623, 126, 64이었다. 평균과 중앙값을 각각 구하여라.

풀이 평균 생존일수는 $\overline{X} = (15+3+\cdots+64)/6 = 146.2$(일)이 된다. 자료를 살펴보면, 전체 환자 6명중 5명의 생존일수가 평균 생존일수보다 작다. 평균이 이렇게 커지게 된 원인은 바로 극단값 623때문이다. 한 명의 환자를 제외한 나머지 환자들의 생존일수가 계산된 평균보다 작기 때문에 이러한 경우에는 평균이 중심위치를 나타내는 통계량으로서 적합하지 않으며, 오히려 중앙값이 더 적합한 통계량이 된다.
중앙값을 구하기 위하여 자료를 크기순으로 나열하면

3　　15　　46　　64　　126　　623

이고, $n=6$은 짝수이므로, 중앙값은 3번째값과 4번째값의 평균인 $(46+64)/2=55$(일)이 된다. 따라서, 여기서는 중앙값 55(일)이 중심위치를 나타내는 통계량으로서 더 바람직하다는 것을 알 수 있다. ■

[최빈값]

최빈값(mode)은 자료 중 빈도가 가장 높은 값을 말하며, 도수분포표로부터 쉽게 구할 수 있다. 일반적으로 최빈값은 분포의 중심위치를 나타내는 측도로서는 자주 쓰이지 않지만, 자료를 쉽게 파악하기 위해서나 어떤 특수한 목적을 위하여 사용된다. 예를 들면, 테니스화를 생산하는 회사에서 가장 많이 생산해야될 테니스화의 크기를 결정할 때, 구매자들 발 크기의 평균을 계산하여 결정하는 것이 아니라 가장 많은 사람들의 발 크기에 맞추어 테니스화를 대량 생산 공급한다.

2.3.2 산포도를 나타내는 통계량

중심위치를 나타내는 통계량만으로는 자료의 분포에 대한 충분한 정보를 얻을 수 없다. 예를 들면, 수영을 할 줄 모르는 키가 1.4m인 초등학생이 강의 평균 깊이가 1m라는 것만 생각하고 강을 건너는 것이 얼마나 위험한 일인가를 생각해 보라. 이러한 경우에는 강의 평균 깊이와 더불어 강의 깊이가 평균을 중심으로 얼마만큼 변하고 있는지를 알아야만 할 것이다.

일반적으로 중심위치는 동일하지만 분포의 모양이 다른 경우가 많이 있다. 따라서 이러한 경우에는 중심위치와 더불어 자료값들이 중심위치에서 어떻게 흩어져 있는지를 구함으로써 그 분포들의 특징을 알 수 있다. 산포도란 중심위치를 중심으로 관측값들이 어느 정도 흩어져 있는가를 나타내는 측도로서, 여기에는 분산, 표준편차, 평균절대편차, 범위, 사분위수 범위 등과 같은 통계량들이 있다.

[분산]

관측된 자료값들이 평균을 중심으로 많이 흩어져 있으면 산포도값이 커지고, 평균 주위에 많이 몰려 있으면 그 값이 작아지는 것이 바람직하다고 할 수 있겠다. 이러한 관점에서 사용할 수 있는 측도로서 각 측정값의 평균으로부터의 거리를 나타내는 편차(deviation)의 합 $\sum(X_i-\overline{X})$를 고려할 수 있다. 그러나 편차의 합은 언제나 0[주)]이 되기 때문에 편차를 제곱한 값들의 합 $\sum(X_i-\overline{X})^2$을 산포도의 측도로 사용하게 된다.

분산(variance)이란 편차를 제곱하여 합한 후 이를 전체 자료의 수로 나눈 것을 말한다. 이때 자료가 모집단 전체를 나타낼 경우의 분산을 모분산(population variance : σ^2으로 표기), 표본인 경우의 분산을 표본분산(sample variance : S^2으로 표기)이라 부른다. 표본분산은 표본의 자료수 n 대신 1을 뺀 $n-1$로 나누어 계산하는 것이 일반적이며, 그 이유는 추정값과 참값인 모수와의 오차를 줄이기 위한 것이다.

주) 평균에서 그 값보다 큰 값들까지의 거리의 합과 그 값보다 작은 값들까지의 거리의 합은 같다. 따라서 큰 값들쪽으로의 거리 차에 +를, 작은 값들쪽으로의 거리 차에 -부호를 붙여주면 편차의 합은 항상 0이 된다.

분산

· 모분산 : $\sigma^2 = \frac{1}{N}\sum_{i=1}^{N}(X_i - \mu)^2$ (N: 모집단 자료수)

· 표본분산 : $S^2 = \frac{1}{n-1}\sum_{i=1}^{n}(X_i - \overline{X})^2$ (n : 표본 자료수)

[표준편차]

분산의 계산시 관측값들 뿐만 아니라 관측값들의 단위까지 고려하는 경우를 생각해 보자. 이때 분산은 편차를 제곱한 값들의 합으로 얻어지므로, 그 단위도 제곱이 된다. 예를 들면, 자료값들이 몸무게를 표시하는 kg일 때 계산된 분산의 단위는 kg^2으로 되는 것이다. 따라서 최초의 관측값들과 같은 단위를 얻기 위하여 분산의 양의 제곱근을 구하는데 이것을 표준편차(standard deviation)라고 한다.

표준편차

· 모표준편차 : $\sigma = \sqrt{\sigma^2}$

· 표본표준편차 : $S = \sqrt{S^2}$

표준편차는 평균과의 거리를 나타내는 측도로 쓰일 수 있다. 예를 들면, 좌우대칭인 종모양의 정규분포에서는 평균 근처의 구간에 있는 자료의 비율을 표준편차를 사용하여 나타내기도 한다. 즉, 정규분포를 하는 집단에서 구간 $\mu \pm \sigma$에는 근사적으로 전체 자료의 68%를, 구간 $\mu \pm 2\sigma$에는 전체 자료의 95%를, 구간 $\mu \pm 3\sigma$는 전체 자료의 99.7%를 각각 포함하게 된다.

[범위]

범위(range)는 자료를 크기 순서에 따라 나열해 놓았을 때 최대값과 최소값의 차이 즉,

범위 = 최대값 - 최소값

으로서 관측값들이 흩어져 있는 구간의 길이를 나타낸다. 범위는 계산과 해석이 매우 간편하나 가운데 있는 값들에 대한 정보를 무시하기 때문에 산포도의 측도로서는 정밀성이 없으며, 특히 극단값이 있을 경우 올바른 산포도가 되지 못한다.

[사분위수 범위]

사분위수(quartile)는 자료를 크기순으로 나열하였을 때 전체 자료를 4등분하는 수로서, 그 중 첫 번째 등분수를 일사분위수(Q_1), 두 번째 등분수를 이사분위수(Q_2), 세 번째 등분수를 삼사분위수(Q_3)라 부른다. 즉, 일사분위수, 이사분위수, 삼사분위수는 누적된 전체 자료를 놓고 비교할 때, 25%, 50%, 75% 되는 자료값을 각각 말한다.

사분위수 범위(interquartile range : IQR)란 삼사분위수에서 일사분위수를 뺀 값으로써, 가운데 부분을 이루고 있는 절반(50%)이 얼마나 넓은 구간에 걸쳐서 흩어져 있는가를 나타낸다. 만약 계산된 사분위수 범위값이 크면 자료값들이 보다 넓게 흩어져 있는 상태임을 말하고, 작으면 보다 밀집된 형태임을 나타내게 된다.

사분위수 범위 $IQR =$ 삼사분위수 (Q_3) - 일사분위수 (Q_1)

예제 11 길거리를 지나가는 어린이 5명의 나이를 알아 본 결과 5, 6, 3, 7, 9(세)이었다. 어린이들의 나이에 대한 평균, 분산, 범위, 사분위수 범위를 각각 구하여라.

풀이 평균 : $\overline{X} = \frac{1}{5}(5+6+3+7+9) = 6$

분산 : $S^2 = \frac{1}{4}\{(5-6)^2 + (6-6)^2 + \cdots + (9-6)^2\} = 5$

범위 : $9-3=6$

사분위수 범위를 구하기 위해서는 자료를 크기순으로 나열한 결과 [3 5 6 7 9]가 된다. 여기서 자료의 수가 홀수이므로, 자료를 이등분하기 위해서 양쪽에 모두 중앙값을 포함시키면 [3 5 6] [6 7 9]가 되고, 일사분위수는 앞부분의 중앙값 5가 되고 삼사분위수는 뒷부분의 중앙값 7이 된다. 따라서, 사분위수 범위는 다음과 같이 계산된다.

사분위수 범위 : $IQR = 7-5 = 2$ ■

[상자그림]

상자그림(box plot)은 사분위수, 중앙값, 최대값과 최소값 등을 이용하여 자료의 정보를 그림으로 나타내는 방법이다. 상자그림은 <그림 2.7>과 같이 먼저, 일사분위수와 삼사분위수를 네모상자로 연결한 다음, 상자 안에 수직선으로 중앙값을 표시하고, 그리고 양끝에 최대값과 최소값을 점으로 표시한 다음에 점과 상자 사이를 점선으로 연결하면 된다. 상자그림을 이용하면 자료 분포의 대칭성, 중심위치, 산포의 정도, 극단점 등을 잘 알아볼 수 있으므로, 두 개 이상의 집단에서 같은 변수의 분포 형태를 비교할 때 많은 도움이 된다.

일반적으로 나타날 수 있는 상자그림의 형태와 이에 따른 분포 모양을 비교할 수 있도록 <그림 2.8>에 여러 형태의 그림이 주어져 있다.

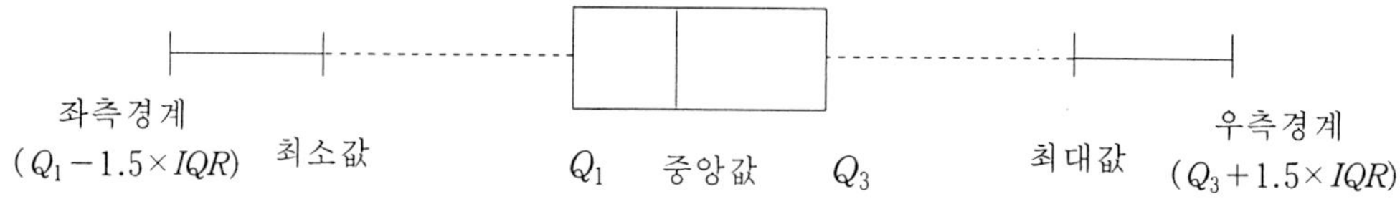

<그림 2.7> 상자그림

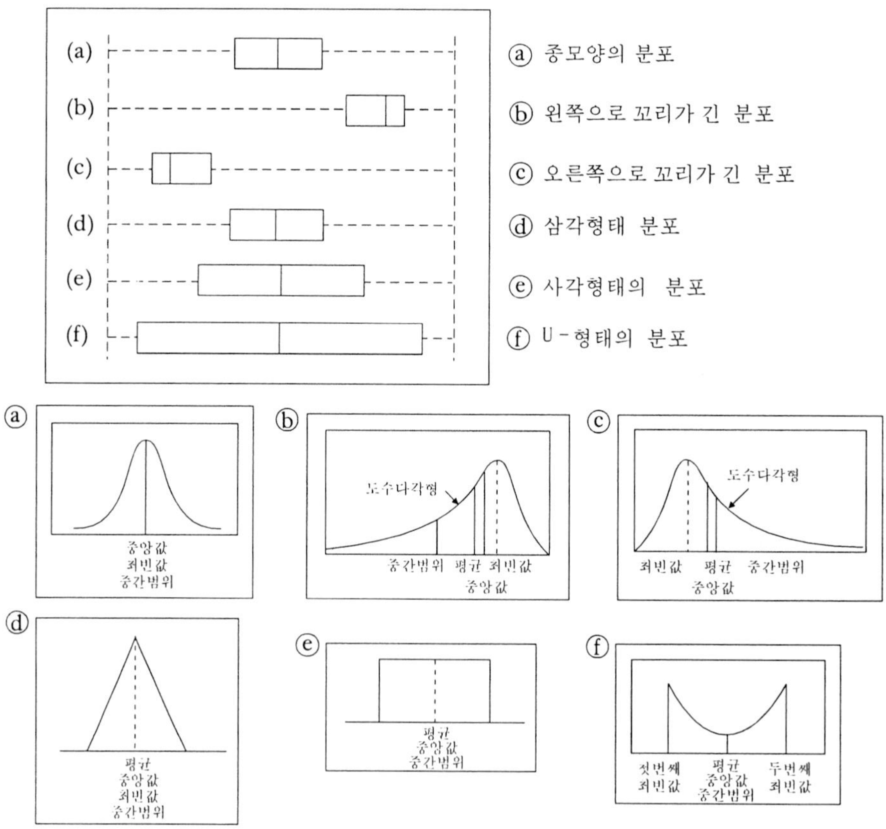

<그림 2.8> 여러 형태의 상자그림

[변이계수]

자료의 개수나 측정 단위가 서로 다른 두 집단의 산포 정도를 비교할 때 단순히 두 표준편차를 비교하는 것은 무의미하다. 이러한 경우에는 표준편차를 평균으로 나눈 값 즉, 변이계수(coefficient of variation)를 비교 측도로 사용한다.

> 변이계수
>
> $$C = \frac{S}{\bar{X}} \times 100$$

변이계수는 키, 몸무게 등과 같이 성질이 서로 다른 두 자료의 변화 정도를 비교하거나, 두 종류의 자료값들의 차이가 클 때 유용하게 사용된다.

예제 12 다음 자료는 신생아와 성인 각 5명씩에 대한 키를 측정한 결과이다. 어느 집단이 평균을 중심으로 변화 정도가 더 심한가를 조사하여라.

신생아	50	53	49	51	52
성인	176	169	181	174	177

풀이 각 집단에 대한 평균과 표준편차, 그리고 변이계수를 계산한 결과는 다음과 같다.

신생아 : 평균 51.00, 표준편차 1.58, 변이계수 3.10
성인 : 평균 175.4, 표준편차 4.39, 변이계수 2.50

위의 결과에서 신생아의 변이계수(3.10)가 성인의 변이계수(2.50)보다 크므로, 신생아 집단의 자료값들이 평균을 중심으로 더 흩어져 있다고 할 수 있다. ■

2.3.3 상대적 위치를 나타내는 통계량

하나의 특정 자료값이 주어진 전체 자료값들 중에서 어떤 위치에 있는지를 표시하는 통계량을 상대적 위치를 나타내는 통계량이라 하며, 여기에는 백분위수, Z값, T값 등이 있다.

[백분위수]

백분위수(percentile)는 자료를 크기 순으로 나열하여 100등분 한 값을 말한다. 예를 들어, 제1사분위수, 중앙값, 제3사분위수는 각각 제25백분위수, 제50백분위수, 제75백분위수에 해당된다.

예제 13 어느 공장에서 생산되는 자동차 밧데리의 수명시간을 조사한 결과가 다음과 같다고 하자. 이때 수명시간이 40개월인 경우의 백분위수를 구하여라.

41 35 45 32 37 30 43 34 40 29 39 26 42 47 38

풀이 관측값을 크기순으로 나열하였을 경우, 밧데리 수명시간이 40개월 보다 작은 관측값은 9개가 있으므로

$$40\text{개월의 백분위수} = \frac{9}{14} \times 100 = 64.2$$

이 된다. 즉, 40개월의 밧데리 수명시간은 제60백분위수에 해당된다. ■

[Z 값]

필요에 따라 관측값에 일정한 수를 더하거나 빼던지 또는 일정한 수를 곱하거나 나누어 계산을 해야 할 경우가 있다. 이러한 과정을 변환(transformation)이라고 하며, 변환 중에서 각 관측값과 평균과의 차이를 표준편차로 나누어 변환하는 것을 '표준화한다'라고 한다. 표준화된 값들은 일반적으로 Z로 표시하며, 이때 Z값의 평균은 항상 0 이고, 그 분산은 항상 1이 된다. 즉, Z값으로의 변환은 자료의 분포 모양과는 관계없이 관측값들의 평균을 0, 표준편차를 1로 만드는 변환을 말한다.

표준화

관측값을 $X_1, X_2, \ldots, X_n$이라 할 때

$$Z_i = \frac{X_i - \overline{X}}{S}$$

예를 들어, 평균이 70점이고 표준편차가 10점인 어떤 학급의 통계학 점수 분포에서 A라는 학생이 70점을 받았다고 할 경우 A학생의 Z점수는 0이 된다. 이때 점수 분포가 정규분포를 이룬다고 가정하면, Z점수가 0인 것은 A학생의 통계학 성적의 상대적인 위치가 50%에 있음을 말해 주는 것이다.

예제 14 어떤 학생이 기말시험에서 통계학은 84점, 수학은 90점을 받았다고 하자. 그리고 전체 학생들의 통계학 평균이 76점, 그 표준편차가 10점이고, 수학의 평균이 82점, 그 표준편차가 16점이었다고 할 때 어느 과목에서 그 학생은 우수하다고 할 수 있는가?

풀이 통계학의 표준화된 점수는

$$Z=\frac{84-76}{10}$$
$$=0.8$$

수학의 표준화된 점수는

$$Z=\frac{90-82}{16}$$
$$=0.5$$

이다. 따라서, 수학 점수가 더 높지만 이 학생은 통계학에서 더 우수한 성적을 얻었다고 할 수 있다. ■

[T 값]

Z값은 평균을 0으로 하고 표준편차를 1로 하기 때문에 음의 값을 갖게 된다. 이러한 점을 보완하기 위하여 평균이 50, 표준편차가 10이 되도록 Z를 변환시킨 값을 T값이라 한다. 즉, Z값의 0은 T값에서 50이 되고 Z값의 1은 50에서 10을 더한 60이 된다. T값의 계산은 $T=50+10Z$와 같이 한다.

예제 15 어느 학급 학생들의 IQ가 다음과 같을 때 120의 Z값 및 T값을 각각 구하여라.

110, 125, 120, 135, 110, 125, 120, 130, 115, 140

풀이 평균이 122, 표준편차가 10.1이므로

$$Z=\frac{X_i-\overline{X}}{S}=\frac{120-122}{10.1}=-0.198$$
$$T=50+10Z=50+10(-0.198)=48.02$$

가 된다. ■

2.4 변수가 두 개일 경우의 자료의 정리

지금까지는 변수가 하나일 때 자료를 정리하는데 필요한 여러 가지 도표와 그림, 통계량 등에 대해서 알아보았다. 그러나 많은 실험 또는 조사에서 둘 이상의 변수를 동시에 고려한 자료를 얻을 수 있다. 예를 들면, 변수가 둘인 경우에는 (모친의 체중, 신생아의 체중), 변수가 셋인 경우에는 (국어점수, 영어점수, 수학점수), (신장, 체중, 가슴둘레) 등과 같은 자료를 얻게 된다. 여기서는 변수가 둘인 경우 즉, 두 가지 속성을 조사하여 그 속성에 따라 자료를 정리하는 방법에 대해서 알아보고자 한다.

[분할표]

분할표(contingency table)는 두 개의 변수를 정리하여 관련된 특성을 연구하는데 매우 효과적인 도표로서, 작성 요령은 두 변수의 범주를 행과 열로 나누어 적은 다음에 해당 부분에 도수를 조사하여 기록한다. 일반적으로, 분석을 용이하게 하기 위하여 각 칸의 빈도수 밑에 해당 백분율을 표시하기도 한다. 연속형 변수에 대한 분할표를 만들기 위해서는 도수분포표를 만들 때와 같이 먼저 동일한 간격을 갖고 서로 중복되지 않는 구간을 설정한 다음에 분할표를 만들면 된다.

예제 16 어느 사회학자가 도시에 따라 발생하는 범죄의 형태를 조사한 후 그 속성에 따라 정리한 분할표의 예는 다음과 같다.

도시 \ 범죄형	강도/살인	폭력/절도	기 타	계
도시 A	87 (9.4)	112 (12.2)	102 (11.1)	301 (32.7)
도시 B	77 (8.4)	184 (20.0)	98 (10.6)	359 (39.0)
도시 C	48 (5.2)	131 (14.2)	82 (8.9)	261 (28.3)
계	212 (23.0)	427 (46.4)	282 (30.6)	921 (100.0)

■

[산점도]

두 변수 사이의 관계를 그림으로 분석하기 위해서 한 변수를 x축, 다른 변수를 y축으로 하여 각 자료값 (x, y)를 xy-평면상의 점으로 나타낸다. 이렇게 하여 얻은 그림을 산점도(scatter diagram)라고 한다. 산점도를 보면 두 변수 사이의 관계를 시각적으로 파악할 수 있다. 즉, 직선 또는 곡선 주위에 자료값들이 흩어져 있는 모양으로 그 관련성을 파악하게 된다.

예제 17 성인 남자 15명을 대상으로 나이와 혈압 사이의 관계를 조사한 결과 다음과 같은 자료를 얻었다. 산점도를 그리고, 이것을 이용하여 나이와 혈압 사이의 관계를 개략적으로 설명하여 보아라.

나이	27	28	31	32	33	34	35	36	37	38	39	41	42	43	45
혈압	112	120	124	120	114	125	118	134	120	126	124	128	140	125	136

풀이 나이와 혈압간의 산점도는 다음과 같다.

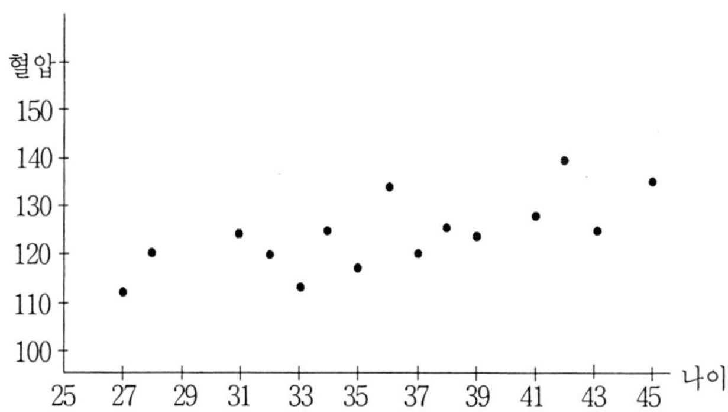

<그림 2.9> 나이와 혈압 간의 산점도

<그림 2.9>에서 보는 바와 같이 나이와 혈압 사이에는 나이가 증가할수록 혈압 또한 증가하는 경향을 나타내는 직선적인 관계를 가지고 있음을 알 수 있다. ■

☺ 잠깐 쉬어 가세요 ☺

정상과 비정상의 차이

며칠전 TV에 명문대학을 졸업한 한 젊은 엄마가 자신의 아기가 다른 아기에 비하여 말을 배우는 것이 늦는 것 같아 16개월된 아기를 목졸라 죽이고 자신도 자살을 시도하였다는 슬픈 소식이 있었다. 이것은 그 아기 엄마가 통계에 대한 잘못된 인식에서 그 원인을 찾을 수가 있을 것 같다. 아기들이 '아빠', '엄마'라는 말을 평균적으로 돌(12개월)을 지나서 하기 시작하게 되는데, 이 엄마는 자신의 아기는 그렇지 못하기 때문에 저능아라고 판단하여 강박관념에 사로 잡혀 그런 끔찍한 일을 저질렀던 것이다.

말을 배우는 것이 정상아에 비하여 늦은지 아닌지를 판단하려면 12개월된 아기가 말을 배우는 것에 대한 표준편차도 함께 알아야 한다. 만약 표준편차가 1개월과 같이 그 값이 작다면, 16개월된 아기가 아무런 말을 하지 못할 경우 그것은 확실히 비정상적이라고 말할 수 있다. 왜냐 하면 아기들이 말을 시작하는 시기가 정규분포를 따른다고 가정할 때, 전체 아기들 중 약 68%의 아기들이 평균을 중심으로 ±(1 표준편차)내의 기간 즉, 생후 11개월에서 13개월 사이에 말을 하기 시작하기 때문이다. 그러나 만약 표준편차가 6개월이라고 할 경우에는 말을 하지 못하는 이 16개월된 아기는 정상적이라고 할 수 있다. 왜냐 하면, 이때의 ±(1 표준편차)내의 기간은 생후 6개월에서 18개월 사이가 되기 때문이다. 따라서, 단지 이 엄마와 같이 평균만을 가지고 자신의 아기가 정상적 또는 비정상적이라고 섣불리 판단하게 되면 이와 같은 엄청난 비극을 초래할 수 있게 되는 것이다.

EXCEL 실습

자료의 입력

EXCEL에서 통계적 분석을 하기 위한 자료는 워크시트를 이용하여 직접 입력하거나 또는 다른 응용프로그램에서 생성된 파일이나 이미 만들어져 있는 텍스트 파일을 불러 들여 사용할 수 있다. 자료를 직접 워크시트에 입력하는 것은 EXCEL을 실행하여 나타나는 셀에 바로 입력만 하면 되기 때문에 여기서는 외부로부터 파일을 불러 들이기 위한 절차만 설명하도록 하겠다.

[파일을 외부로부터 불러 들이기 위한 절차]

① [파일]-[열기] 메뉴를 선택하거나 또는 도구모음의 열기 단추 를 클릭하면 [열기] 대화상자가 나타난다. 여기서 "모든 파일"로 선택하여 원하는 파일(예 : 신상명세서.txt)을 더블 클릭하거나 [열기] 단추를 클릭하면 <그림 2.10>과 같이 [텍스트 마법사-3단계 중 1단계]가 나타난다.

② [3단계 중 1단계]의 "원본 데이터 형식"란에서 데이터 파일의 유형을 선택한 후(예에서는 자료의 간격이 일정하게 입력되어 있기 때문에 "너비가 일정함"을 지정함) "다음"을 누른다.

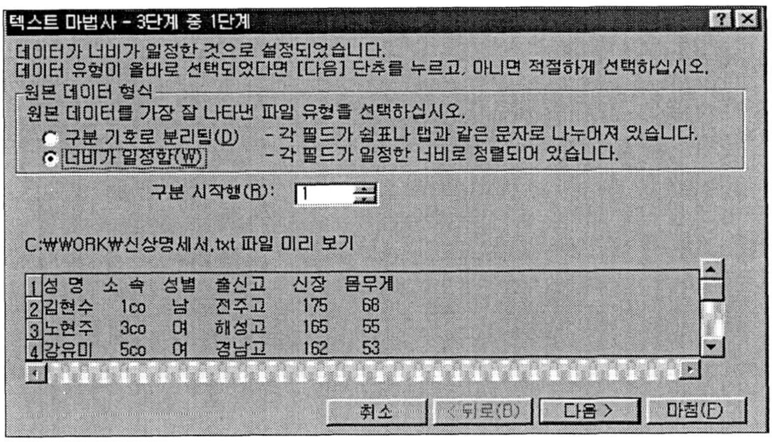

<그림 2.10> 텍스트 마법사 3단계 중 1단계

③ [3단계 중 2단계] 대화상자에서 수직의 구분선을 이용하여 필요시 열의 간격을 조정한 후 "다음"을 누른다.

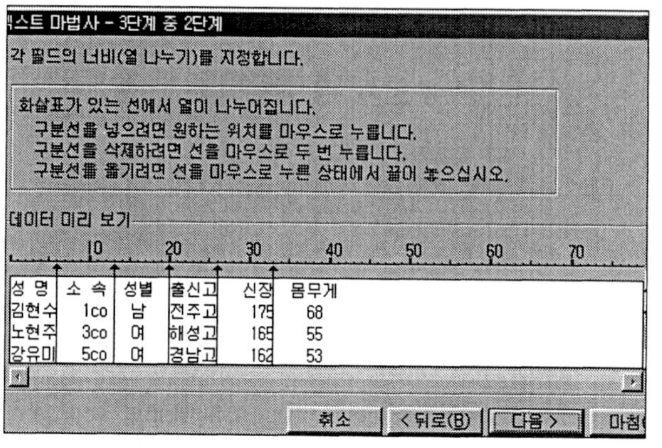

<그림 2.11> 텍스트 마법사 3단계 중 2단계

④ [3단계 중 3단계] 대화상자에서 데이터의 서식을 지정하고 "마침"을 누르면 <그림 2.13>과 같이 자료를 EXCEL로 불러올 수 있게 된다.

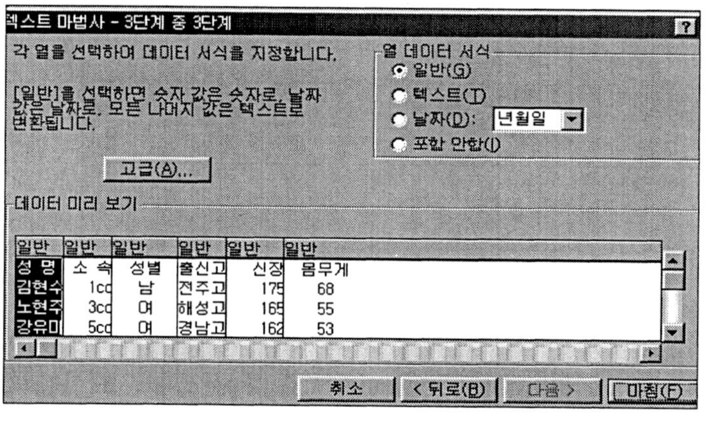

<그림 2.12> 텍스트 마법사 3단계 중 3단계

<그림 2.13> 외부로부터 「신상명세서.txt」 파일을 EXCEL로 불러온 결과

문서의 출력

EXCEL에서 작성된 문서를 출력하기 위해서는 메뉴 표시줄의 [파일]-[인쇄] 메뉴를 선택하거나 인쇄단추 를 누르면 [인쇄] 대화상자가 나타난다. 여기서 필요한 프린터의 종류, 인쇄 대상과 인쇄 매수, 인쇄 범위 등을 지정한 후 “확인”을 누르면 된다.

차트의 작성

EXCEL을 이용하여 그릴 수 있는 차트의 종류는 다양하다. 즉, EXCEL에서는 세로막대형, 가로막대형, 꺾은선형, 원형, 분산형, 영역형, 도넛형, 방사형, 표면형, 거품형, 원통형, 원뿔형, 피라미드형 등 여러 형태의 그래프 작성이 가능하다. 이러한 그래프의 작성은 [차트 마법사] 또는 메뉴표시줄에 나타난 [보기]-[도구모음]을 이용하여 할 수 있다.

[차트 마법사를 이용한 그래프의 작성]

EXCEL을 이용하여 그래프를 작성하기 위해서는 먼저 EXCEL을 실행한 후, 워크시트에 필요한 자료를 입력한다(<그림 2.14> 참조). 그런 다음, [차트 마법사] 를 마우스로 클릭한다.

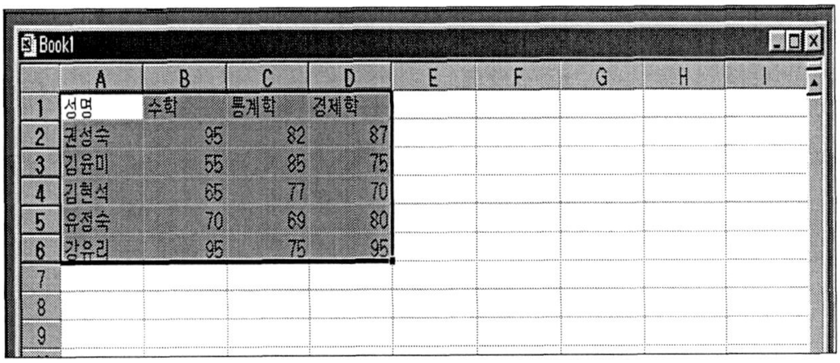

	A	B	C	D
1	성명	수학	통계학	경제학
2	권성숙	95	82	87
3	김윤미	55	85	75
4	김현석	65	77	70
5	유정숙	70	69	80
6	강유리	95	75	95

<그림 2.14> 자료의 입력과 블록 설정

① 4단계 중 1단계 : 차트의 종류 및 서식 지정

차트 마법사는 총 4단계로 이루어지며, 그 중 [4단계 중 1단계] 대화상자가 <그림 2.15>와 같이 나타난다. 이 대화상자에서 “차트 종류(C)”와 “하위 종류(I)”에서 필요한 형태의 그래프를 선택한 후, “누르고 있으면 보기가 나타납니다(V)”를 누르면 입력된 자료에 대한 개략적인 차트 모양이 나타나게 된다. 그리고 나서, “다음”을 누르면 차트 마법사의 2단계 대화상자가 나타난다.

<그림 2.15> 차트 마법사 [4단계 중 1단계] 대화상자

② 4단계 중 2단계 : 차트로 작성될 자료에 대한 내용을 입력

[4단계 중 2단계] 대화상자(<그림 2.16>)에서 "데이터 범위(D)"란에는 자료가 입력된 범위를, "계열 위치"란에는 자료를 읽기 위한 기준 방향(행 또는 열)을 지정한다. [4단계 중 2단계] 대화상자의 [계열] 항목을 누르면 <그림 2.17>과 같이 입력된 자료의 계열(각 항목에 포함되어 있는 세부 항목)에 관한 내용으로 화면이 바뀐다.

여기서 "이름(N)"은 "계열(S)"에 나타난 세부 항목이 입력되어 있는 셀을 지칭하고, "값(V)"은 그 항목에 대한 자료값의 입력 범위를 나타내고 있다. "계열(S)"란에서는 차트로 작성할 자료를 새로 추가하거나 기존의 입력된 자료 중에서 원하는 내용을 삭제할 수도 있다. 자료를 새로 추가하고자 할 경우에 "추가(A)"를 누른 후, "이름(N)"에는 추가할 항목의 이름이 주어진 셀의 위치(예: =Sheet2!$A$1)를, "값(V)"에는 추가할 항목의 자료값의 범위(예: =Sheet2!$A$2:$A$6)를 입력하면 된다. 자료를 삭제하고자 할 경우에는 "계열(S)"에 나타난 항목 중에서 삭제하고자 하는 항목에 커서를 놓고 "제거(R)"를 누르면 된다. 그리고 나서, "다음"을 누르면 차트 마법사의 3단계 대화상자가 나타난다.

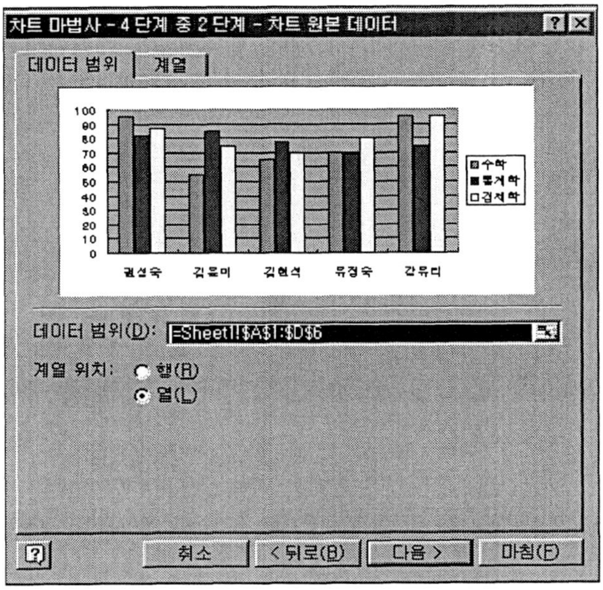

<그림 2.16> 차트 마법사 [4단계 중 2단계] 대화상자-데이터 범위

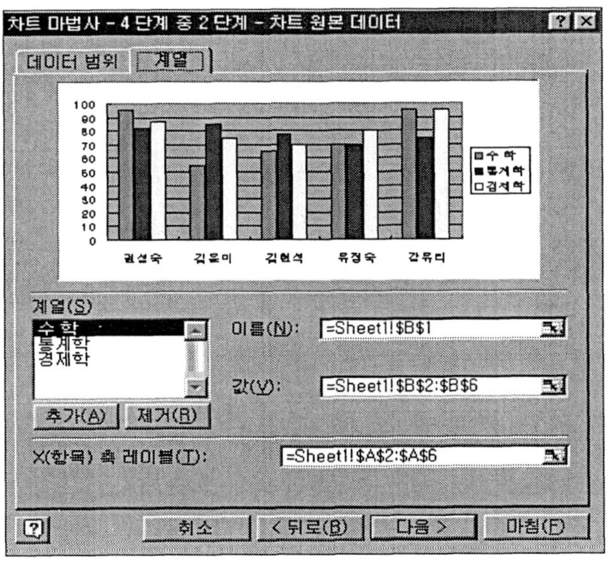

<그림 2.17> 차트 마법사 [4단계 중 2단계] 대화상자 - 계열

③ 4단계 중 3단계 : 차트에 표시될 각 부분의 제목과 x축, y축의 제목을 지정

[4단계 중 3단계] 대화상자에서 필요한 차트 제목, 그리고 x축과 y축의 제목을 입력하

면 된다. 이때 바로 옆의 차트에는 입력한 내용이 바로 나타나게 된다. 필요한 입력을 끝낸 후 “다음”을 누르면 마지막 4단계 대화상자가 나타난다.

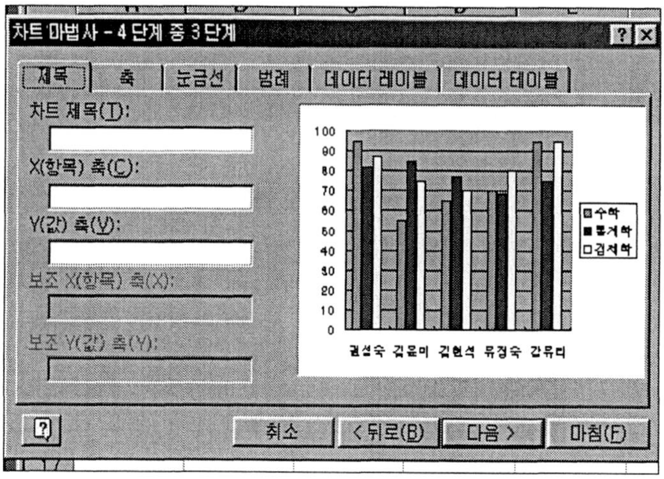

<그림 2.18> 차트 마법사 [4단계 중 3단계] 대화상자

④ 4단계 중 4단계 : 차트가 삽입될 위치를 지정

[4단계 중 4단계] 대화상자(<그림 2.19>)에서는 차트가 출력될 위치를 지정하게 되는데, 차트 위치에서 “워크시트에 삽입(O)”을 선택하면 현재 자료가 있는 시트에 겹쳐서 출력되고, “새로운 시트로(S)”를 선택하면 다른 시트에 그래프를 출력할 수 있다. 선택이 끝난 후 “마침”을 누르면 <그림 2.20>과 같이 완성된 차트가 작성된다.

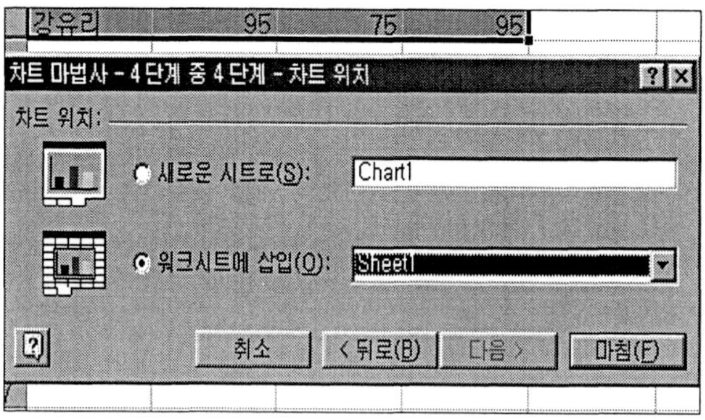

<그림 2.19> 차트 마법사 [4단계 중 4단계] 대화상자

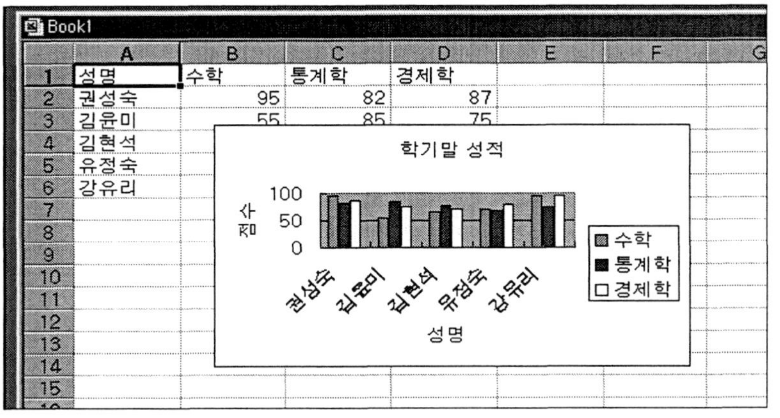

<그림 2.20> 완성된 세로막대형 차트

출력 결과의 수정

완성된 차트의 내용을 수정하고자 할 경우에는 완성된 차트영역에서 마우스의 오른쪽 버튼을 클릭하면 나타나게 되는 [차트 영역 서식…], [차트 종류…], [차트 옵션…], [차트 위치…] 등을 이용하면 된다. 이때 [차트 영역]에서는 무늬, 글꼴, 색상 등의 변경을, [차트 종류]에서는 차트의 그림 형태를, [차트 옵션]에서는 차트 제목, x축과 y축의 제목 등의 변경을, [차트 위치]에서는 차트의 출력 위치를 조정할 수 있다.

[차트 도구모음을 이용한 차트의 작성]

메뉴 표시줄의 [보기]-[도구모음]을 선택하면 도구모음 리스트가 나타난다. 여기에 "차트"를 클릭하면 <그림 2.21>과 같은 [차트 도구모음] 대화상자가 나타나고, 차트 종류 단추 를 마우스로 클릭하여 그리고자 하는 차트 종류를 선택하면 자동으로 작성되어 나타난다.

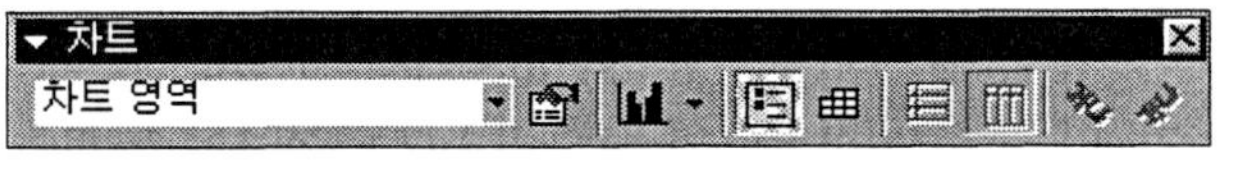

<그림 2.21> [차트 도구모음] 대화상자

도수분포표와 히스토그램의 작성 - 양적 자료의 경우

EXCEL에서 양적 자료에 대한 도수분포표의 작성은 두 가지 방법 즉, [함수 마법사]의 [FREQUENCY]를 이용하는 방법과 [도구] 메뉴에서 [데이터 분석 도구]를 이용하는 방법이 있다. 함수 마법사보다는 [데이터 분석 도구]의 "히스토그램"기능을 이용하는 것이 도수분포표를 보다 쉽게 작성할 수 있으며, 더구나 차트를 동시에 작성할 수 있기 때문에 여기서는 이 방법을 사용하는 절차에 대해서 설명하도록 하겠다.

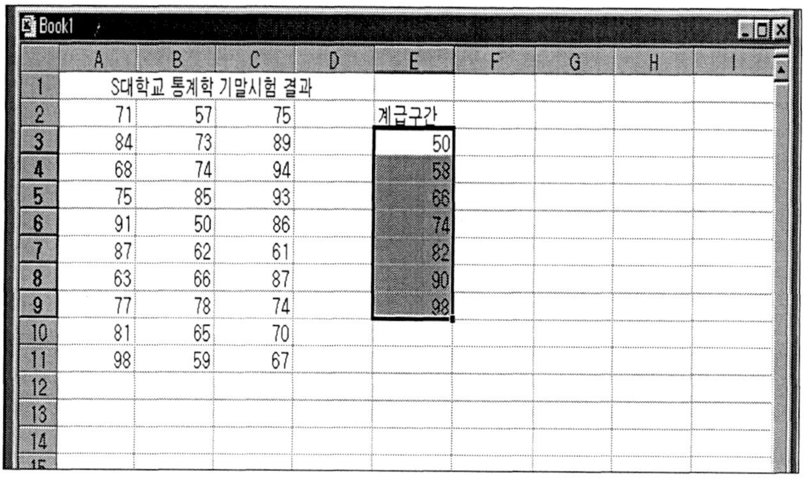

<그림 2.22> 도수분포표를 작성하기 위한 자료의 입력

① 먼저, <그림 2.22>와 같이 셀 A1에서부터 C11까지 자료를 입력한 후 임의의 셀에 계급구간을 입력한다. 예를 들어, <그림 2.22>에서 계급구간을 최소값인 50에서 8단위로 증가시키려면 셀 E2에 "계급구간"을, 셀 E3에 "50"을, 셀 E4에 "58"을 입력한 후, 마우스로 끌어 셀 E3에서 셀 E4까지 블록을 설정한다. 그런 후에, 블록 오른쪽 하단부분(+로 표시가 나타나는 부분)을 출력 범위(계급구간수보다 1을 더한 범위)까지 마우스로 끌면 전체 계급구간이 자동적으로 생성된다.

② [도구] 메뉴에서 [데이터 분석]-[히스토그램]을 선택한 후 [히스토그램] 대화상자 <그림 2.23>에서 "입력범위(I)"에는 자료가 입력된 범위(예: $A$2:$C$11)를, "계급구간(B)"에는 계급구간이 정의된 범위(예: $E$3:$E$9)를 지정한다. 이때 자료의 이름을 포함하여 범위를 입력하였을 경우, "이름표(L)"란에 표시해 주어야 한다. 출력 옵션의 "출력범위(0)"에는 출력 결과가 시작될 셀(예: $F$2)을 지정하면 된다. 만약 히스토그램을 함께 그리기를 원한다면, "차트출력(C)"란에 표시해 주면 된다. 그런 후에, "확인"을 누르면 <그림 2.24>와 같은 결과를 얻게 된다.

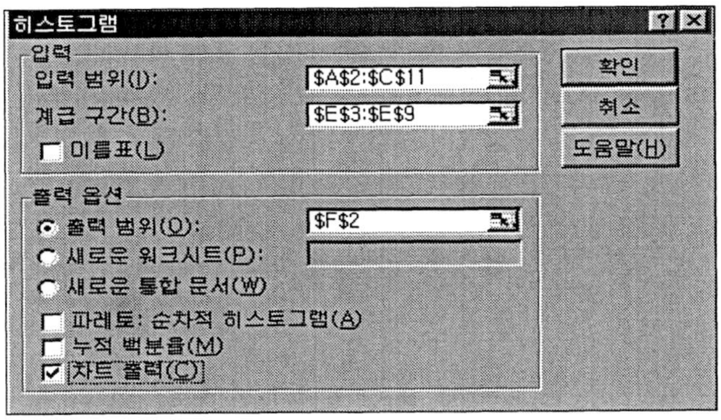

<그림 2.23> 히스토그램 대화상자

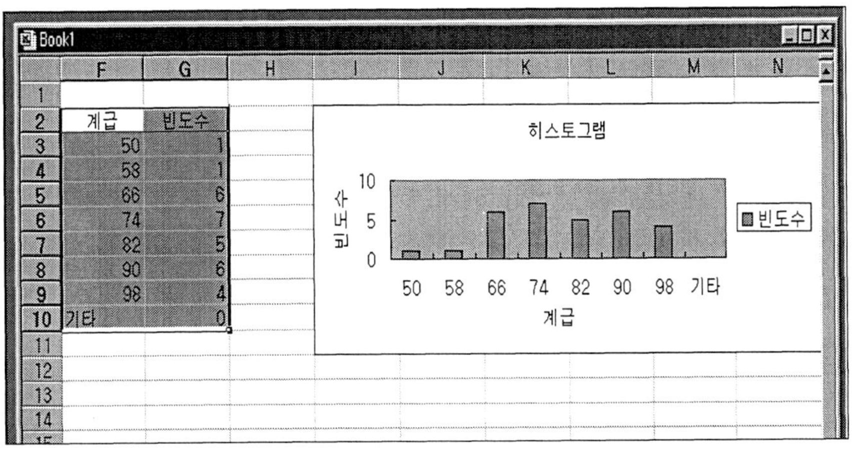

<그림 2.24> 도수분포표와 히스토그램의 출력 결과

히스토그램 변경 방법

① 히스토그램에서 “범례”가 필요하지 않을 경우 :

“범례”(예 : 차트의 오른쪽에 나타난 “빈도수”라고 표시된 부분)를 마우스로 클릭하고 Delete 키를 누르면 된다.

② 막대와 막대 사이의 간격을 없애고자 할 경우 :

히스토그램의 막대 부분을 더블 클릭하면 [데이터 계열 서식] 상자가 나타나게 된다. 여기서 [옵션]을 선택하여 간격 너비를 0으로 하면 <그림 2.25>에서 보는 바와 같이 막대와 막대 사이의 간격을 없앨 수 있다.

③ x축과 y축의 표시 형식을 변경시키고자 할 경우:
"x축 영역" 또는 "y축 영역"을 마우스로 더블 클릭하면 [축 서식] 대화상자가 나타난다. 여기에서 원하는 형태로 조정하면 된다.

④ 도수분포표의 "기타 0"을 없애고자 할 경우:
<그림 2.24>의 도수분포표를 살펴 보면, 맨 마지막 부분에 "기타 0"이 나타난다. 이것을 없애고자 할 경우에는 해당 영역(예: F10과 G10)에 블록 설정한 후, [편집] 메뉴에서 [삭제] 또는 Del 키를 누르면 <그림 2.25>와 같은 결과를 얻을 수 있다.

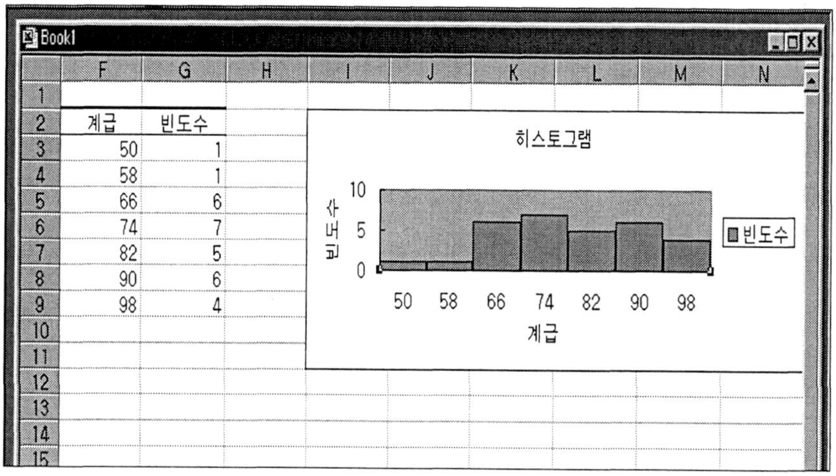

<그림 2.25> 변경된 히스토그램

산점도 작성

두 변수 사이의 개략적인 관계를 그림을 통하여 살펴볼 수 있는 산점도는 다음과 같은 절차를 통하여 그릴 수 있다.

① [차트 마법사]를 실행하여 [차트 마법사-4단계 중 1단계]에 있는 "차트 종류(C)"에서 분산형을, "하위 종류(I)"에서 적절한 형태를 선택한다.

② [4단계 중 2단계]의 "데이터 범위(D)"에서 자료의 범위를, "계열(S)"에서는 x값과 y값의 자료 범위를 입력한다(이 값들은 자동적으로 입력되어 나타남). 만약 자료의 범위 또는 x축과 y축의 항목을 바꾸려고 하면, 해당 입력란에서 자료의 범위를 바꾸어 주면 된다.

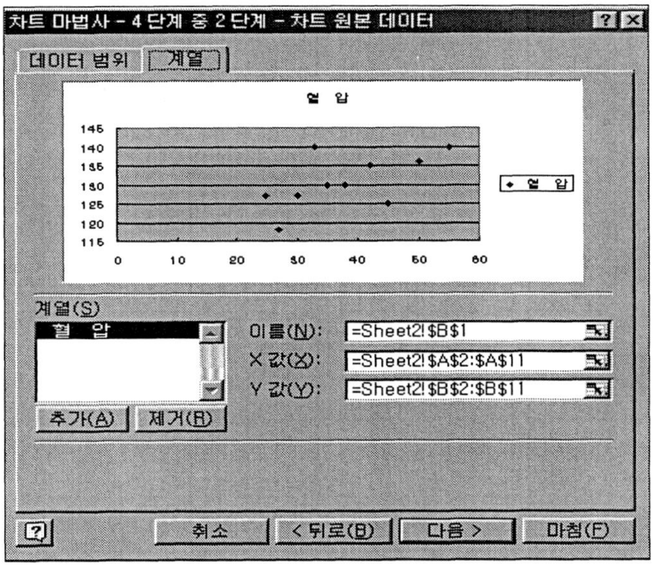

<그림 2.26> [4단계 중 2단계] 대화상자에서 [계열]을 택할 때

③ [4단계 중 3단계]에서 "차트 제목(T)", "x축", "y축"에 적절한 이름을 입력한다.

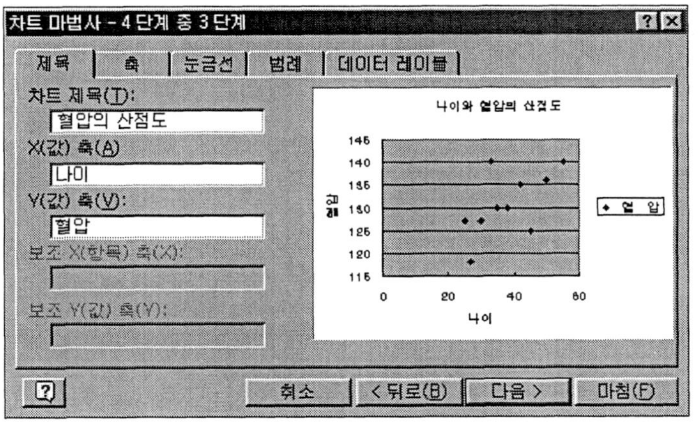

<그림 2.27> [4단계 중 3단계] 대화상자의 작성 예

④ [4단계 중 4단계]에서 출력될 "챠트 위치"를 선택하고 "마침"을 누르면 <그림 2.28>과 같은 결과를 얻게 된다. y축의 눈금을 없애고자 할 경우에는 y축에 마우스를 옮겨 "Y(값)축 주 눈금선" 표시가 나타날 때, 마우스의 오른쪽 버튼을 클릭하여 "지우기"를 선택하면 된다.

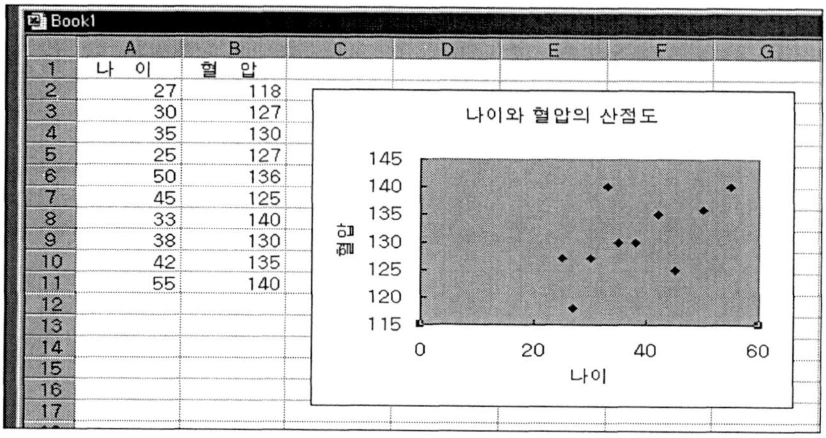

<그림 2.28> 산점도 출력 결과

도수분포표와 분할표의 작성-질적 자료의 경우

질적자료에 대한 도수분포표와 분할표의 작성은 [피벗 테이블(pivot table) 마법사]를 이용한다. EXCEL에서 제공되는 [피벗 테이블 마법사]의 사용 절차는 다음과 같다.

[도수분포표의 작성]

① 자료를 입력한 후, 메뉴 표시줄의 [데이터] 메뉴 중에서 [피벗 테이블/피벗 차트 보고서]를 선택하면 <그림 2.30>과 같은 [피벗 테이블 마법사-3단계 중 1단계] 대화상자가 나타난다. 여기서는 이미 입력된 자료를 이용하기 때문에 "엑셀 목록이나 데이터 베이스(M)"를 선택하고 "다음"을 누르면 된다.

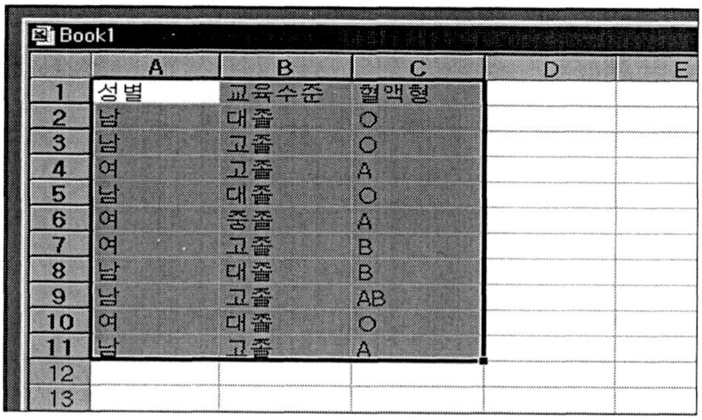

<그림 2.29> 도수분포표 작성을 위한 자료의 입력

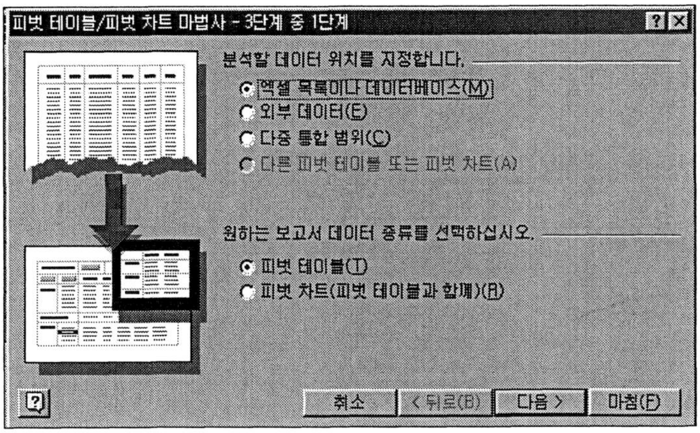

<그림 2.30> 피벗 테이블 3단계 중 1단계

② [3단계 중 2단계] 대화상자에서 분석할 자료의 범위를 입력한다(입력되어 있는 데이터의 범위가 자동으로 나타남). 그런 후에, "다음"을 누르면 [3단계 중 3단계] 대화상자가 나타난다.

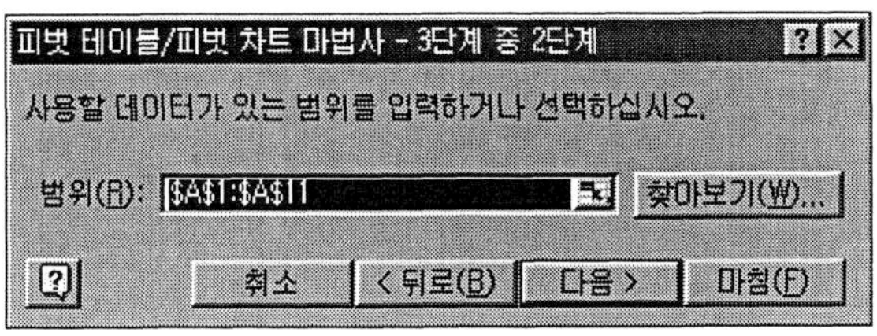

<그림 2.31> 피벗테이블 3단계 중 2단계

③ [3단계 중 3단계] 대화상자(<그림 2.32>)에서 피벗 테이블 작성 결과가 나타날 셀을 지정한 후, "마침"을 누르면 <그림 2.33>과 같은 [피벗 테이블] 대화상자가 나타나게 된다.

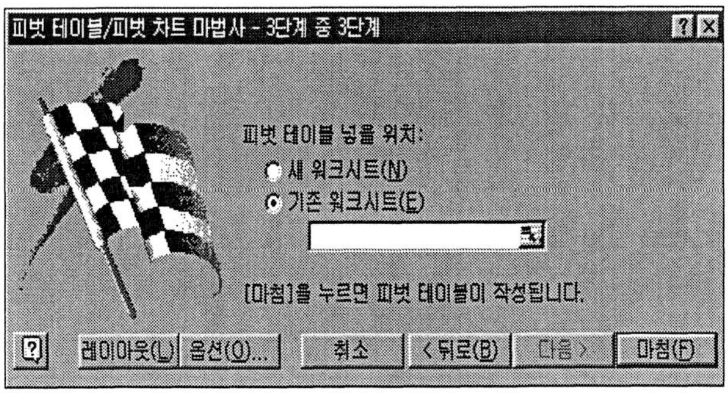

<그림 2.32> 피벗 테이블 3단계 중 3단계

④ [피벗 테이블] 대화상자(<그림 2.33>)에서 도수분포표로 작성하고자 하는 변수(예: 교육수준)를 마우스로 끌어서 "행 필드를 여기로 끌어 옵니다" 영역과 "데이터 필드를 여기로 끌어 옵니다" 영역에 각각 끌어 넣는다. 그런 후에 "다음"을 누르면 <그림 2.34>와 같은 결과를 얻게 된다.

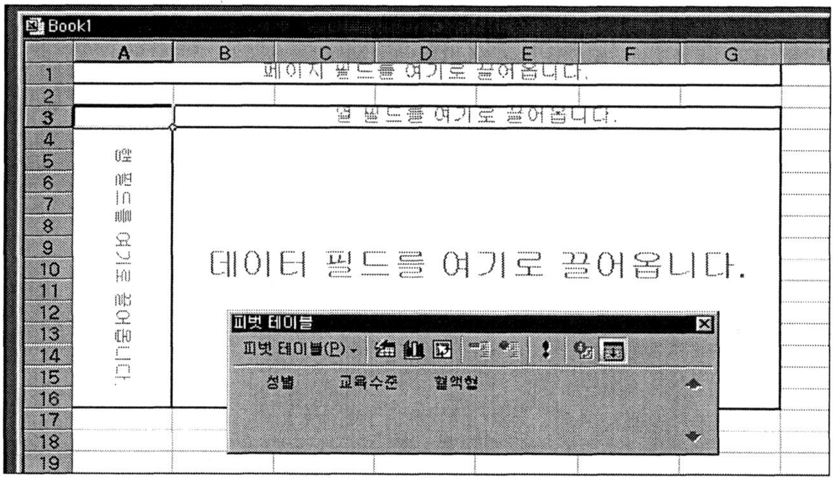

<그림 2.33> [피벗 테이블] 대화상자

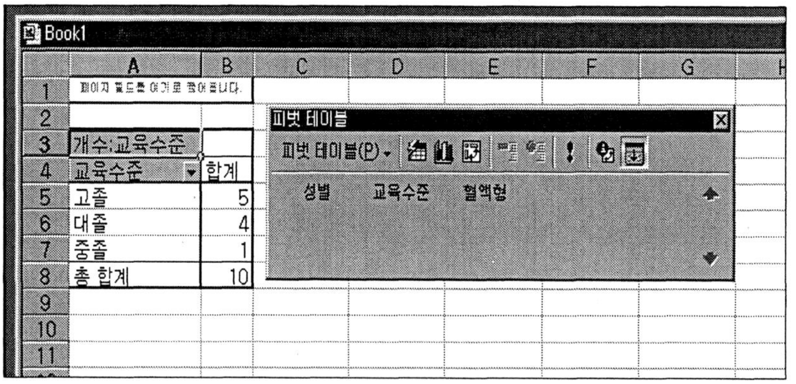

<그림 2.34> [피벗 테이블] 대화상자를 이용한 도수분포표의 출력 결과

[분할표의 작성]

① 도수분포표 작성의 경우와 마찬가지로 [피벗 테이블 마법사-3단계 중 3단계]까지를 실행하여 [피벗 테이블] 대화상자가 나타나도록 한다.

② [피벗 테이블] 대화상자에서 “행 필드를 여기로 끌어 옵니다” 영역과 “열 필드를 여기로 끌어 옵니다” 영역에 해당 변수(예: 행에 성별, 열에 혈액형)를, “데이터 필드를 여기로 끌어 옵니다” 영역에 열의 변수(예: 혈액형)을 마우스로 끌어 삽입한 후, “다음”을 누르면 <그림 2.35>와 같은 결과를 얻을 수 있다.

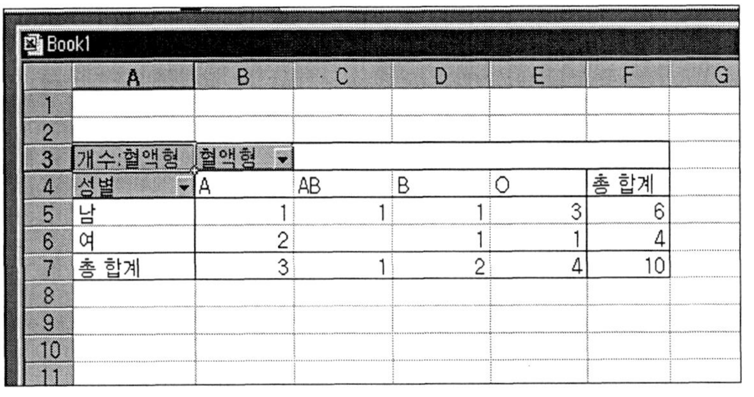

개수:혈액형	혈액형				
성별	A	AB	B	O	총 합계
남	1	1	1	3	6
여	2		1	1	4
총 합계	3	1	2	4	10

<그림 2.35> [피벗 테이블] 대화상자를 이용한 분할표의 출력 결과

기술통계량의 계산

EXCEL에서 기술통계량의 계산은 다음과 같은 절차를 통하여 이루어진다.

① 자료를 입력한 후, [도구] 메뉴에서 [데이터 분석]-[통계 데이터 분석]-[기술통계법]을 선택하고 “확인”을 누르면 [기술통계법] 대화상자가 나타난다.

② [기술통계법] 대화상자(<그림 2.36>)에서 “입력범위(I)”란에 기술통계량을 계산할 자료의 범위를 입력한다(이때 “입력범위(I)”에 자료의 이름(예: 통계학)이 포함되어 있는 경우에는 “첫째 행 이름표 사용(L)”에 표시해 주어야 하며, “데이터 방향”은 <그림 2.37>에서 보는 바와 같이 자료가 열방향으로 입력되어 있기 때문에 “열(C)”에 또한 표시를 해 주어야 한다).

“출력범위(0)”란에는 그 결과가 나타날 첫 번째 셀(예: $C$1)을 입력하고 “요약 통계량(S)”을 지정한 후, “확인”을 누르면 <그림 2.37>과 같이 대표값과 산포도, 왜도, 첨도 등에 관한 여러 가지 값들을 얻을 수 있게 된다.

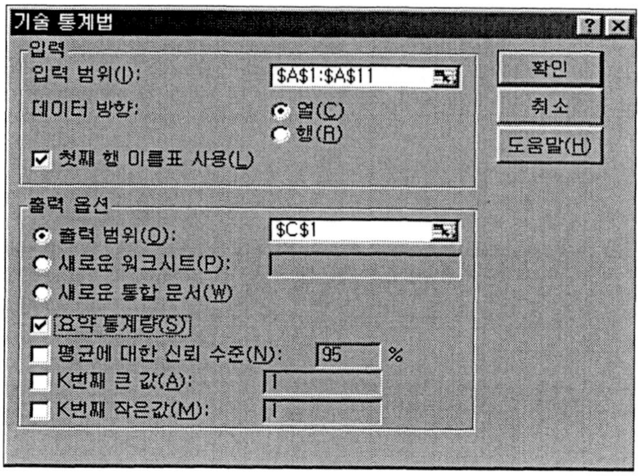

<그림 2.36> [기술통계법] 대화상자

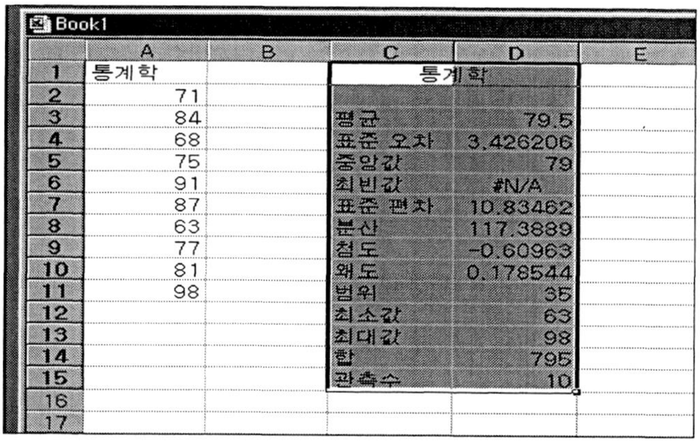

<그림 2.37> [기술통계법] 대화상자를 이용한 기술통계량의 출력 결과

연습문제

1. 어느 교육기관의 전자계산소에서 30일 동안 컴퓨터의 고장횟수를 조사한 결과 다음과 같은 자료를 얻었다. 도수분포표를 작성하여라.

1 3 1 1 0 1 0 1 1 0 2 2 0 0 0
1 2 1 2 0 0 1 6 4 3 3 1 2 4 0

2. 어느 대학교 학생들 중에서 42명을 랜덤으로 뽑아 혈액 중의 콜레스테롤 수치를 조사한 결과 다음과 같은 자료를 얻었다.

239 212 249 227 218 310 281 330 226 233 223 161 195 233
249 284 245 174 154 256 196 299 210 301 199 258 205 195
227 244 355 234 195 179 367 282 265 286 267 176 195 163

1) 도수분포표를 작성하여라(단, 구간의 개수는 6개로 할 것).
2) 히스토그램을 그리고, 분포의 특징에 대하여 설명하여라.

3. 다음은 세계 주요 도시의 연 평균 기온을 측정한 자료이다.

도 시	기 온	도 시	기 온
서 울	11.1	런 던	10.5
도오쿄	15.0	베를린	9.5
북 경	12.0	워싱턴	13.9
상 해	16.1	뉴 욕	12.6
홍 콩	28.4	시카고	10.5
마닐라	27.3	모스크바	4.4
사이공	27.0	스톡홀름	6.6
방 콕	28.0	호놀룰루	24.4
싱가폴	27.1	멕시코시티	15.1
뉴델리	25.3	시드니	21.9

1) 줄기-잎 그림을 작성하여라.
2) 상자그림을 그려라.

4. 어떤 회사 사무직 직원 10명에 대한 월급여액(단위: 만원)을 조사한 결과 다음과 같은 자료를 얻었다.

42 58 55 61 52 66 38 72 95 420

1) 평균과 중앙값을 구하여라.
2) 평균과 중앙값 중 어느 것을 중심위치를 나타내는 통계량으로 쓰는 것이 바람직한가?
3) 표준편차를 계산하여라.

5. 서울 올림픽의 여자 양궁 결승에서 한국선수와 스웨덴선수가 기록한 점수이다.

회수	한국	스웨덴
1	118	119
2	116	105
3	117	110

1) 각 선수의 점수에 대한 평균과 표준편차를 구하여라.
2) 어느 나라 선수가 더 우수한 선수라고 판단되는지를 설명하여라.

6. 다음 자료는 서울의 어느 초등학교 6학년 학생 60명의 앉은키를 조사한 결과이다.

76 74 80 81 83 82 78 76 83 76 81 73 77 77 72 75 76 77
82 79 75 71 78 75 82 70 77 71 80 81 80 75 82 72 85 84
82 72 72 70 77 80 71 85 85 80 78 78 73 81 82 72 78 81
82 78 83 81 77 75

1) 점도표를 그려라.
2) 범위와 사분위수를 구하여라.
3) 줄기-잎 그림을 그려 분포의 특징에 대하여 설명하여라.

7. 서울 강남구에서는 한 가구당 1년 동안 소모하는 전력량을 조사하기 위하여 랜덤으로 30 가구를 선정하여 다음과 같은 자료를 얻었다.

728	774	859	882	791	731	838	862	880	831
759	837	832	816	860	856	787	715	752	778
829	792	808	714	839	752	834	818	835	751

1) 도수분포표를 작성하여라.
2) 히스토그램을 그려라.
3) 평균과 중앙값을 구하여라.
4) 줄기-잎 그림을 그려라.
5) 사분위수를 구하고, 상자그림을 그려라.
6) 분포의 특징에 대해서 간단히 설명하여라.

8. 50명으로 구성된 어떤 학급 학생들의 통계학 성적의 평균은 80점, 그 표준편차는 10점, 수학 성적의 평균은 70점, 그 표준편차는 8점이었다. 랜덤으로 뽑은 한 학생의 통계학 점수가 75점, 수학 점수가 70점이었다면, 이 학생은 어느 과목에서 더 우수한 성적을 얻었다고 할 수 있는가?

제 3 부 추측통계학을 위한 기초개념

제 3 장

확 률

3.1 서 론

통계학의 생성 및 그 발달과정에 있어서 확률이론의 영향을 무시할 수 없다. 확률이론의 발생은 17세기 도박으로부터 시작되었다. 그 당시 프랑스의 귀족이면서 유명한 도박자인 De Mere는 내기에서 이기는 횟수에 대한 상대적 빈도 즉, 승률을 수학적으로 표현하려고 노력하였으나 실패하였다. 이에 따라 그는 당대의 유명한 수학자 B. Pascal과 P. Fermat에게 이 문제의 해결을 의뢰하였다. 이 후 두 수학자는 서신교환을 통하여 도박의 승률을 수학적으로 규명하는데 성공하였으며, 이것이 바로 확률이론의 기초가 되었다. 그 후 네덜란드의 물리학자 C. Huttygens와 스위스의 수학자 J. Bernoulli 등에 의하여 확률이론이 수학분야에서 하나의 학문으로 이루어지게 되었다.

18세기에 들어서면서 여러 수학자들의 연구를 거쳐 확률이론은 더욱 발전되었으며, 그 후 확률이론은 인구 및 범죄현상 등에 있어서의 규칙성을 증명하고, 사회과학 및 자연과학과 관련된 통계에 응용되는 등 점차 사회의 여러 분야에 적용되기 시작하였다. 오늘날 확률이론은 통계적 추론의 기초가 되고 있으며, 공학, 자연과학, 그리고 경영학 등 여러 분야에 널리 응용되고 있다.

3.2 확률과 관련된 기본 용어

확률에 대한 정의 및 계산 방법을 배우기 전에 먼저 알아야 할 중요한 용어들이 있다. 여기서는 그러한 용어들 중에서 가장 기본이 되는 실험, 표본공간, 사건 등에 대해서 설명하고자 한다.

[실험]

어떤 실험이 행해질 때 얻게 되는 여러 가지 가능한 결과에 대한 발생 가능성을 추측하고자 할 때 확률이론이 적용된다. 예를 들어, 한 개의 동전을 던지는 실험에서 앞면 또는 뒷면 중의 어느 하나가 나온다는 것은 알고 있지만 그 실험을 실행하기 전에는 그 결과를 정확하게 예측할 수 없다. 이와 같이 일반적으로 어떤 실험을 통해 얻을 수 있는 모든 결과는 알고 있지만, 어느 것을 얻게 되는 지를 사전에 알지 못하는 실험을 통계학에서는 통계적 실험(statistical experiment) 또는 단순히 실험이라고 정의한다.

[표본공간]

통계적 실험에서 얻을 수 있는 결과들을 전부 모아 놓은 집합을 표본공간(sample space)이라 하며, 일반적으로 S로 표기한다. 이때 표본공간 S에 있는 결과들 하나 하나를 표본공간의 원(element)이라 부른다.

[사건]

동전을 던지는 목적은 여러 가지가 있겠지만 한 번 던질 때 나오는 면이 앞인지 뒤인지 또는, 여러 번 던질 때 앞면이나 뒷면이 나오는 횟수 등에 흥미를 가질 수 있다. 이와 같이, 실험에서 얻을 수 있는 결과들 중에 우리가 관심을 가지는 부분을 사건(event)이라 부르며, 영문대문자 A, B, C 등으로 표기한다. 수학적인 의미로서 사건이라는 것은 표본공간의 부분집합을 말한다.

> 표본공간
> 통계적 실험에서 얻을 수 있는 결과들을 전부 모아 놓은 집합
>
> 사건
> 표본공간의 부분집합

예제 1 한 개의 동전을 두 번 던지는 실험에서 두 번째 동전이 앞면이 나오는 사건을 A라 하자. 이때 표본공간 S와 사건 A를 정의하여라.

풀이 한 개의 동전을 두 번 던지는 실험에서 나올 수 있는 모든 가능한 결과의 집합인 표본공간은

S = {(앞, 앞), (앞, 뒤), (뒤, 앞), (뒤, 뒤)}

이고, 두 번째 동전이 앞면이 나오는 사건은

A = {(앞, 앞), (뒤, 앞)}

이 된다. ■

[사건의 종류]

표본공간 내에 두 사건 A와 B가 있을 때, 적어도 어느 하나에 속하는 모든 결과를

포함하는 사건을 A와 B의 합사건(union event), 두 사건 A와 B에 동시에 속하는 모든 결과를 포함하는 사건을 A와 B의 적사건(intersection event)이라 한다. A와 B의 합사건은 $A \cup B$로, 그 적사건은 $A \cap B$ 또는 AB로 표기한다.

표본공간 S의 결과 중에 사건 A에 속하지 않는 모든 결과를 포함하는 사건을 A의 여사건(complement event)이라 하며, A^c로 표기한다.

그리고 사건 중에서 어떠한 것은 가능하지 않을 수도 있다. 예를 들면, 한 개의 주사위를 던질 때 음수를 얻는다는 것은 불가능하다. 이러한 경우의 사건을 공사건(empty event)이라 하며, $\varnothing$로 표기한다.

두 사건 A와 B가 공통인 결과를 포함하고 있지 않을 때 즉, $A \cap B = \varnothing$일 때 A와 B는 서로 배반사건(disjoint event)이라 한다. 즉, 배반사건이란 두 사건이 동시에 일어날 가능성이 없으므로 두 사건 사이에는 서로의 발생을 배반하게 되는 관계를 가지게 된다는 것을 의미한다.

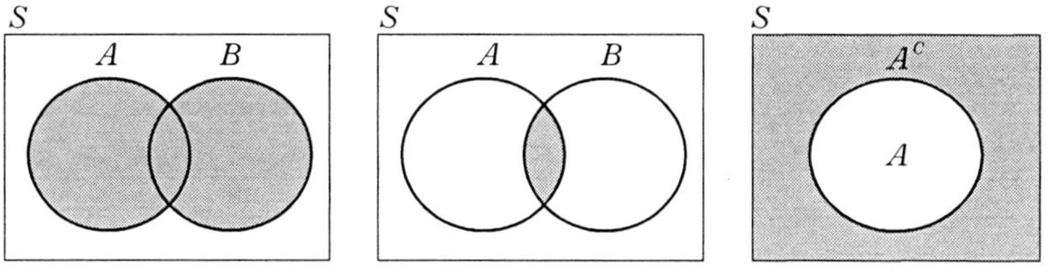

(a) $A \cup B$ (b) $A \cap B$ (c) A^C

<그림 3.1> 사건의 종류

예제 2 한 개의 동전을 세 번 던진다고 할 때, A를 적어도 하나의 앞면이 나오는 사건, B를 두 번째 동전이 앞면이 나오는 사건, C를 세 번째 동전이 뒷면이 나오는 사건, 그리고 D를 하나의 앞면도 나오지 않는 사건이라 하자. 이때

1) A^c 2) BD 3) $A \cup C$ 4) $(B \cup C)^c$

를 각각 구하여라.

풀이 동전의 앞면을 H, 그 뒷면을 T라고 할 때, 동전을 세 번 던질 때의 표본공간 및 각 사건은 다음과 같다.

$S = \{HHH, HHT, HTH, THH, HTT, THT, TTH, TTT\}$

$$A = \{HHH,\ HHT,\ HTH,\ THH,\ HTT,\ THT,\ TTH\}$$
$$B = \{HHH,\ HHT,\ THH,\ THT\}$$
$$C = \{HHT,\ HTT,\ THT,\ TTT\}$$
$$D = \{TTT\}$$

따라서, 1) $A^c = \{TTT\} = D$,

2) $BD = \varnothing$,

3) $A \cup C = S$,

4) $(B \cup C)^c = \{HTH,\ TTH\}$

가 된다. ■

3.3 확률의 정의

우리는 반복된 실험이나 관측을 통하여 어떤 사건이 발생할 가능성을 사전에 예측할 수 있으며, 이러한 예측을 수학적으로 표현하기 위하여 확률의 개념을 사용한다. 확률의 개념은 우리들에게 전혀 생소한 것이 아니라 일상생활의 대화에서 자주 접하게 된다. 예를 들면, '의사가 환자를 수술하여 성공할 확률이 50%이다' 라든지 '이번 주말에 비가 올 확률이 95%이다' 라든지 하는 것이다.

확률(probability)은 어떤 사건이 일어날 가능성을 0과 1 사이의 숫자로 표현하는 것이며, 이때 사건이 일어날 가능성이 클수록 확률은 1에 가까워지고 일어나기 힘들수록 0에 가까워진다.

확률은 객관적인 관점과 주관적인 관점에서 정의가 되기도 하지만, 공리적인 접근방법에 의해서 일반적인 확률의 개념이 정의되기도 한다.

3.3.1 객관적 정의

객관적인 관점에서의 확률은 두 가지 측면 즉, 고전적인 측면과 빈도적인 측면에서 정의되어진다.

[고전적 정의]

근대 수학자들은 발생 가능한 모든 경우의 수가 n가지 있고 이 모든 경우가 일어날 가능성이 똑같다고 할 때 각각이 일어날 가능성은 $1/n$이 되며, 이때 n가지 중에서 어느 한 사건이 f번 발생한다면 이 사건이 발생할 확률은 f/n가 된다는 관점에서 확률을 정의하였다. 예를 들면, 동전을 던질 때 앞면과 뒷면이 나올 가능성이 동일하다든지 또는, 주사위를 던질 때 1에서 6까지의 숫자가 나올 가능성이 동일한 경우가 이에 해당된다. 이러한 관점을 고려하여 고전적인 의미에서의 확률은 다음과 같이 정의된다.

> 고전적 정의
>
> n개의 결과를 포함하는 표본공간 $S=\{s_1, s_2, \cdots, s_n\}$에서 각 결과가 일어날 가능성이 동일하다면, 정확히 f개의 결과를 포함하는 사건 A의 확률은 다음과 같다.
>
> $$P(A)=\frac{f}{n}$$

예제 3 한 회사원이 어떤 도시로 출장을 갔을 때 숙소 근처에 A, B 두 식당이 있다고 하자. A, B 두 식당 중 어느 식당으로 갈 것인가는 주사위를 던져서 결정하기로 하고 3이상의 숫자가 나오면 A식당으로, 그렇지 않으면 B식당으로 간다고 한다. A식당으로 갈 확률을 구하여라.

풀이 표본공간은 $S=\{1,2,3,4,5,6\}$이며, 각 결과가 나올 확률은 동일하다. 3이상의 숫자가 나오는 사건은 $\{3,4,5,6\}$이므로 A식당으로 갈 확률은

$$P(A)=\frac{4}{6}=\frac{2}{3}$$

가 된다. ■

[빈도적 정의]

확률에 대한 고전적 정의는 모든 실험의 결과가 유한개이면서, 각 결과가 일어날 가능성이 같은 경우에만 적용될 수 있다. 그러나 모든 결과가 발생할 가능성이 동일하다고 할 수 없을 경우, 고전적 정의에 의한 확률개념은 적합하지 않다. 이러한 경우에는 동일한 실험을 n번 반복하여 어떤 한 사건이 일어난 횟수를 f라고 하면, 실험횟수 n을 충분히 크게 할 때 상대도수의 극한값을 그 사건의 확률로 보는 것이 타당할 것이다. 왜냐 하면, 실험, 관찰 또는 조사 등 우연히 발생하는 현상의 시행을 여러 차례 반복하게 되면 그 결과는 어느 일정한 수에 수렴하기 때문이다. 따라서 학자들은 고전적 정의가

가지고 있는 문제점을 피하기 위하여 '어떤 실험에서 특정한 어떤 결과를 얻을 확률을 그 실험이 유사한 조건하에서 수없이 반복될 때 그 결과가 가지는 상대도수'의 의미로서 설명하고자 하였다. 따라서 상대도수의 개념을 도입할 때의 확률은 다음과 같이 정의된다.

> **빈도적 정의**
>
> 동일한 조건하에서 통계적 실험을 n 번 반복해서 시행할 때 사건 A가 f번 일어난다면, n을 충분히 크게 할 때 사건 A의 확률은 다음과 같다.
>
> $$P(A) = \lim_{n \to \infty} \frac{f}{n}$$

예제 4 하나의 동전을 던질 때 앞면이 나올 확률은 1/2로 간주될 수 있다. 왜냐 하면, 그 동전을 유사한 조건하에 수없이 던질 때 앞면의 상대도수는 거의 1/2로 가까이 가기 때문이다. ■

빈도적 개념으로 확률을 정의하였을 경우의 문제점으로는 실험이 유사한 조건하에서 수없이 반복될 수 있는 상황에서만 적용될 수 있다는 점이다. 예를 들어, 어떤 A라는 사람이 앞으로 2년 이내에 결혼할 확률이라던지 또는 어떤 의학 연구소에서 AIDS치료법의 개발에 성공할 확률 등을 구하는 문제에는 직접 적용될 수 없으며, 이러한 결과에 확률을 부여하기 위해서는 다른 어떤 방법이 필요하게 된다.

3.3.2 주관적 정의

어떤 과정에서 한 결과를 얻을 확률은 사전 지식, 정보, 경험 등을 바탕으로 개인의 주관적인 판단에 의해 결정될 수 있다. 이와 같이, 개인의 확신과 정보에 기초를 두고 결정되는 확률을 주관적 확률이라 한다. 기상 상태와 조건 등을 관찰하고 있는 여러 기상학자들이 어떤 정해진 날에 비가 내릴 확률에 대해서 서로 다르게 예측한다던지 또는 1960년대에 여러 학자들이 그 당시 10년 이내 인간이 달 표면에 착륙할 확률에 대하여 서로 다른 값을 제시한 사실 등은 주관적 확률에 대한 예라고 할 수 있다.

3.3.3 공리적 정의

고전적 의미 또는 빈도적 의미에 의하여 정의된 확률은 모든 상황에 다 적용될 수가 없다. 따라서, 이러한 문제점을 고려하여 확률을 하나의 수학적이며 논리적인 체계를 바탕으로 그 개념을 정의하고, 이러한 정의로부터 확률의 성질을 기술하고자 하였다. 이러한 논리하에 A. N. Kolmogorov는 표본공간 S에서 임의의 사건 A의 확률 $P(A)$를 다음의 공리를 만족하는 어떤 특정한 수로서 정의하였다.

공리적 정의

공리 1) 임의의 사건 A에 대하여, $P(A) \geq 0$

공리 2) $P(S) = 1$

공리 3) 서로 배반인 사건 A_1, A_2, $\cdots$에 대하여

$$P(A_1 \cup A_2 \cup \cdots) = P(A_1) + P(A_2) + \cdots$$

3.4 확률의 계산과 법칙

[덧셈법칙]

두 사건 A와 B에 대하여, A 또는 B가 일어날 확률은 각 사건이 일어날 확률의 합에서 두 사건이 동시에 일어날 확률을 뺀 것이다. 이를 확률의 덧셈법칙이라 한다.

덧셈법칙

$$P(A \cup B) = P(A) + P(B) - P(AB)$$

만약 두 사건 A와 B가 서로 배반이면, $P(AB) = 0$이므로

$$P(A \cup B) = P(A) + P(B)$$

가 성립한다.

예제 5 52장의 카드 중에 에이스가 뽑히는 사건을 A, 킹이 뽑히는 사건을 B, 스페이드가 뽑히는 사건을 C라고 하자. 카드 한 장을 뽑았을 때 에이스 또는 킹이 뽑힐 확률은

$$P(A \cup B) = P(A) + P(B) = \frac{4}{52} + \frac{4}{52} = \frac{2}{13}$$

이고, 카드 한 장을 뽑았을 때 에이스 또는 스페이드가 뽑힐 확률은

$$P(A \cup C) = P(A) + P(C) - P(AC)$$
$$= \frac{4}{52} + \frac{13}{52} - \frac{1}{52} = \frac{4}{13}$$

가 된다. ■

[조건부 확률]

예제 6 어느 모임에서 행운상을 추첨하기 위하여 3개의 빨간 공과 7개의 흰 공이 들어 있는 상자를 준비한 후, 한 사람씩 차례로 나와 랜덤으로 한 개의 공을 뽑는다고 하자. 이때 상자 속에서 뽑힌 공이 빨간 공이면 당첨, 흰 공이면 탈락이라고 한다. 단, 뽑힌 공을 도로 넣지 않는다고 가정하자(이러한 경우를 비복원추출이라 한다).

1) 첫 번째 사람이 당첨되었을 때, 두 번째 사람도 당첨될 확률을 구하여라.
2) 첫 번째 사람이 탈락되었을 때, 두 번째 사람이 당첨될 확률을 구하여라.

풀이 1) 첫 번째 사람이 당첨되었다면, 그 상자에는 빨간 공 2개, 흰 공 7개가 남아 있다. 따라서, 두 번째 사람이 빨간 공을 뽑을 확률은

$$\frac{2}{2+7} = \frac{2}{9}$$

2) 첫 번째 사람이 탈락되었다면, 상자에는 빨간 공 3개, 흰 공 6개가 남아있다. 따라서 두 번째 사람이 빨간 공을 뽑을 확률은

$$\frac{3}{3+6} = \frac{3}{9} = \frac{1}{3}$$

■

앞의 예에서 보는 바와 같이, 처음 발생하는 결과에 따라 다음 일어나는 결과의 확률은 바뀌게 된다. 한 사건 A가 일어난 후 어떤 사건 B가 일어날 확률을 사건 A에 대한 사건 B의 조건부 확률(conditional probability)이라 하며, $P(B \mid A)$로 표기한다.[주)]

> 조건부 확률
>
> $$P(B \mid A) = \frac{P(AB)}{P(A)} \quad (\text{단, } P(A) > 0)$$
>
> 그리고
>
> $$P(A \mid B) = \frac{P(AB)}{P(B)} \quad (\text{단, } P(B) > 0)$$

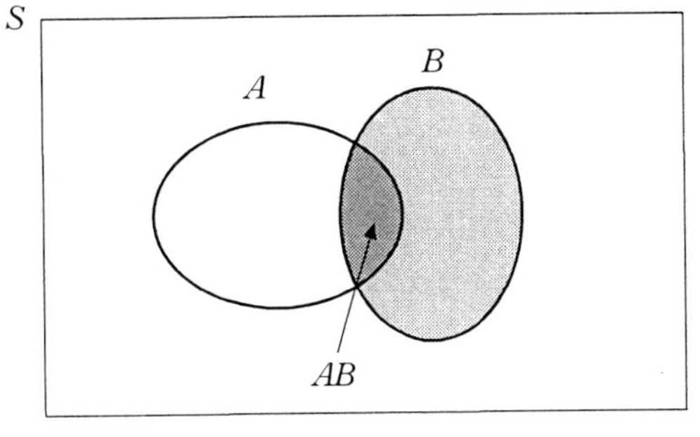

<그림 3.2> 조건부 확률 $P(A \mid B)$

벤 도표(그림 3.2)를 이용하여 조건부 확률 $P(A \mid B)$을 확률의 빈도적 정의에 따라 설명하면 다음과 같다: 즉, 한 실험을 수없이 반복해서 시행할 때 사건 B가 일어날 빈도수의 비는 $P(B)$이고, 사건 A와 B가 동시에 일어날 빈도수의 비는 $P(AB)$이다. 따라서, 사건 A가 일어나는 빈도수 중에서 사건 A가 일어나는 빈도수의 비가 바로 사건 B가 일어난 후 사건 A가 일어날 조건부 확률 $P(AB)/P(B)$이 되는 것이다.

예제 7 두 개의 주사위를 던져 나오는 눈의 수의 합 T를 홀수라고 할 때, T가 8보다 작을 확률을 구하여라.

주) 조건부 확률 $P(B \mid A)$에서 ' | '의 오른쪽에 나타나는 사건은 이미 발생한 사건이기 때문에 사전에 주어진 하나의 정보로서 간주될 수 있다.

풀이 A를 $T<8$인 사건이고 B를 T가 홀수인 사건이라 하자. 이때 AB는 T가 3, 5, 7인 사건이다, 이때 $P(A \mid B)$와 $P(B)$는 다음과 같이 계산될 수 있다,

$$P(AB) = \frac{2}{36} + \frac{4}{36} + \frac{6}{36} = \frac{12}{36} = \frac{1}{3}$$

그리고

$$P(B) = \frac{2}{36} + \frac{4}{36} + \frac{6}{36} + \frac{4}{36} + \frac{2}{36} = \frac{18}{36} = \frac{1}{2}$$

따라서 구하는 조건부확률은

$$P(A \mid B) = \frac{P(AB)}{P(B)} = \frac{2}{3}$$

이다. ■

[곱셈법칙]

곱셈법칙은 조건부 확률의 정의로부터 쉽게 유도된다.

$$P(AB) = P(A) \cdot P(B \mid A) \qquad (\text{단, } P(A) > 0)$$
$$= P(B) \cdot P(A \mid B) \qquad (\text{단, } P(B) > 0)$$

[독립사건과 종속사건]

동전을 두 번 던지는 실험에서 첫 번째 동전에서 앞면이 나오는 사건을 A, 두 번째 동전에서 앞면이 나오는 사건을 B라 하자. 이때 두 번째 동전에서 앞면이 나오는 사건은 첫 번째 동전에서 앞면이 나오던지 또는 뒷면이 나오던지에 영향을 받지 않는다. 즉, 이때의 조건부확률은 $P(B \mid A) = P(B)$가 되는 것이다. 이와 같이 조건부 확률에서 어떤 사건이 일어난 것이 다음 사건이 일어나는 것에 아무런 영향을 미치지 않을 때 두 사건 A와 B는 서로 독립사건(independent event)이라 하며, 그렇지 않을 경우 A와 B는 서로 종속사건(dependent event)이라 한다.

곱셈법칙

- A와 B가 서로 종속인 경우: $P(AB) = P(A) \cdot P(B \mid A)$ (단, $P(A > 0)$)
  $= P(B) \cdot P(A \mid B)$ (단, $P(B > 0)$)
- A와 B가 서로 독립인 경우: $P(AB) = P(A) \cdot P(B)$

예제 8 10개의 빨간 공과 6개의 파란 공이 들어 있는 상자로부터 2개의 공을 비복원으로 랜덤추출한다고 할 때, 첫 번째 공이 빨간 공이고 두 번째 공이 파란 공일 확률을 구하여라.

풀이 A를 첫 번째 공이 빨간 공인 사건, B를 두 번째 공이 파란 공인 사건이라 하자. 이때

$$P(A)=\frac{10}{10+6}=\frac{5}{8}, \quad P(B\mid A)=\frac{6}{10+6-1}=\frac{2}{5}$$

이다. 따라서,

$$P(AB)=P(A)\cdot P(B\mid A)=\frac{5}{8}\cdot\frac{2}{5}=\frac{2}{8}=\frac{1}{4}$$

가 된다. ■

예제 9 S대학교의 식품공학과 2학년 학생 30명에 대하여 성별, 출신 지역별 현황을 조사한 결과 다음과 같은 자료를 얻었다. 남자가 뽑히는 사건 A와 서울 출신이 뽑히는 사건 B 사이의 독립성 여부를 조사하여라.

구 분	서울 출신	지방 출신	계
남 자	5	5	10
여 자	10	10	20
계	15	15	30

풀이 $P(A)=\frac{10}{30}$, $P(B)=\frac{15}{30}$, $P(AB)=\frac{5}{30}$ 이므로

$$P(AB)=P(A)\cdot P(B)=\frac{1}{6}$$

이 성립한다. 따라서, 남자가 뽑히는 사건 A와 서울 출신이 뽑히는 사건 B는 서로 독립이다. ■

[확률계산과 관련된 부가적인 성질]

1) $P(\varnothing)=0$

2) 임의의 사건 A에 대하여 $P(A^c)=1-P(A)$

3) 세 사건 A, B, C가 서로 독립이기 위한 필요충분조건은

$$P(AB) = P(A)P(B)$$
$$P(AC) = P(A)P(C)$$
$$P(BC) = P(B)P(C)$$
$$P(ABC) = P(A)P(B)P(C)$$

[베이즈 정리]

표본공간 S가 서로 배반인 두 사건 A와 A^c로 나누어지고 임의의 사건 B가 <그림 3.3>과 같이 주어져 있을 때, 사건 B는 서로 배반인 두 사건 AB와 A^cB로 분할될 수 있으며, $B = AB \cup A^cB$가 된다. 이때 공리 3)과 확률의 곱셈법칙을 이용하면 사건 B의 확률 $P(B)$는 다음과 같다.[주)]

$$\begin{aligned} P(B) &= P(AB \cup A^cB) \\ &= P(AB) + P(A^cB) \\ &= P(A) \cdot P(B \mid A) + P(A^c) \cdot P(B \mid A^c) \end{aligned}$$

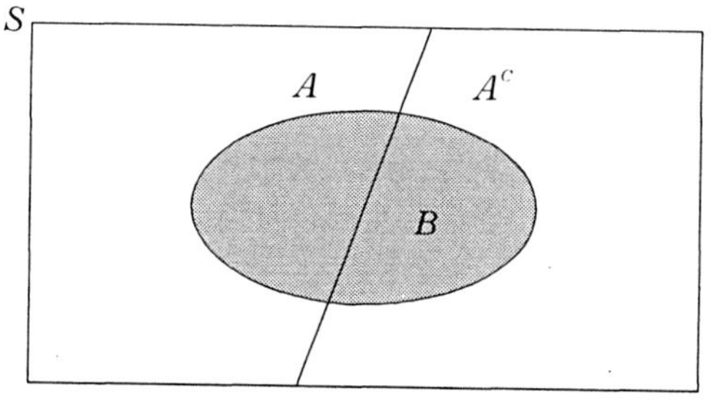

<그림 3.3> 표본공간 S의 분할

따라서, 사건 B가 일어난 후 사건 A가 일어날 조건부 확률 $P(A \mid B)$은 다음과 같다.

$$\begin{aligned} P(A \mid B) &= \frac{P(AB)}{P(B)} \\ &= \frac{P(A) \cdot P(B \mid A)}{P(A) \cdot P(B \mid A) + P(A^c) \cdot P(B \mid A^c)} \end{aligned}$$

주) 이때 확률 $P(B)$를 전 확률공식(formula of total probability)이라 한다.

위 식은 베이즈 정리의 한 특수한 경우이며, 이 정리는 영국의 Thomas Bayes(1702-1761)에 의해 표본으로부터 얻은 정보 또는 사전에 알려져 있는 정보를 이용하여 확률을 계산하도록 제안되었다.[주)]

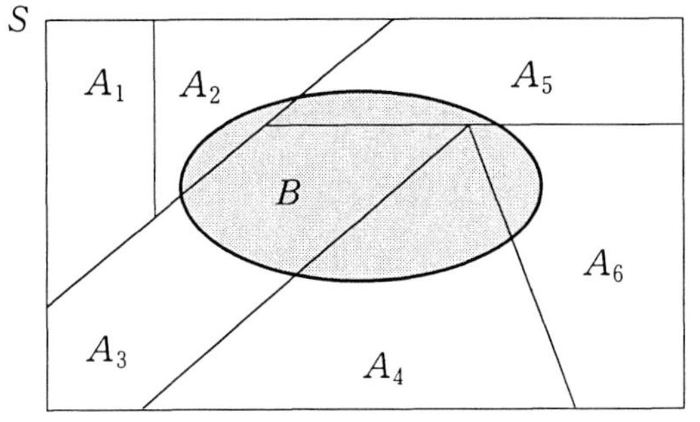

<그림 3.4> 표본공간 S의 분할

베이즈 정리

<그림 3.4>에서 보는 바와 같이 사건 $A_1, \cdots, A_n$이 서로 배반이고 표본공간 $S = A_1 \cup \cdots \cup A_n$이라고 할 때, 임의의 사건 B가 일어난 조건하에서 각 사건 $A_i\ (i=1, \ldots, n)$가 일어날 확률은 다음과 같다.

$$P(A_i \mid B) = \frac{P(A_i B)}{P(B)}$$

$$= \frac{P(A_i)\cdot P(B \mid A_i)}{P(A_1)\cdot P(B \mid A_1) + \cdots + P(A_n)\cdot P(B \mid A_n)}$$

베이즈 정리로부터, 계산되기 전의 확률 $P(A_i)$는 새로운 정보 B가 고려되기 전에 결정되기 때문에 이러한 확률을 사전확률(prior probability)이라 부르고, 이에 반하여 새로운 정보 B를 이용하여 계산된 확률 $P(A_i \mid B)$를 사후확률(posterior probability)이라 부른다.

주) 예를 들어, 어떤 기업이 아무런 정보가 없는 상태에서 부도가 날 확률과 이러저러한 재무구조하에서 부도가 날 확률은 분명히 다를 것이다. 이와 같이 사전 정보를 이용하여 정확한 의사결정이 가능하도록 한 것이 바로 베이즈 정리이다.

예제 10 대통령 선거를 앞두고 공화당에서 서울의 A, B, C 세 선거구 유권자들을 대상으로 여론 조사를 실시한 결과 A 선거구에서는 21%, B 선거구에서는 45%, C 선거구에서는 75%의 유권자들이 공화당을 지지하는 것으로 나타났다.

1) 세 선거구 중에서 랜덤으로 한 선거구를 뽑고 그리고 나서 그 선거구의 유권자 한 명을 랜덤으로 뽑았을 때, 그 사람이 공화당을 지지할 확률을 구하여라.

2) 랜덤으로 뽑힌 한 유권자가 공화당을 지지한다고 하였을 때, 그가 A 선거구에 속할 확률을 구하여라.

풀이 A_1, A_2, A_3를 세 선거구 A, B, C를 각각 뽑는 사건이라 하고, R을 공화당을 지지하는 사건이라 하자. 이때

$$P(A_1) = P(A_2) = P(A_3) = \frac{1}{3}$$

이고,

$$P(R \mid A_1) = 0.21, \quad P(R \mid A_2) = 0.45, \quad P(R \mid A_3) = 0.75$$

이다. 따라서,

1) 구하는 확률 $P(R)$는 전 확률공식에 의하여 다음과 같이 계산된다.

$$\begin{aligned} P(R) &= P(A_1)P(R \mid A_1) + P(A_2)P(R \mid A_2) + P(A_3)P(R \mid A_3) \\ &= \frac{1}{3}(0.21 + 0.45 + 0.75) = 0.47 \end{aligned}$$

2) 구하는 확률 $P(A_1 \mid R)$는 베이즈 정리로부터 다음과 같이 계산된다.

$$\begin{aligned} P(A_1 \mid R) &= \frac{P(A_1)P(R \mid A_1)}{\sum_{j=1}^{3} P(A_j)P(R \mid A_j)} \\ &= \frac{(1/3)(0.21)}{0.47} = 0.15 \end{aligned}$$

■

☺ 잠깐만 쉬어가세요 ☺

도요도미 히데요시가 조선을 침략하기 위한 원정길 도중에 아키(지금의 히로시마현)의 미야지마를 참배하고 원정의 성공을 기원하면서 병사들의 사기를 북돋운 이야기.

히데요시는 장기간의 행군으로 피로에 지친 병사들을 모아 놓고 100개의 엽전을 던지면서 "앞면이 뒷면보다 많이 나오면 이번 조선 침략에서 우리 일본군이 승리를 거둘 것이다"라고 외쳤다. 100개의 동전을 던진 결과 놀랍게도 100개의 엽전 모두가 앞면이 나타났으며, 이러한 일로 병사들의 사기는 더욱 충천하게 되었다고 한다.

과연 이러한 일이 정말로 가능하였을까?

*** 100개의 엽전 모두가 앞면이 나올 확률은 $\left(\frac{1}{2}\right)^{100}$ 으로서 그 확률은 매우 희박하다. 따라서 히데요시가 사용한 엽전은 양면 모두 앞면으로 만든 특별 제작품이었을 것이라고 생각할 수가 있다. ***

연 습 문 제

1. 1개의 동전을 3번 던질 때, 앞면의 수가 뒷면의 수보다 적게 나타날 확률을 구하여라.

2. 어떤 대학의 1학년 학생 가운데 40%는 재수 경험이 없고 나머지 60%는 재수 경험이 있다고 한다. 재수 경험이 없는 학생들의 20%, 재수 경험이 있는 학생들의 30%가 통계학에서 A를 받았다고 하자. 랜덤으로 뽑은 한 학생의 성적이 A이었다고 할 때, 이 학생이 재수 경험이 있을 확률을 구하여라.

3. 어떤 도시에서 두 신문 A와 B가 발간되고 있다. 구독률을 조사한 결과, 이 도시에 거주하는 전체 가구의 50%는 신문 A를, 20%는 신문 B를, 그리고 10%는 신문 A와 B 모두 본다고 한다. 두 신문 중에 적어도 하나를 보는 가구의 비율은 얼마인가?

4. 주머니 속에 500원짜리 동전 2개, 100원짜리 동전 3개, 50원짜리 동전 5개, 10원짜리 동전 5개가 들어 있다.

   1) 주머니 속에서 1개의 동전을 랜덤으로 끄집어 낸다고 할 때, 적어도 100원짜리 이상이 나올 확률을 구하여라.
   2) 주머니 속에서 3개의 동전을 하나씩 비복원으로 랜덤추출한다고 할 때, 첫 번째 동전이 10원짜리, 두 번째 동전이 100원짜리, 세 번째 동전이 500원짜리일 확률을 구하여라.
   3) 주머니 속에서 2개의 동전을 복원으로 랜덤추출한다고 할 때, 10원짜리와 100원짜리가 나올 확률을 구하여라.

5. 두 개의 주사위를 던지는 실험에서 A를 첫 번째 주사위의 눈이 짝수인 사건, B를 두 번째 주사위의 눈이 홀수인 사건, C를 둘 다 짝수 또는 홀수인 사건이라 하자. 이때 세 사건 A, B, C는 서로 독립이라고 할 수 있는가?

6. 어느 의학 연구소에서는 흡연이 폐암을 일으키는 중요한 원인이 되는지를 알아 보기 위하여 어떤 집단을 대상으로 조사한 결과 다음과 같은 자료를 얻었다. 흡연과 폐암

은 서로 독립인 관계를 가지고 있는지를 판단하여라.

	폐암에 걸림	폐암에 안걸림
흡 연	0.37	0.13
비흡연	0.15	0.35

7. 공학분야에서 신뢰도(reliability)는 기계가 고장나지 않을 확률을 의미한다. 어떤 기계가 서로 독립적으로 작동하는 두 가지 부품으로 구성되어 있으며, 부품 1의 신뢰도는 0.98, 부품 2의 신뢰도는 0.95임이 알려져 있다고 하자.

   1) 두 가지 부품이 모두 작동할 때만 기계가 작동한다고 할 때, 이 기계의 신뢰도는 얼마인가?
   2) 두 개의 부품 중 1개만 작동하여도 기계가 작동한다고 할 때, 이 기계의 신뢰도는 얼마인가?

8. 원자력 발전소의 제 1냉각장치의 신뢰도는 0.98이다. 제 1냉각장치가 고장났을 경우를 대비하여 제 2냉각장치가 설치되어 있으며, 이 장치의 신뢰도는 0.90이다. 두 냉각장치가 서로 독립적으로 작동한다고 할 때, 이 원자력 발전소의 냉각장치의 신뢰도를 구하여라.

9. 금년도에 A 회사와 B 회사에서 노동자들이 파업을 일으킬 확률은 각각 0.5이고, 두 회사에서 노동자들이 동시에 파업을 일으킬 확률은 0.3이라고 하자.

   1) 두 회사 중 어디에선가 파업이 발생할 확률을 구하여라.
   2) 한 회사에서 파업이 발생한다고 할 때, 다른 회사에서도 파업이 발생할 확률을 구하여라.

10. 두 개의 상자 A_1, A_2 에 긴 볼트와 짧은 볼트가 들어 있다. 상자 A_1 에는 60개의 긴 볼트와 40개의 짧은 볼트가 들어 있고, 상자 A_2 에는 20개의 긴 볼트와 30개의 짧은 볼트가 들어 있다고 가정하자.

1) 하나의 상자를 랜덤으로 뽑고 그리고 나서 그 상자로부터 한 개의 볼트를 뽑는다고 할 때, 이 볼트가 긴 볼트일 확률을 구하여라.

2) 1)에서 뽑힌 긴 볼트가 상자 A_1 에서 뽑힐 확률을 구하여라.

11. 어느 마을에서 전체 주민의 10%가 어떤 질병에 감염되었다고 한다. 그 질병의 감염 여부를 알아내는 새로운 검사방법이 개발되어 실험을 한 결과 그 질병에 걸린 사람의 90%가 양성반응을 보였고, 질병에 걸리지 않은 사람의 20%가 양성반응을 보였다고 하자. 랜덤으로 뽑은 한 사람이 그 검사에서 양성반응을 보일 때, 그가 그 질병에 감염되어 있을 확률을 구하여라.

12. 제주도는 연 중 비가 오는 날이 40%, 비가 오지 않는 날이 60%이다. 제주도에서는 최근 새로운 기상장비를 도입하여 기상예보을 하고 있는데 실제로 비가 온 경우를 비가 오지 않을 것이라고 예보한 경우가 10%, 실제로 비가 오지 않은 경우를 비가 올 것이라고 예보한 경우가 30%이었다. 이 기상장비를 사용하여 비가 올 것이라고 예보하였을 때 실제로 비가 올 확률을 구하여라.

제 3 부 추측통계학을 위한 기초개념

제 4 장

확률변수와 확률분포

4.1 확률변수

어떤 실험 또는 조사한 결과들을 수학적인 도구를 사용하여 확률로 모형화할 수 있다면 그 결과들과 관련된 문제를 이해하고, 해결하는데 있어 매우 편리하다. 실험결과를 확률로 모형화하려면 결과들의 모임인 표본공간을 구성하고, 표본공간에 있는 각 결과에 확률을 부여하여야 한다.[주1)]

주어진 실험결과를 확률로 모형화하기 위해서는 먼저 결과들을 숫자화 할 필요가 있다. 예를 들어, 동전을 두 번 던지는 실험에서 앞면이 나오는 개수에 관심을 가질 경우 문자의 쌍으로 나타난 실험의 결과 {(앞, 앞), (앞, 뒤), (뒤, 앞), (뒤, 뒤)}는 숫자 {0, 1, 2} 중에 하나가 될 것이며, 여론에 대한 설문조사에서 {찬성, 반대}로서 나타난 결과는 반대를 0, 찬성을 1로 하면 {0, 1} 중에 하나가 될 것이다. 이와 같이 실험의 각 결과에 하나의 실수값을 대응시켜 주기 위해서는 수학적인 도구로서 함수의 도입이 필요하며, 통계학에서는 이러한 함수를 확률변수(random variable)라고 한다.[주2)]

> **확률변수**
> 실험의 각 결과에 하나의 실수값을 대응시켜 주는 함수

확률변수의 개념을 한 개의 동전을 세 번 던지는 실험을 이용하여 설명해 보도록 하자. 앞면이 나오는 수에 관심을 가지고 동전을 세 번 던지는 실험을 하였을 때, 표본공간은

$$S = \{HHH,\ HHT,\ HTH,\ THH,\ HTT,\ TTH,\ THT,\ TTT\}$$

가 된다(여기서 H는 앞면, T는 뒷면). 이때 관심의 대상이 되는 앞면이 나오는 수 X를 확률변수라고 하면, 표본공간 내의 각 결과는 <그림 4.1>과 같이 하나의 실수값에 대응될 수 있다.

주1) 실험의 각 결과는 실험의 성질에 따라 문자 또는 숫자 등 여러 형태로 나타날 수가 있다. 예를 들면, 한 개의 동전을 2번 던지는 실험에서의 결과는 {(앞, 앞), (앞, 뒤), (뒤, 앞), (뒤, 뒤)}와 같이 문자의 쌍으로 나타나게 되고, 새로운 법령에 대한 국민의 여론을 알아보기 위한 설문조사에서의 결과는 {찬성, 반대}로 나타나게 된다. 이에 비하여, 서울시내에서 발생하는 일일 교통사고수, 어떤 학생이 집에서 학교까지 등교하는데 걸리는 시간, 그리고 대학 수학능력시험 성적 등의 결과는 숫자로 나타나게 된다.

주2) 실험에서 나타나는 결과가 실수일 경우 예를 들면, 시험점수, 키, 몸무게 등의 조사에서는 실제 측정된 값 그 자체가 바로 확률변수의 값이 되는 것이다.

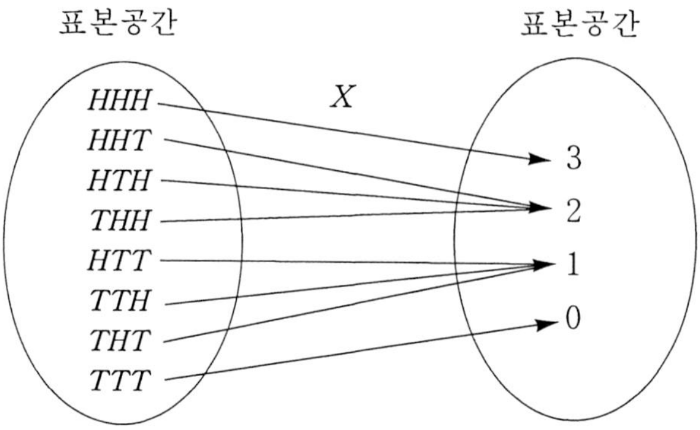

<그림 4.1> 확률변수 X의 개념

이와 같이, 문자로 구성된 표본공간의 각 결과는 X라는 확률변수를 통하여 실수 0, 1, 2, 3 중 하나가 되고, 이때 표본공간은 $S=\{0, 1, 2, 3\}$으로 바뀌게 된다. 확률변수를 이용하게 되면 확률과 그 분포를 보다 간단하게 나타낼 수가 있다. 즉, 확률변수 X에 대한 분포는 다음과 같이 주어진다.

x	0	1	2	3
$P(X=x)$	$\frac{1}{8}$	$\frac{3}{8}$	$\frac{3}{8}$	$\frac{1}{8}$

확률변수는 가지는 값의 형태에 따라 크게 이산형 확률변수와 연속형 확률변수 두 가지로 나눌 수 있다. 확률변수의 가능한 값들이 유한개 또는 무한개이며 셀 수 있는 값들로 구성되어 있는 확률변수를 이산형 확률변수(discrete random variable)라고 하며, 확률변수의 가능한 값들이 계속 이어지는 무한의 셀 수 없는 값들로 구성되어 있는 확률변수를 연속형 확률변수(continuous random variable)라고 한다.

확률변수의 종류

- 이산형 확률변수 : 확률변수의 가능한 값들이 유한개 또는 무한개이며 셀 수 있는 값일 때
- 연속형 확률변수 : 확률변수의 가능한 값들이 계속 이어지는 무한의 셀 수 없는 값일 때

이산형 확률변수의 예로서는 어떤 자동차회사 영업사원이 어느 특정한 달에 판매하는 자동차의 수, 20문항의 객관식 시험에서 어떤 학생이 맞힌 정답수 등을 들 수 있다. 연속형 확률변수의 예로서는 20세 이상의 성인 남자의 키, 고장난 자동차의 수리 시간, 매일 정오의 온도 등을 들 수 있다. 일반적으로 확률변수는 영문 대문자(예 : X, Y 등)로, 확률변수가 실제 취하는 어떤 특정한 값들은 소문자(예 : $x_1, x_2, \cdots, x_n$, $y_1, y_2, \cdots, y_n$ 등)로 표시한다.

4.2 확률분포

확률변수란 하나의 함수로서 여러 값들을 가질 수 있는 동시에 각 값에 대하여 확률이 부여되어 있음을 의미한다. 이때 확률변수가 가질 수 있는 값들과 각 값에 대응하는 확률을 함께 하나로 정리하여 놓은 것을 확률분포(probability distribution)라고 한다. 확률분포는 확률변수의 형태에 따라 구분된다. 즉, 확률변수가 이산형일 때의 확률분포를 이산형 확률분포, 확률변수가 연속형일 때의 확률분포를 연속형 확률분포라고 한다.

4.2.1 이산형 확률분포

[확률질량함수]

이산형 확률분포를 수학적으로 표기하는 요령은 비교적 간단하다. 이산형 확률변수가 가질 수 있는 값들은 셀 수 있는 유한개 또는 무한개의 실수값의 집합으로 이루어진다. 따라서 확률변수가 가지는 실수값에 대한 각각의 확률을 함수를 사용하여 간결하게 표현할 수 있다. 이렇게 나타낸 함수를 확률질량함수(probability mass function)라고 하며, $f(x)$로 표기한다. 이때 $f(x)$는 확률변수 X가 가질 수 있는 값들 중에서 임의의 한 값 $X=x$일 때의 확률 즉, $P(X=x)$를 나타낸다.

> **확률질량함수**
>
> 확률변수 X가 이산형분포를 가질 때, X의 확률질량함수는 표본공간 내에 있는 임의의 값 x에 대하여
>
> $$f(x)=P(X=x)$$
>
> 인 함수로 정의된다.

모든 확률질량함수 $f(x)$는 다음의 두 조건을 만족해야만 한다.

① 주어진 모든 값 x에 대하여, $f(x) \geq 0$이다.

② $\sum_{모든\ x} f(x) = 1$ 즉, 가능한 모든 결과들이 발생할 확률의 합은 1이다.

전형적인 확률질량함수의 예가 <그림 4.2>에 그려져 있다. x축에는 확률변수가 가지는 가능한 모든 값들이, y축에는 각 x값에 대응하는 확률 $f(x)$가 수직선분 또는 막대모양으로 나타나며, 이때 모든 수직선분 또는 막대 높이의 합은 1이 된다.

확률변수 X의 확률분포는 확률질량함수 $f(x)$의 형태로 표현될 수 있지만 표 또는 그림의 형태로도 나타낼 수 있다.

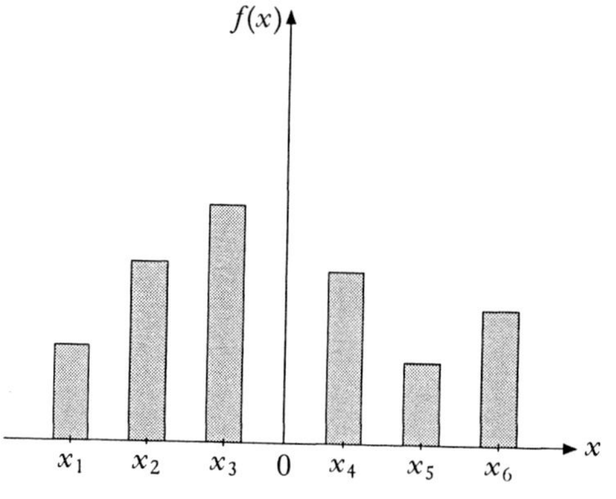

<그림 4.2> 확률질량함수의 예

확률변수 X가 표본공간 S 위에서 정의된 이산형 확률변수일 때, X가 구간 $[a, b]$ 사이에 속할 확률 $P(a \leq X \leq b)$는 $X = a$에서 $X = b$까지의 확률을 모두 더하여 얻어질 수 있다.

예제 1 한 개의 동전을 2번 던져 나오는 앞면의 수를 X라고 하자.

1) 확률변수 X의 확률분포를 구하여라.

2) $P(0 < X \leq 1)$을 구하여라.

풀이 1) 확률변수 X의 확률분포는 다음과 같이 세 가지 형태로 구할 수 있다.

a) 함수의 형태: $f(x) = \begin{cases} 1/4, & x=0,\ 2 \\ 1/2, & x=1 \\ 0, & \text{기타} \end{cases}$

b) 표의 형태:

x	0	1	2
$f(x)$	1/4	1/2	1/4

c) 그림의 형태:

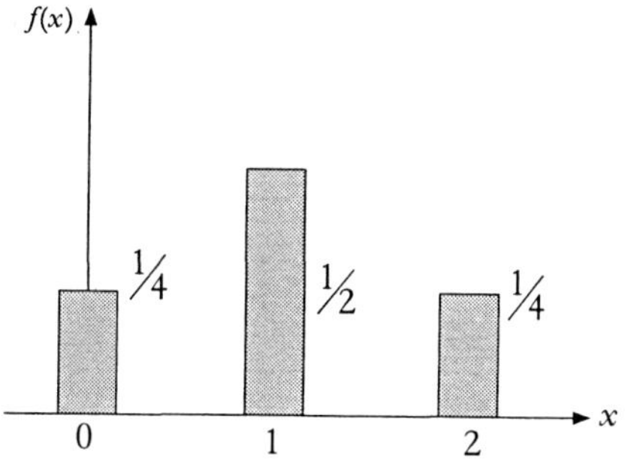

2) $P(0 < X \le 1) = P(X=1) = \frac{1}{2}$ ■

[누적분포함수]

확률을 계속적으로 더하면 누적된 확률을 구할 수 있으며, 이렇게 계산된 확률함수를 누적분포함수(cumulative distribution function)라고 부른다. 일반적으로 $X=x$까지의 누적분포함수를 $F(x)$ [주)]라고 표기하며 다음과 같이 정의한다.

이산형 확률변수 X의 누적분포함수

$$F(x) = P(X \le x) = \sum_{x_i \le x} f(x_i), \qquad -\infty < x < \infty$$

주) 확률변수 X가 이산형일 경우, 누적분포함수 $F(x)$로부터 확률질량함수 $f(x)$는 다음과 같이 계산될 수 있다.

$$f(x) = P(X=x) = F(x^+) - F(x^-)$$

여기서 $F(x^+)$는 점 x에서의 우극한값, $F(x^-)$는 점 x에서의 좌극한값을 각각 나타낸다.

예제 2 예제 1)에 주어진 확률변수 X 의 누적분포함수를 구하고, 그 그래프를 그려라.

풀이 확률변수 X 의 누적분포함수는 다음과 같다.

$$F(x)=\begin{cases} 0, & x<0 \\ \frac{1}{4}, & 0\le x<1 \\ \frac{3}{4}, & 1\le x<2 \\ 1, & x\ge 2 \end{cases}$$

각 점에서의 누적분포함수값은 다음과 같이 계산된다.

$$F(0)=P(X=0)=1/4$$

$$F(1)=P(X=0)+P(X=1)=3/4$$

$$F(2)=P(X=0)+P(X=1)+P(X=2)=1$$

이렇게 계산된 누적분포함수의 그래프가 <그림 4.3>에 그려져 있다. 그림에서 보는 바와 같이, 이산형 확률변수에 대한 누적분포함수 $F(x)$ 는 다음과 같은 특징을 가진다.

① 확률변수가 가지는 값의 범위 미만일 경우 즉, x가 0보다 작을 때 $F(x)=0$ 이고, 확률변수가 가지는 값의 범위를 초과할 경우에는 $F(x)=1$ 이 된다.

② 항상 비감소함수이며, 계단함수로 나타난다.

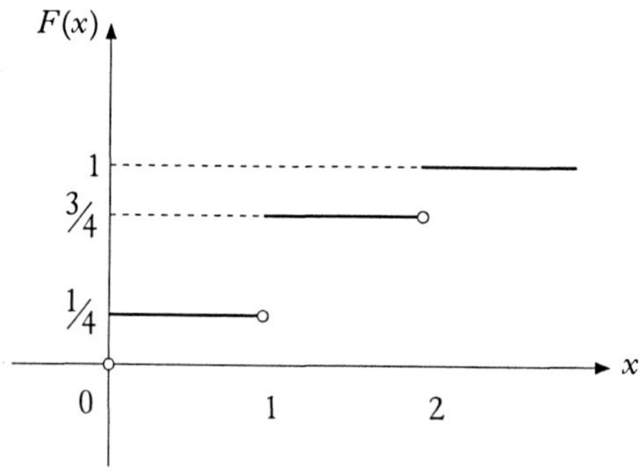

<그림 4.3> 확률변수 X 의 누적분포함수

■

4.2.2 연속형 확률분포

타이어 수명에 대한 조사에서의 주행거리, 어느 한 사람이 집에서 회사까지 출근하는데 걸리는 시간, 어느 대학교 2학년 여학생들의 몸무게 등을 측정하는 실험에서 측정값들은 계속적으로 이어지는 무한의 셀 수 없는 연속형 확률변수의 값들로 간주된다. 왜냐하면, 실제 우리가 일상생활에서 사용하고 있는 이와 같은 변수에 대한 측정값들은 측정도구의 한계로 인한 근사값들에 불과하기 때문이다.

[확률밀도함수]

확률변수가 연속형일 경우, 확률변수가 취하는 값들의 연속성 때문에 확률변수 X에 대한 함수 $f(x)$를 확률밀도함수(probability density function)라고 부른다.

> **확률밀도함수**
> 연속형 확률변수 X의 확률밀도함수 $f(x)$는 임의의 구간 $[a, b]$에 대하여
>
> $$P(a \le X \le b) = \int_a^b f(x)dx$$
>
> 를 만족하는 음이 아닌 함수로 정의된다.

모든 확률밀도함수 $f(x)$는 다음의 두 조건을 만족해야만 한다.

① 모든 실수 x에 대하여, $f(x) \ge 0$ 이다.

② $\int_{-\infty}^{\infty} f(x)\,dx = 1$ 즉, 확률밀도함수 곡선 아래의 전체면적은 1이다.

전형적인 확률밀도함수의 예가 <그림 4.4>에 그려져 있다. 연속형 확률분포는 <그림 4.4>에서 보는 바와 같이, x축에는 주행거리나 시간 등 확률변수의 값들이 나타나고 y축에는 대응하는 확률이 곡선으로 나타난다. 이때 구간 $[a, b]$ 사이에 속할 확률은 이에 대응하는 면적을 의미한다.

이산형 확률분포에서는 각 확률변수 값에 대응되는 확률이 주어졌지만, 연속형 확률분포에서는 한 점에서의 확률은 0[주)]이 되고 구간에서만 확률이 존재하게 된다. 따라서, 확률변수가 구간 $[a, b]$에 속할 확률을 계산할 때 그 구간의 경계점은 확률의 계산에 아무런 영향을 주지 않는다. 즉,

$$P(a \le X \le b) = P(a < X \le b) = P(a \le X < b) = P(a < X < b)$$
$$= \int_a^b f(x)dx$$

이고, 이때의 확률은 <그림 4.4>에서 그늘진 부분의 면적과 같다.

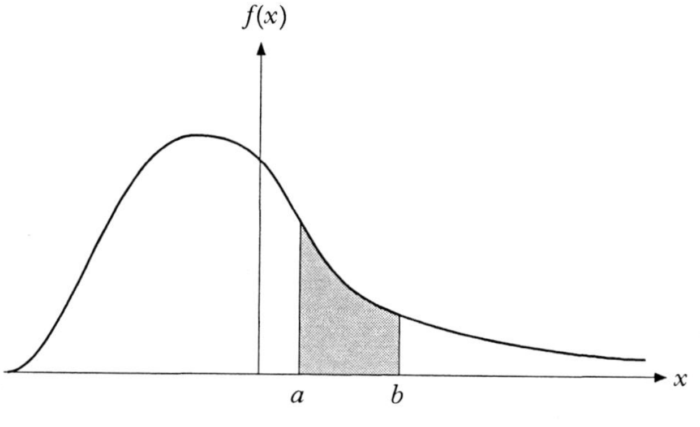

<그림 4.4> 확률밀도함수의 예 및 구간에 대한 확률의 의미

예제 3 확률변수 X의 확률밀도함수가 다음과 같다고 하자.

$$f(x) = \begin{cases} \frac{1}{4}x, & 1 \le x \le 3 \\ 0, & \text{기타} \end{cases}$$

1) 확률밀도함수 $f(x)$의 그래프를 그려라.

2) $P(1 < X < 2)$을 구하여라.

주) 연속형 확률분포에서의 확률은 확률밀도함수 $f(x)$의 곡선 아래의 면적을 의미한다. 따라서 임의의 한 점 c에서의 면적이 0이므로 $X = c$에서의 확률은 $P(X = c) = 0$이 된다.

풀이 1)

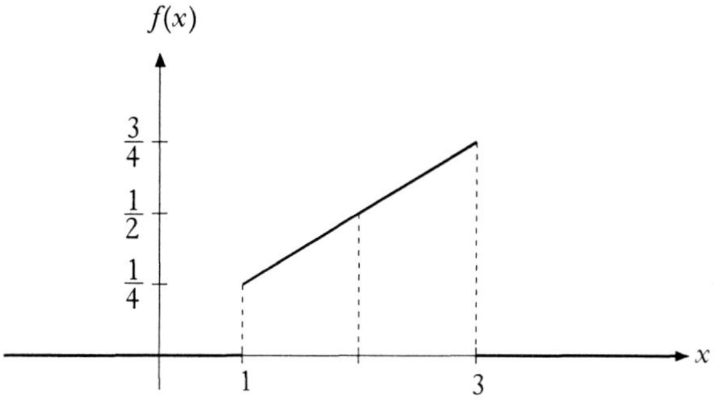

2) $P(1 < X < 2) = \int_1^2 \frac{1}{4} x \, dx = \frac{3}{8}$

[누적분포함수]

연속형 확률분포에서의 누적분포함수 $F(x)$는 다음과 같이 정의된다.[주)]

> 연속형 확률변수 X의 누적분포함수
>
> $$F(x) = P(X \leq x) = \int_{-\infty}^{x} f(t)\, dt, \qquad -\infty < x < \infty$$

예제 4 어떤 전기시스템에서의 전압 X의 확률밀도함수가 다음과 같다고 하자.

$$f(x) = \begin{cases} \frac{3}{8} x^2, & 0 \leq x \leq 2 \\ 0, & \text{기타} \end{cases}$$

1) $P(1 \leq X \leq 2)$을 구하여라.

2) 확률변수 X의 누적분포함수를 구하고, 그 그래프를 그려라.

주) 확률변수 X가 연속형일 경우, 누적분포함수 $F(x)$로부터 확률밀도함수는 다음과 같이 미분함으로써 구해질 수 있다.

$$\frac{dF(x)}{dx} = f(x)$$

풀이 1) $P(1 \leq X \leq 2) = \int_1^2 \frac{3}{8} x^2 dx = \frac{7}{8}$

2) $F(x) = P(X \leq x) = \int_0^x \frac{3}{8} t^2 dt = \begin{cases} 0, & x < 0 \\ \frac{1}{8} x^3, & 0 \leq x < 2 \\ 1, & x \geq 2 \end{cases}$

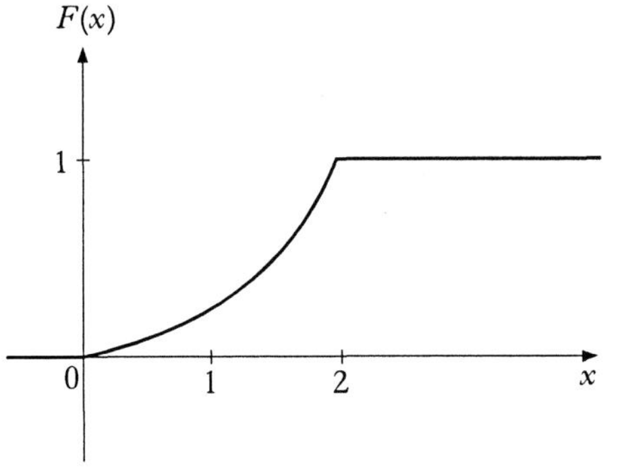

■

4.3 결합확률분포

지금까지 확률변수가 하나일 경우 그 확률변수의 분포에 대해서 알아 보았다. 그러나 현실적으로 하나의 확률변수에 비하여 여러 개의 확률변수들을 동시에 고려해야 할 경우가 많다. 예를 들어, 서울에 거주하는 가구의 가구당 (자동차 보유대수, 월수입) 또는 대기업에 근무하는 회사원의 (학력수준, 지능지수, 업무수행능력) 등을 동시에 고려하여 파악하고자 하는 경우에는 여러 변수들과 관련된 분포의 분석을 기초로 하게 된다. 통계학에서는 두 개 또는 그 이상의 확률변수들이 관련된 확률분포를 결합확률분포(joint probability distribution)라 한다. 여기서는 확률변수가 두 개일 때의 결합분포에 대해서만 알아보기로 한다.

4.3.1 이산형 결합확률분포

[결합확률질량함수]

두 확률변수 X와 Y가 이산형일 경우, 두 개의 확률변수들이 동시에 취할 수 있는 각 값 (x, y)에 확률을 대응시켜 나타낸 함수 $f(x, y)$를 결합확률질량함수(joint probability mass function)라 한다.

> **결합확률질량함수**
>
> 두 이산형 확률변수 X와 Y의 결합확률질량함수 $f(x, y)$는 임의의 값 (x, y)에 대하여
>
> $$f(x, y) = P(X=x, Y=y)$$
>
> 로 정의된다.

모든 결합확률질량함수 $f(x, y)$는 다음의 두 조건을 만족해야만 한다.

① 주어진 모든 값 (x, y)에 대하여, $f(x, y) \geq 0$ 이다.

② $\sum_{\text{모든 } x} \sum_{\text{모든 } y} f(x, y) = 1$ 이다.

예제 5 서울에 거주하는 100가구의 가구당 자녀수 X와 TV 보유대수 Y를 조사한 결과가 다음 표와 같다고 하자.

X \ Y	1	2	3	4
1	10	0	10	0
2	30	0	10	20
3	0	20	0	0

이때 두 확률변수 X와 Y의 결합확률질량함수 $f(x, y)$를 구하고, 그 그래프를 그려라.

풀이 조사된 확률변수의 쌍 (X, Y)에 대한 결합확률질량함수 $f(x, y)$의 값은 전체 가구수에 대한 상대도수와 같다. 즉,

$$f(1, 1) = P(X=1, Y=1) = \frac{10}{100} = 0.1$$

$$\vdots$$

$$f(3, 4) = P(X=3, Y=4) = \frac{0}{100} = 0.0$$

따라서, 두 확률변수 X와 Y의 결합확률질량함수 $f(x, y)$는 다음 표와 같으며, 이를 그림으로 나타내면 <그림 4.5>와 같다.

X \ Y	1	2	3	4
1	0.1	0.0	0.1	0.0
2	0.3	0.0	0.1	0.2
3	0.0	0.2	0.0	0.0

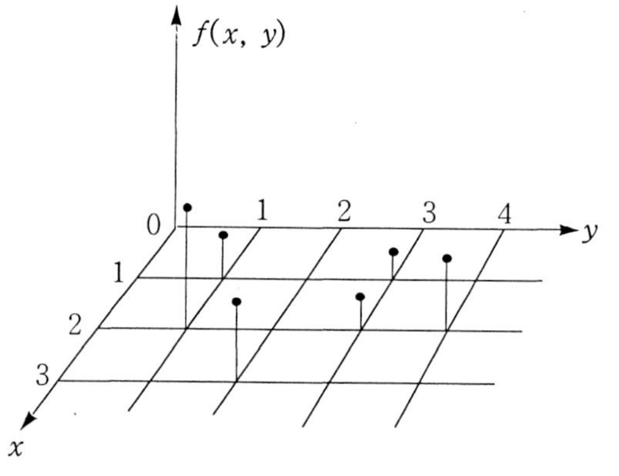

<그림 4.5> 자녀수와 TV 수에 대한 결합확률분포

■

[주변확률질량함수]

두 확률변수의 결합확률분포로부터 구해지는 각 확률변수에 대한 분포를 주변확률분포(marginal probability distribution)라고 부른다. 주변확률분포는 결합확률질량함수로부터 각 확률변수에 대한 주변확률질량함수(marginal probability mass function)를 계산함으로써 구해질 수 있다.

확률변수 X에 대한 주변확률질량함수 $f_X(x)$는 결합확률질량함수 $f(x, y)$를 확률변수 Y가 취할 수 있는 모든 값에 대하여 더함으로써 얻어지고, Y에 대한 주변확률질량함수 $f_Y(y)$는 결합확률질량함수 $f(x, y)$를 X가 취할 수 있는 모든 값에 대하여 더함으로써 얻어진다.

> 주변확률질량함수
>
> · X의 주변확률질량함수 : $f_X(x) = \sum_{\text{모든}\, y} f(x, y)$
>
> · Y의 주변확률질량함수 : $f_Y(y) = \sum_{\text{모든}\, x} f(x, y)$

예제 6 예제 5)에서 가구당 자녀수 X와 TV 보유대수 Y에 대한 주변확률질량함수를 각각 구하여라.

풀이 가구당 자녀수 X에 대한 주변확률질량함수 $f_X(x)$는 결합확률질량함수 $f(x, y)$를 TV 보유대수 Y가 가질 수 있는 모든 값에 대하여 즉, 각 행을 더하여 구해질 수 있다.

$$f_X(x) = \sum_{y=1}^{4} f(x, y) = \begin{cases} 0.2, & x=1 \\ 0.6, & x=2 \\ 0.2, & x=3 \\ 0, & \text{기타} \end{cases}$$

TV 보유대수 Y에 대한 주변확률질량함수 $f_Y(y)$는 결합확률질량함수 $f(x, y)$를 가구당 자녀수 X가 가질 수 있는 모든 값에 대하여 즉, 각 열을 모두 더하여 구해질 수 있다.

$$f_Y(y) = \sum_{x=1}^{3} f(x, y) = \begin{cases} 0.4, & y=1 \\ 0.2, & y=2 \\ 0.2, & y=3 \\ 0.2, & y=4 \\ 0, & \text{기타} \end{cases}$$

이러한 결과를 표로 정리하면 다음과 같다.

X \ Y	1	2	3	4	$f_X(x)$
1	0.1	0.0	0.1	0.0	0.2
2	0.3	0.0	0.1	0.2	0.6
3	0.0	0.2	0.0	0.0	0.2
$f_Y(y)$	0.4	0.2	0.2	0.2	1.0

참고적으로, 두 확률변수의 결합확률질량함수 $f(x, y)$에 대하여 각 확률변수에 대한 확률질량함수를 정의할 때 주변이란 용어를 붙이는 이유는 위의 결합분포표에서 보는 바와 같이 각 확률질량함수가 행과 열의 주변의 합으로 나타나는 함수이기 때문이다. ■

4.3.2 연속형 결합확률분포

[결합확률밀도함수]

> **결합확률밀도함수**
>
> 두 연속형 확률변수 X와 Y의 결합확률밀도함수 $f(x, y)$는 xy－평면의 임의의 영역 A에 대하여
>
> $$P[(X, Y) \in A] = \int_A \int f(x, y) dx dy$$
>
> 를 만족하는 음이 아닌 함수로 정의된다.

모든 결합확률밀도함수 $f(x, y)$는 다음의 두 조건을 만족해야만 한다.

① 주어진 모든 값 (x, y)에 대하여, $f(x, y) \geq 0$ 이다.

② $\int_{-\infty}^{\infty} \int_{-\infty}^{\infty} f(x, y) dx dy = 1$ 이다.

결합확률밀도함수의 한 예가 <그림 4.6>에 그려져 있다. 그림에서 표면적 $z = f(x, y)$ 아래와 xy－평면 위의 전체 체적은 1이 된다. 이때 확률 $P[(X, Y) \in A]$는 밑면적 A를 가지면서 표면적 $z = f(x, y)$ 아래에 의하여 형성되는 입체모양의 체적과 같다.

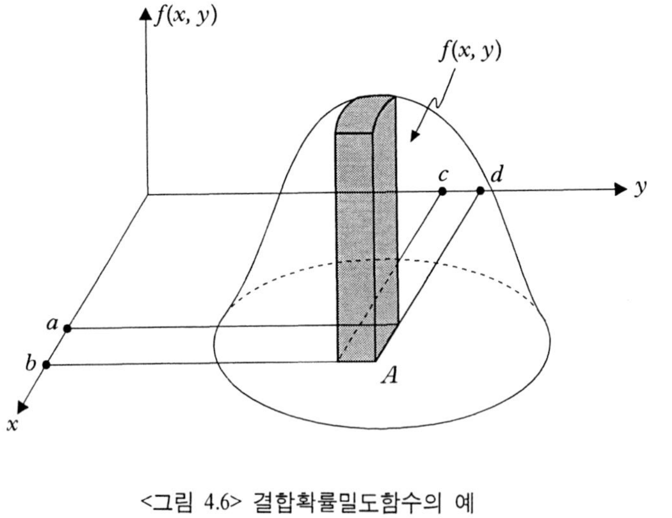

<그림 4.6> 결합확률밀도함수의 예

[주변확률밀도함수]

두 연속형 확률변수 X와 Y의 결합확률밀도함수가 $f(x, y)$일 때, 확률변수 X에 대한 주변확률밀도함수 $f_X(x)$는 $f(x, y)$를 y에 대하여, 확률변수 Y에 대한 주변확률밀도함수 $f_Y(y)$는 $f(x, y)$를 x에 대하여 각각 적분함으로써 구해질 수 있다.

> 주변확률밀도함수
>
> · X의 주변확률밀도함수 : $f_X(x) = \int_{-\infty}^{\infty} f(x, y)dy$
>
> · Y의 주변확률밀도함수 : $f_Y(y) = \int_{-\infty}^{\infty} f(x, y)dx$

예제 7 두 확률변수 X와 Y의 결합확률밀도함수가 다음과 같다고 가정하자.

$$f(x, y) = \begin{cases} 2, & 0 < x < y < 1 \\ 0, & \text{기타} \end{cases}$$

1) 확률변수 X와 Y의 표본공간 S를 xy－평면상에 나타내어라

2) 확률변수 X와 Y의 주변확률밀도함수를 각각 구하여라.

풀이 1)

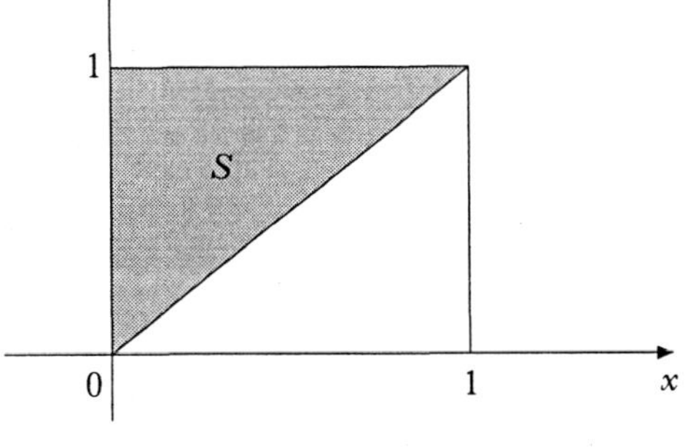

2) X와 Y의 주변확률밀도함수 $f_X(x)$와 $f_Y(y)$는 각각 다음과 같다.

$$f_X(x) = \int_x^1 f(x,\ y)dy = \int_x^1 2\,dy = \begin{cases} 2(1-x), & 0 < x < 1 \\ 0 & \text{기타} \end{cases}$$

$$f_Y(y) = \int_0^y f(x,\ y)dx = \int_0^y 2\,dx = \begin{cases} 2y, & 0 < y < 1 \\ 0 & \text{기타} \end{cases}$$

■

4.4 기대값과 그 성질

4.4.1 기대값

확률변수 X의 분포에 대한 모양을 나타내기 위해서 일반적으로 평균과 분산을 사용한다. 평균(mean)은 기대값(expected value)이라 부르며 $E(X)$ 또는 모집단의 평균을 의미하는 μ로, 분산(variance)은 $V(X)$ 또는 모집단의 분산을 의미하는 σ^2으로 표기한다.

확률변수 X가 이산형일 경우, 기대값 $E(X)$는 확률변수 X가 가질 수 있는 모든 값들과 이에 대응하는 확률 $f(x)$를 곱하여 모두 더한 값으로 정의된다. 반면에 확률변수 X가 연속형일 경우의 기대값은 이산형일 경우와 동일하게 정의되지만, 단지 차이점은 연속형 확률변수가 가질 수 있는 값들이 계속 이어지는 무한의 셀 수 없는 값들로 이루어지기 때문에 합 기호(Σ) 대신에 적분 기호(∫)를 사용하게 된다는 것이다.

기대값

$$E(X) = \sum_{\text{모든 } x} x f(x)\,, \quad \text{이산형일 경우}$$
$$= \int_{-\infty}^{\infty} x f(x)\,dx\,, \quad \text{연속형일 경우}$$

확률변수의 기대값은 그 분포에서의 무게중심으로 간주될 수가 있다. 예를 들어, 확률변수 X가 이산형일 경우 <그림 4.7>에 주어진 확률질량함수에서 x축을 추가 달린 무게 없는 긴 막대로 보고 각 점 x에 무게가 $f(x)$인 추가 달린다면, 이때 이 막대의 무게중심은 점 $E(X)$에 있게 되는 것이다.

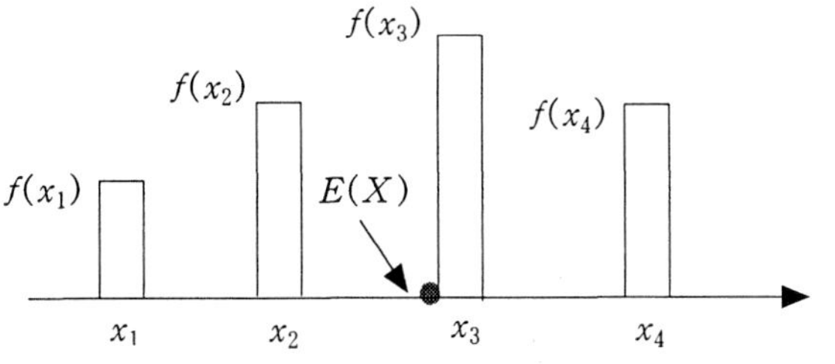

<그림 4.7> 이산형 분포에서의 기대값

> 기대값의 성질
>
> a, b를 상수라고 할 때
>
> (1) $E(a) = a$
>
> (2) $E(aX) = aE(X)$
>
> (3) $E(aX+b) = aE(X)+b$

4.4.2 분산

확률변수 X의 분산 $V(X)$은 그 확률변수 값들이 평균 μ로부터 떨어진 정도를 나타내는 $(X-\mu)^2$의 기대값으로 정의된다. 따라서 분산 $V(X)$은 평균 μ를 중심으로 자료값들이 어떻게 흩어져 있는가 하는 정도를 나타내는 측도가 되며, 일반적으로 작은 분산은 확률분포가 평균 주위에 집중되어 있음을 나타내고 큰 분산은 확률분포가 평균 주위에 넓게 퍼져 있음을 나타낸다.

> 분산
>
> $$V(X) = E[(X-\mu)^2] = \sum_{\text{모든 } x} (x-\mu)^2 f(x), \text{ 이산형일 경우}$$
>
> $$= \int_{-\infty}^{\infty} (x-\mu)^2 f(x)\,dx, \text{ 연속형일 경우}$$

분산은 정의 $E[(X-\mu)^2]$ 대신에 공식 $V(X) = E(X^2) - \mu^2$을 사용하면 보다 간편하게 계산될 수 있다.

분산의 성질

a, b를 상수라고 할 때

(1) $V(a)=0$

(2) $V(aX)=a^2V(X)$

(3) $V(aX+b)=a^2V(X)$

예제 8 예제 1)에 주어진 확률변수 X의 기대값 $E(X)$와 분산 $V(X)$를 구하여라.

풀이 확률변수 X의 기대값

$$E(X)=\sum_{x=0}^{2} xf(x)=0\times\frac{1}{4}+1\times\frac{1}{2}+2\times\frac{1}{4}=1 \text{ 이고,}$$

$$E(X^2)=\sum_{x=0}^{2} x^2f(x)=0^2\times\frac{1}{4}+1^2\times\frac{1}{2}+2^2\times\frac{1}{4}=\frac{3}{2} \text{ 이므로}$$

확률변수 X의 분산

$$V(X)=E(X^2)-[E(X)]^2=\frac{3}{2}-1^2=\frac{1}{2} \text{ 이 된다.}$$ ■

예제 9 확률변수 X의 확률밀도함수가 다음과 같다고 하자.

$$f(x)=\begin{cases} 1, & 0\le x\le 1 \\ 0, & \text{기타} \end{cases}$$

이때 기대값 $E(X)$와 분산 $V(X)$를 구하여라.

풀이 $E(X)=\int_0^1 xf(x)dx=\int_0^1 x\,dx=\frac{1}{2}$ 이고,

$E(X^2)=\int_0^1 x^2f(x)dx=\int_0^1 x^2dx=\frac{1}{3}$ 이므로,

$V(X)=E(X^2)-[E(X)]^2=\frac{1}{3}-\left(\frac{1}{2}\right)^2=\frac{1}{12}$ 이 된다. ■

4.4.3 두 확률변수의 함수에 대한 기대값

두 확률변수 X와 Y의 결합확률질량함수 또는 결합확률밀도함수를 $f(x, y)$라고 할 때, 두 확률변수의 함수 $r(X, Y)$의 기대값은 다음과 같이 정의된다.

함수 $r(X, Y)$의 기대값

$$E[r(X, Y)] = \sum_{\text{모든 } x} \sum_{\text{모든 } y} r(x, y) f(x, y) \quad \text{, 이산형일 경우}$$
$$= \int_{-\infty}^{\infty} \int_{-\infty}^{\infty} r(x, y) f(x, y) dx dy, \quad \text{연속형일 경우}$$

두 확률변수의 합, 차, 곱에 대한 기대값

a, b를 상수라고 할 때

(1) $E(X \pm Y) = E(X) \pm E(Y)$

(2) $E(aX \pm bY) = aE(X) \pm bE(Y)$

(3) X와 Y가 서로 독립일 경우, $E(XY) = E(X)E(Y)$[주)]

4.4.4 공분산과 상관계수

[공분산]

일반적으로 두 확률변수가 서로 관련성을 가지고 변화할 때 그 관련 정도를 규명해야 할 경우가 있다. 예를 들어, 지능지수와 학업성적 간의 관계 또는 아버지와 아들의 키 사이의 관계를 알아 보고자 하는 경우 두 확률변수 간의 직선적인 관련 정도를 나타내기 위한 측도로서 공분산(covariance)이 사용된다.

두 확률변수 X와 Y의 공분산(covariance)은 $Cov(X, Y)$로 나타내며, 다음과 같이 정의된다.

주) 두 확률변수 X와 Y가 서로 독립이기 위한 필요충분조건은 임의의 점 (x, y)에 대하여 $f(x, y) = f_X(x) f_Y(y)$이다. 그러므로 두 확률변수 X와 Y가 연속형인 경우

$$E(XY) = \int_{-\infty}^{\infty} \int_{-\infty}^{\infty} xy f(x, y) dx dy = \left\{ \int_{-\infty}^{\infty} x f_X(x) dx \right\} \left\{ \int_{-\infty}^{\infty} y f_Y(y) dy \right\} = E(X)E(Y)$$

관계가 성립하게 된다.

공분산

$$Cov(X,\ Y) = E[\{X - E(X)\}\{Y - E(Y)\}]$$

공분산은 다음 공식을 사용하여 보다 간편하게 계산될 수 있다.

$$Cov(X,\ Y) = E(XY) - E(X) \cdot E(Y)$$

공분산의 값이 양수이면 두 확률변수 X와 Y는 같은 방향으로 증가 또는 감소하는 관계(정비례 관계)에 있다는 것을 나타내며, 그 값이 음수이면 반대 방향으로 증가 또는 감소하는 관계(반비례 관계)에 있다는 것을 나타낸다. 공분산의 값이 0에 가까울수록 두 확률변수 X와 Y는 직선적인 관련성을 거의 가지고 있지 않음을 의미하며, 반면에 공분산의 절대값이 크면 클수록 두 확률변수 간의 직선적인 관련 정도는 크다고 할 수 있다.

[상관계수]

일반적으로 공분산의 값은 두 확률변수 X와 Y가 취하는 값의 단위 예를 들면, 아버지와 아들의 키를 ㎝로 측정하느냐 또는 m로 측정 하느냐에 따라 크게 변하게 된다. 따라서, 단지 계산된 공분산의 크기만을 이용하여 두 확률변수 간의 관련 정도를 나타내는 데는 어려움이 따른다. 이러한 어려움을 피하기 위하여, 단위에 관계없이 두 확률변수 간의 직선적인 관련 정도를 측정하는 상관계수(correlation coefficient)가 사용된다. 즉, 공분산은 그 값이 단위에 따라 크게 변하지만 상관계수는 단위에 관계없이 항상 그 값이 -1에서 +1 사이에 있다.

상관계수

$$\rho = \frac{Cov(X,\ Y)}{\sqrt{V(X)} \cdot \sqrt{V(Y)}}$$

상관계수의 값이 0에 가까울수록 두 확률변수는 직선적인 관계가 작음을 나타내고, 반면에 -1에 가까울수록 두 확률변수간에는 강한 음의 직선 관계를, +1에 가까울수록 강한 양의 직선 관계를 가지고 있음을 나타낸다.

> **두 확률변수의 합에 대한 분산**
>
> a, b를 상수라고 할 때
>
> (1) $V(X\pm Y) = V(X)+V(Y)\pm 2\,Cov(X,\ Y)$
>
> (2) $V(aX\pm bY) = a^2V(X)+b^2V(Y)\pm 2ab\,Cov(X,\ Y)$
>
> (3) X와 Y가 서로 독립일 때, $Cov(X,\ Y)=0$
>
> (4) X와 Y가 서로 독립일 때, $V(X\pm Y) = V(X)+V(Y)$

예제 10 예제 6)의 결과로부터 두 확률변수 X와 Y의 상관계수를 구하고, 두 확률변수 간의 관계를 개략적으로 설명하여라.

풀이 먼저, 두 확률변수 X와 Y의 기대값과 분산은 각각

$$E(X)=(1\times 0.2)+(2\times 0.6)+(3\times 0.2)=2.0,$$

$$E(X^2)=(1^2\times 0.2)+(2^2\times 0.6)+(3^2\times 0.2)=4.4,$$

$$V(X)=E(X^2)-\{E(X)\}^2=4.4-(2.0)^2=0.4,$$

$$E(Y)=(1\times 0.4)+(2\times 0.2)+(3\times 0.2)+(4\times 0.2)=2.2,$$

$$E(Y^2)=(1^2\times 0.4)+(2^2\times 0.2)+(3^2\times 0.2)+(4^2\times 0.2)=6.2,$$

$V(Y)=E(Y^2)-[E(Y)]^2=6.2-(2.2)^2=1.36$ 이고, 또한

$E(XY)=(1\times 1\times 0.1)+(1\times 2\times 0.0)+\cdots+(3\times 4\times 0.0)=4.4$ 이므로

X와 Y의 공분산은 $Cov(X,\ Y)=E(XY)-E(X)E(Y)=4.4-(2.0)(2.2)=0$ 이 되며 따라서, X와 Y의 상관계수는

$$\rho=\frac{Cov(X,\ Y)}{\sigma_X\sigma_Y}=0$$

이다. 계산된 상관계수가 0이므로 두 확률변수는 상관 관계를 가지고 있지 않다. 즉, 가구당 자녀수와 TV 보유대수 사이에는 직선적인 관련성이 없다. ▩

EXCEL 실습

공분산과 상관계수의 계산

EXCEL을 이용하여 공분산과 상관계수를 계산하는 절차를 실습을 통하여 알아 보도록 하자.

[실습] 어느 고등학교에서 랜덤으로 추출된 학생 10명의 수학성적과 물리성적이 다음과 같다고 하자.

수학	66 64 48 46 78 60 90 50 66 70
물리	70 68 46 48 84 64 92 52 68 72

이때 수학성적과 물리성적에 대한 공분산과 상관계수를 각각 구하여라.

[절차]

① 워크시트에 <그림 4.10>에서와 같이 수학성적과 물리성적을 입력한다.

② [도구]-[데이터 분석] - [공분산 분석]을 선택하면 [공분산 분석] 대화상자가나타난다. 여기에서 <그림 4.8>과 같이 “입력범위(I)”, “데이터 방향”, “출력 범위(O)” 등을 설정하고, “확인”을 누르면 <그림 4.10>의 오른쪽 상단부분에서와 같이 공분산 182.48을 얻게 된다. 여기에서 170.76은 수학성적의 분산을, 198.24는 물리성적의 분산을 각각 나타낸다.

③ 상관계수를 계산하기 위해서는 [도구] - [데이터 분석] - [상관 분석]을 선택하여 [상관 분석] 대화상자가 나타나도록 한다. 여기에서 <그림 4.9>와 같이 “입력범위(I)”, “데이터 방향”, “출력 범위(O)” 등을 입력하고, “확인”을 누르면 <그림 4.10>에서와 같이 공분산 분석 결과와 동일한 워크시트 상에 상관계수 0.991806을 얻을 수 있게 된다.

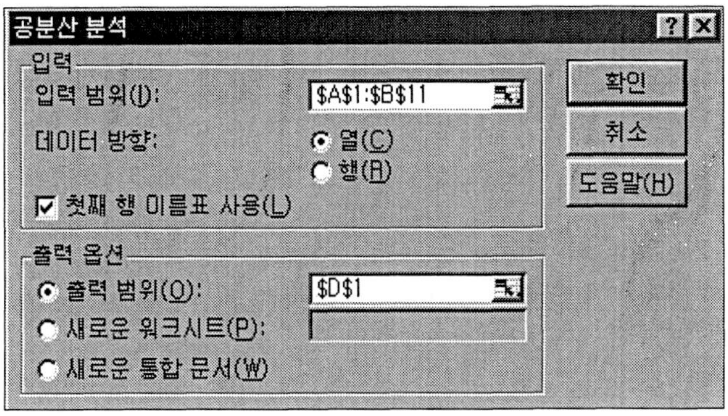

<그림 4.8> 공분산 분석 대화상자

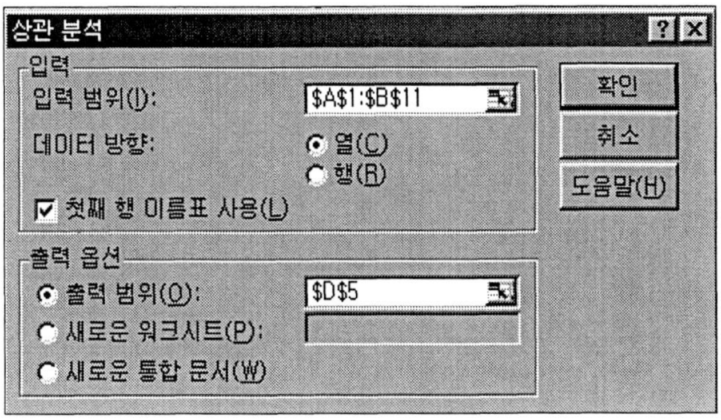

<그림 4.9> 상관 분석 대화상자

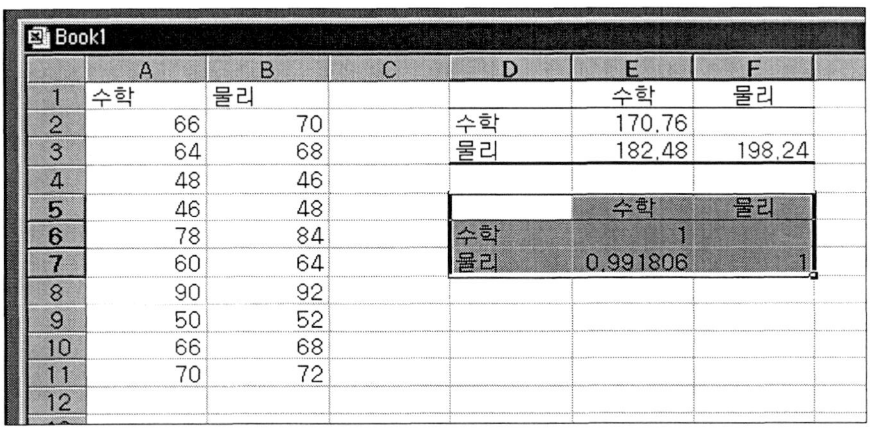

Book1

	A	B	C	D	E	F
1	수학	물리			수학	물리
2	66	70		수학	170.76	
3	64	68		물리	182.48	198.24
4	48	46				
5	46	48			수학	물리
6	78	84		수학	1	
7	60	64		물리	0.991806	1
8	90	92				
9	50	52				
10	66	68				
11	70	72				
12						

<그림 4.10> 수학성적과 물리성적의 공분산과 상관계수

연습문제

1. 문장 THE GIRL PUT ON HER BEAUTIFUL RED HAT로부터 한 단어를 랜덤으로 추출한다고 가정하자. 확률변수 X가 추출된 단어에서의 문자의 개수를 나타낸다고 할 때, $E(X)$와 $V(X)$를 각각 구하여라.

2. 하나의 동전을 세 번 던져 나오는 앞면의 수를 X라 할 때, X의 확률질량함수는 다음과 같다.

$$f(x) = \begin{cases} \binom{3}{x}\frac{1}{2^3}, & x=0,1,2,3 \\ 0, & \text{기타} \end{cases}$$

   1) $P(0 < X \leq 2)$를 구하여라.

   2) 기대값 $E(X)$와 분산 $V(X)$를 각각 구하여라.

3. 확률변수 X의 확률밀도함수가 다음과 같다고 가정하자.

$$f(x) = \begin{cases} \frac{3}{32}(4-x^2), & -2 \leq x \leq 2 \\ 0, & \text{기타} \end{cases}$$

   이때 기대값 $E(X)$를 구하여라.

4. 확률변수 X의 확률밀도함수가 다음과 같다고 가정하자.

$$f(x) = \begin{cases} cx, & 0 < x < 4 \\ 0, & \text{기타} \end{cases}$$

   1) 상수 c를 구하여라.

   2) $P(1 \leq X \leq 2)$를 구하여라.

5. 어느 도시의 가구별 자녀수 X에 대한 확률분포가 다음과 같이 주어져 있다.

X	0	1	2	3	4	5	6
$P(X=x)$	0.05	0.21	0.39	0.25	0.07	0.02	0.01

이때, 확률변수 X의 평균과 분산을 각각 구하여라.

6. 가구당 보유하고 있는 TV 수 X와 자동차 수 Y를 조사하기 위하여 서울시에서는 100가구를 랜덤으로 뽑아 다음과 같은 자료를 얻었다.

Y \ X	1	2	3	4
0	20	15	10	0
1	10	20	7	3
2	4	5	4	2

1) X와 Y의 결합확률분포를 구하여라.

2) X와 Y의 주변확률질량함수를 각각 구하여라.

3) $E(XY)$, $E(X)$, $E(Y)$를 각각 계산하여라.

4) $Cov(X, Y)$를 계산하여라.

7. 두 확률변수 X와 Y의 결합확률밀도함수가 다음과 같다고 가정하자.

$$f(x, y) = \begin{cases} \frac{21}{4} x^2 y, & x^2 \le y \le 1 \\ 0, & \text{기타} \end{cases}$$

1) 확률 $P(X \ge Y)$를 구하여라.

2) X와 Y의 주변확률밀도함수를 각각 구하여라.

3) X와 Y의 상관계수를 구하여라.

8. 성인 남자 15명을 대상으로 나이와 혈압을 조사한 결과 다음과 같은 자료를 얻었다.

나이	37	38	41	62	73	54	44	36	57	68	39	47	42	63	35
혈압	112	120	124	120	144	130	150	115	125	120	130	128	138	110	115

EXCEL을 이용하여 나이와 혈압에 대한 공분산과 상관계수를 각각 구하고, 그 관련 정도를 개략적으로 설명하여라.

제 5 장 특수한 형태의 확률분포

5.1 서 론

어떤 실험 또는 조사 결과들은 확률변수를 사용하여 모형화될 수 있으며, 이와 같이 모형화된 것을 확률분포라고 한다. 확률분포는 확률변수의 형태에 따라 이산형 확률분포와 연속형 확률분포로 구분된다. 즉, 확률변수가 이산형일 경우의 확률분포를 이산형 확률분포, 확률변수가 연속형일 경우의 확률분포를 연속형 확률분포라고 한다. 이산형 확률분포 중에 통계적 추론에서 자주 사용되고, 실제 현상에서도 많이 나타나는 대표적인 분포로는 이산형 균등분포, 베르누이분포, 이항분포, 초기하분포, 푸아송분포, 기하분포, 음이항분포 등이 있으며, 연속형확률분포로는 연속형 균등분포, 정규분포, 표준정규분포, 지수분포 등이 있다.

5.2 이산형 확률분포

5.2.1 균등분포

이산형 확률분포 중에 가장 간단한 것은 확률변수가 가질 수 있는 모든 값들이 똑같은 확률을 가지는 분포이다. 이러한 확률분포를 이산형 균등분포(discrete uniform distribution)라고 한다.

> 균등분포
>
> 확률변수 X가 k개의 값 $x_1, x_2, \cdots, x_k$를 가지고 각 값에서의 확률이 모두 같을 때 확률변수 X는 '이산형 균등분포를 따른다'고 하며, 이때 X의 확률질량함수는 다음과 같다.
>
> $$f(x) = \begin{cases} \dfrac{1}{k}, & x = x_1, x_2, \cdots, x_k \\ 0, & \text{기타} \end{cases}$$

예제 1 주사위를 한 번 던지는 실험에서 나오는 눈의 수를 X라고 할 때, 확률변수 X의 확률질량함수 $f(x)$를 구하여라.

풀이 주사위를 한 번 던지는 실험에서의 표본공간은 $S=\{1, 2, 3, 4, 5, 6\}$이고, 각 점에서의 확률은 1/6로 모두 동일하다. 따라서 확률변수 X는 이산형 균등분포를 따르게 되며, 그 확률질량함수는 다음과 같다.

$$f(x)=\begin{cases} \frac{1}{6}, & x=1,\ 2,\ 3,\ 4,\ 5,\ 6 \\ 0, & \text{기타} \end{cases}$$

위의 분포는 <그림 5.1>에서 보는 바와 같이 높이가 모두 같은 형태로 나타나게 된다.

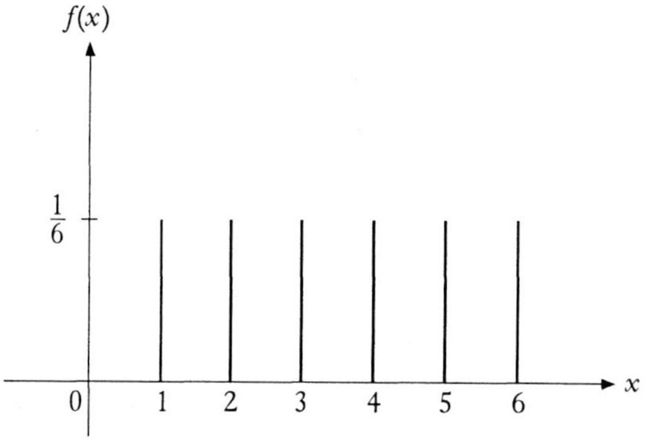

<그림 5.1> 균등분포의 확률질량함수 ■

5.2.2 베르누이분포 : $B(1,\ p)$

어떤 실험 또는 조사를 반복해서 시행하는 경우 매 시행마다 오직 두 가지의 가능한 결과만 일어난다고 할 때, 이러한 시행을 베르누이 시행(Bernoulli trial)이라 한다. 여기서 두 가지의 가능한 결과를 편의상 '성공'과 '실패'라고 할 때, 베르누이 시행의 결과는 '성공'과 '실패' 중의 어느 하나로 나타난다. 이때 성공할 확률을 p로 나타내면, 실패할 확률은 $q=1-p$가 된다. 예를 들어, 미사일을 발사하는 실험에서 실패하는 경우와 성공하는 경우를 각각 0과 1의 숫자로 표현한다면, 결과적으로 미사일을 발사하는 실험을 시행함으로서 0이나 1의 값을 취하는 하나의 확률변수를 생각할 수 있다. 이러한 확률변수를 X라고 하면 X는 0과 1의 값을 가지게 되고, 그 확률은 각각 q와 p가 되는 베르누이분포(Bernoulli distribution)를 따르게 되는 것이다.[주)]

주) 베르누이분포는 제비뽑기에서의 당첨 또는 탈락, 여론조사에서의 찬성 또는 반대, 대학입학시험에서의 합격 또는 불합격 등과 같이 2가지의 가능한 결과만을 가지는 실험 또는 조사를 기술하는데 있어서 가장 기본적인 역할을 하는 분포이다.

베르누이분포

성공률이 $p(0 \le p \le 1)$ 인 베르누이시행에서 확률변수 X가 0과 1의 두 값만을 취할 수 있고, 그 확률질량함수가

$$f(x) = \begin{cases} p^x q^{1-x}, & x=0,\ 1 \\ 0, & \text{기타} \end{cases}$$

일 때 확률변수 X는 '모수 p인 베르누이분포를 따른다'고 한다.

확률변수 X가 모수 p인 베르누이분포를 따른다면, 그 평균과 분산은 다음과 같다.

$$E(X) = \sum_{x=0}^{1} xf(x) = 0 \cdot q + 1 \cdot p = p$$

$$V(X) = E(X^2) - \{E(X)\}^2 = pq \quad (\text{단, } q = 1-p)$$

5.2.3 이항분포 : $B(n,\ p)$

일반적으로 우리는 단 한 번의 베르누이시행에 관한 실험보다 베르누이시행이 n번 독립적으로 반복되는 실험 또는 조사에 관심을 가지게 된다. 즉, n번의 베르누이 시행에서 성공 또는 실패가 일어나는 횟수에 관심을 가지게 되는 것이다.

n번의 독립적인 베르누이 시행에서 성공이 일어나는 횟수를 X라고 하면, 확률변수 X가 가질 수 있는 가능한 값은 $0, 1, \cdots, n$이 된다. 이때 성공률 p에 대하여 x번 성공이 일어나고 $n-x$번 실패가 일어나는 한가지 경우의 확률은

$$\begin{aligned} P(S, \cdots, S, F, \cdots, F) &= p \cdots p(1-p) \cdots (1-p) \\ &= p^x (1-p)^{n-x} \end{aligned}$$

이 되며 이러한 경우의 수는 $\binom{n}{x}$ 가지이므로,[주)] n번의 베르누이시행에서 x번 성공이

주) 순열(Permutation) : 서로 다른 n개 중에서 r개를 뽑아 순서를 고려하여 배열하는 것을 순열이라 하며, 기호 ${}_nP_r$로 나타낸다. 계산공식은

$${}_nP_r = n(n-1)\cdots(n-r+1) = \frac{n!}{(n-r)!} \text{ 이다.}$$

조합(Combination) : 서로 다른 n개 중에서 r개를 뽑아 순서를 고려하지 않고 배열하는 것을 조합이라 하며, 기호 ${}_nC_r$ 또는 $\binom{n}{r}$로 나타낸다. 계산공식은 ${}_nC_r = \dfrac{n!}{r!(n-r)!}$ 이다.

일어날 확률은 모든 경우의 확률을 전부 더한

$$P(X=x)=\binom{n}{x}p^{x}q^{n-x} \quad (\text{단, } q=1-p)$$

이 된다.

이항분포

성공률이 p인 베르누이시행을 n번 독립적으로 반복할 때 확률변수 X를 성공의 횟수라고 하자. 이때 X는 '모수 n과 p인 이항분포를 따른다'고 하며, 그 확률질량함수는 다음과 같다.

$$f(x)=\begin{cases}\binom{n}{x}p^{x}q^{n-x}, & x=0,1,\cdots,n \\ 0, & \text{기타}\end{cases}$$

확률변수 X가 모수 n과 p인 이항분포를 따른다면, 그 평균과 분산은 다음과 같다.

$$E(X)=\sum_{x=0}^{n}xf(x)=np$$

$$V(X)=E(X^2)-\{E(X)\}^2=npq$$

모수 n과 p인 이항분포를 기호 $B(n, p)$로 나타내며, 여러 가지의 n과 p에 대하여 임의의 한 점 $X=x$에서의 확률 $f(x)$가 <부록표 2>에 주어져 있다. 예를 들어, 제비뽑기에서 당첨확률이 $p=0.2$일 때, 10개의 제비를 복원 추출시 5개가 당첨될 확률은

$$P(X=5)=f(5)=\binom{10}{5}(0.2)^5(0.8)^5=0.0264$$

가 된다.

예제 2 '서울에 거주하는 시민의 50%가 현재 운영되고 있는 대중교통체계에 만족하고 있다'고 시에서는 주장하고 있다. 이러한 사실을 확인하기 위하여 한 시민단체에서 20명의 시민을 랜덤으로 뽑아 그 만족여부를 조사한다고 하자.

1) 현 대중교통체계에 만족하는 시민수가 5명일 확률을 구하여라.

2) 현 대중교통체계에 만족하는 시민수의 평균과 분산을 각각 구하여라.

풀이 확률변수 X를 현 대중교통체계에 대해서 만족하는 시민수라고 할 때, X는 모수 $n=20$, $p=0.5$인 이항분포를 따른다. 따라서,

1) $P(X=5) = f(5) = \binom{20}{5}(0.5)^5(0.5)^{15} = 0.0148$

2) 평균 : $\mu = np = 20\times 0.5 = 10$

분산 : $\sigma^2 = npq = 20\times 0.5\times 0.5 = 5$ ■

5.2.4 초기하분포 : $H(N, n, p)$

이항분포와 어떤 의미에서 유사한 형태의 분포로서 초기하분포(Hypergeometric distribution)를 생각할 수 있다. 모집단의 크기가 N이고 양호율이 p일 때 양호품은 Np개, 불량품은 $N-Np$개가 된다. 이러한 모집단으로부터 n개의 표본을 랜덤으로 비복원추출할 때 양호품의 수 X는 모수 N, n, p인 초기하분포를 따른다고 하며, 이 분포를 $H(N, n, p)$로 표기한다.

초기하분포

양호률이 p, 크기가 N인 모집단으로부터 n개의 표본을 랜덤으로 비복원 추출할 때 확률변수 X를 양호품의 수라고 하자. 이때 X는 '모수 N, n, p인 초기하분포를 따른다'고 하며, 그 확률질량함수는 다음과 같다.

$$f(x) = \begin{cases} \dfrac{\binom{Np}{x}\binom{N-Np}{n-x}}{\binom{N}{n}}, & x = \max\{0,\ n-(N-Np)\},\ \cdots,\ \min\{n,\ Np\} \\ 0, & \text{기타} \end{cases}$$

확률변수 X가 모수 N, n, p인 초기하분포를 따른다면, 그 평균과 분산은 다음과 같다.

$$E(X) = np$$

$$V(X) = npq \cdot \frac{N-n}{N-1}$$

크기가 N이고 양호율이 p인 모집단으로부터 크기가 n인 표본을 랜덤으로 복원추출하면, 양호품의 수 X는 이항분포 $B(n, p)$를 따르게 된다. 따라서 이론적으로 초기하분포에서 p를 일정하게 두고 N를 무한히 크게 하면 초기하분포는 이항분포로 근사하게 되며, 이러한 사실은 모집단의 크기 N이 표본의 크기 n에 비하여 충분히 크면 복원추출과 비복원추출 사이에 거의 차이가 없다는 것을 말해 주는 것이다.

예제 3 어떤 상자 안에 1ℓ짜리 우유가 5개 들어 있으며, 이 중 4개가 신선한 것이라 하자. 이때 2개를 랜덤으로 비복원추출할 때 둘 다 신선한 우유가 뽑힐 확률을 구하여라.

풀이 신선한 우유의 수를 X라고 할 때, X는 모수 $N=5$, $n=2$, $p=0.8$인 초기하분포를 따른다. 따라서, 구하는 확률은

$$P(X=2) = f(2) = \frac{\binom{4}{2}\binom{1}{0}}{\binom{5}{2}} = \frac{3}{5}$$

이 된다. ■

5.2.5 푸아송분포 : $P(\lambda)$

17세기 프랑스의 유명한 수학자이며 물리학자인 푸아송(S. D. Poisson)은 그 당시 이항확률을 계산하는 것이 여간 어려운 일이 아니라는 점에 착안하여 이항확률의 근사값을 계산하기 위한 지수식을 발표하였다. 즉, 푸아송은 확률변수 X가 이항분포 $B(n, p)$를 따를 때 $np=\lambda$로 일정하게 두고, n이 충분히 크고 p가 0에 가까울 경우

$$f(x) = \binom{n}{x} p^x (1-p)^{n-x} \simeq \frac{e^{-\lambda}\lambda^x}{x!}, \quad x=0, 1, 2, \cdots$$

의 근사 관계가 성립한다는 사실을 보였다. 이와 같이 이항분포의 근사 분포로서 푸아송분포(Poisson distribution)는 다음과 같이 정의된다.

푸아송분포

확률변수 X가 음이 아닌 정수값을 취하며, 그 확률질량함수가

$$f(x)=\begin{cases}\dfrac{e^{-\lambda}\lambda^{x}}{x!}, & x=0,\ 1,\ 2.\ \cdots \\ 0, & \text{기타}\end{cases}$$

일 때, X는 '모수 $\lambda(\lambda>0)$ 인 푸아송분포를 따른다'고 한다.

모수 λ인 푸아송분포를 $P(\lambda)$로 표기하며, 그 평균과 분산은 모두 λ이다. 여러 값의 λ에 대하여 어떤 한 점에서의 확률은 <부록표 3>에 주어져 있다.

푸아송분포는 어떤 주어진 시간 또는 공간 내에 일어나는 우연적인 현상에 사용된다. 즉, 단위시간(분 또는 시간) 동안 교환대에 걸려오는 전화의 횟수, 일일교통사고 사망자의 수, 1년 동안 추락한 비행기의 수, 어떤 보고서의 페이지당 오자의 수 등과 같이 단위시간 또는 단위공간내에 일어나는 사건의 횟수는 일반적으로 푸아송분포를 따르게 된다.

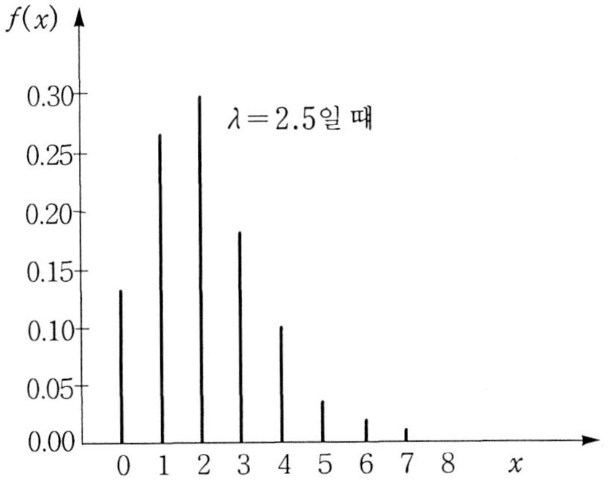

<그림 5.2> 푸아송분포의 예

예제 4 어떤 책의 페이지당 오자의 수는 평균 3개라고 한다. 책의 한 페이지를 임의로 펼칠 때 오자의 수가 4개 이상일 확률을 구하여라.

풀이 페이지당 오자의 수를 X라고 하면, X는 $\lambda=3$ 인 푸아송분포를 따른다.

따라서 구하는 확률은

$$P(X \geq 4) = 1 - P(X \leq 3) = 1 - \sum_{x=0}^{3} f(x)$$
$$= 1 - \{f(0) + f(1) + f(2) + f(3)\}$$
$$= 1 - (0.050 + 0.149 + 0.224 + 0.224) = 0.353$$

이 된다. ■

예제 5 새로 개발된 치료법에 의하면, 백혈병에 걸린 환자 중에 완치가 될 확률은 0.04라고 한다. 백혈병에 걸린 100명의 환자 중에 적어도 10명이 완치가 될 확률을 구하여라.

풀이 확률변수 X를 100명 중에 완치가 되는 사람의 수라고 하면, X는 모수 $n=100$과 $p=0.04$인 이항분포를 따른다. <부록표 2>에 주어져 있는 이항분포표는 시행 횟수 n이 20이하인 경우에 대해서만 확률이 주어져 있다. 그러나 이항분포는 n이 충분히 크고 p가 0에 가까울 경우 푸아송분포로 근사하기 때문에 <부록표 3>을 이용하여 다음과 같이 근사값(여기서 $\lambda = np = 4$)을 계산할 수 있다.

$$P(X \geq 10) = 1 - P(X \leq 9)$$
$$= 1 - \sum_{x=0}^{9} f(x) = 0.008$$

■

5.2.6 기하분포와 음이항분포

이항분포나 초기하분포에서는 표본크기 n을 미리 정해 놓고 표본을 추출한 후, n번 중에 성공이 몇 번 일어나는 지에 관심을 두고 있다. 그러나 n을 미리 정하지 않은 상태에서 표본을 계속 추출하다가 요구하는 수 만큼의 성공이 일어나면 표본추출을 멈추는 경우에 관심을 가질 때가 있다. 이것은 성공률이 p인 베르누이시행을 r번 성공이 일어날 때까지 실험을 계속하는 경우와 같다.

[기하분포 : $B^{-1}(1, p)$]

성공률이 p인 베르누이시행을 첫 번째 성공이 일어날 때까지 계속하는 실험에서 확률변수 X를 처음으로 성공이 일어날 때 까지의 시행 횟수라고 하자. 이때 확률변수 X는 성공률 p인 기하분포(geometric distribution)를 따른다고 하며, 이 분포를 $B^{-1}(1,\ p)$로 표기한다.

> **기하분포**
>
> 성공률이 p이며 첫 번째 성공이 일어날 때까지 독립적인 베르누이시행을 계속하는 실험에서, 첫 번째 성공이 일어날 때까지의 시행 횟수 X는 '모수 p인 기하분포를 따른다'고 하며, 그 확률질량함수는 다음과 같다.
>
> $$f(x)=\begin{cases} pq^{x-1}, & x=1, 2, \cdots \\ 0, & \text{기타} \end{cases}$$

확률변수 X가 모수 p인 기하분포를 따른다면, 그 평균과 분산은 다음과 같다.

$$E(X)=\frac{1}{p},\quad V(X)=\frac{q}{p^2}$$

예제 6 한 개의 주사위를 6의 숫자가 처음으로 나올 때까지 계속 던진다고 하자. 이때 정확히 10번 던질 확률을 구하여라.

풀이 구하고자 하는 확률은 9번의 계속된 다른 숫자와 10번째 6의 숫자가 나올 확률이므로, 첫 번째 6이 나올 때까지의 시행 횟수 X는 $p=1/6$ 인 기하분포를 따르게 되고, 따라서

$$P(X=10)=f(10)=\left(\frac{1}{6}\right)\left(\frac{5}{6}\right)^9$$

이 된다. ■

[음이항분포 : $B^{-1}(r,\ p)$]

이제 첫 번째 성공이 일어날 때까지가 아니라 r번의 성공이 일어날 때까지의 시행 횟수에 관심을 가진다고 하자. 이때 시행 횟수를 X라고 하면 확률변수 X는 성공률이 p인 음이항분포(negative binomial distribution)를 따른다고 하며, 이 분포를 $B^{-1}(r,\ p)$로 표기한다.

음이항분포

성공률이 p인 독립적인 베르누이시행에서 r번 성공할 때까지의 시행 횟수 X는 '모수 r, p인 음이항분포를 따른다'고 하며, 그 확률질량함수는 다음과 같다.

$$f(x)=\begin{cases} \binom{x-1}{r-1}p^r q^{x-r}, & x=r,\ r+1,\ \cdots \\ 0, & \text{기타} \end{cases}$$

확률변수 X가 모수 p인 음이항분포를 따른다면, 그 평균과 분산은 다음과 같다.

$$E(X)=\frac{r}{p},\quad V(X)=\frac{rq}{p^2}$$

예제 7 불량률 0.2로써 어떤 제품이 생산되는 공장에서 정확히 5개의 불량품을 얻을 때까지 생산된 제품을 랜덤으로 뽑아 하나씩 검사한다고 하다. 이때 정확히 50개의 제품을 검사할 확률을 구하여라.

풀이 불량품을 정확히 5개 얻을 때까지의 검사 횟수를 X라고 하면, 확률변수 X는 $r=5$, $p=0.2$인 음이항분포를 따른다. 따라서

$$P(X=50)=f(50)=\binom{49}{4}(0.2)^5(0.8)^{45}$$ ■

5.3 연속형 확률분포

연속형 확률분포로는 균등분포, 정규분포, 표준정규분포, 지수분포, 베타분포, 감마분포 등 여러 가지가 있으나 그 중에서 자주 사용되는 중요한 몇 가지 분포에 대해서만 설명하도록 하겠다.

5.3.1 균등분포 : $U(a,\ b)$

연속형 분포 중에서 가장 간단한 것은 균등분포(uniform distribution)로서, 어떤 주어진 구간 안에서 일어날 확률이 항상 일정한 분포를 말하며, 이 분포를 기호 $U(a,\ b)$로 나타낸다.

> **균등분포**
>
> 확률변수 X가 구간 $(a,\ b)$ 위에서 정의되고 그 확률밀도함수가
>
> $$f(x)=\begin{cases}\dfrac{1}{b-a}, & a<x<b\\ 0, & \text{기타}\end{cases}$$
>
> 일 때, 확률변수 X는 '구간 $(a,\ b)$ 위에서 균등분포를 따른다'고 한다.

구간 $(a,\ b)$ 위의 균등분포의 확률밀도함수가 <그림 5.3>에 그려져 있다.

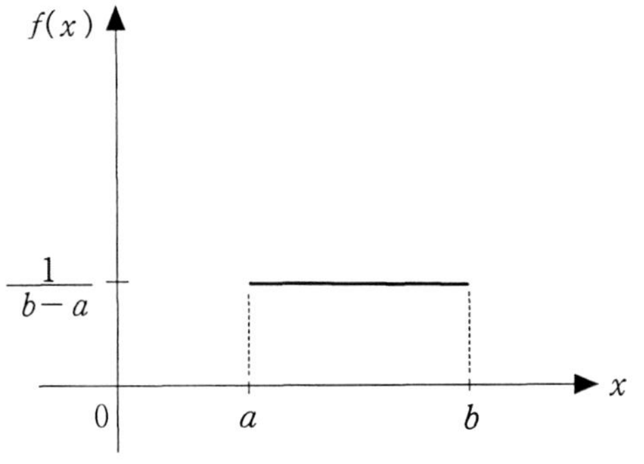

<그림 5.3> 균등분포 $U(a,\ b)$ 의 확률밀도함수

확률변수 X가 구간 $(a,\ b)$ 위에서 균등분포를 따른다면, 그 평균과 분산은 다음과 같다.

$$E(X)=\frac{a+b}{2},\qquad V(X)=\frac{(b-a)^2}{12}$$

예제 8 정보원 A와 정보원 B가 서로 접선하고자 한다. A는 약속장소에 오전 6시

와 오전 7시 사이에 나타날 가능성이 동일하다고 하자. 만약 B가 오전 6시 정각에 도착한다고 하면, 두 사람이 10분 이내에 만날 수 있을 확률은 얼마인가?

풀이 A가 나타나는 시각을 X(분)라고 하면, 확률변수 X는 다음과 같은 확률밀도함수를 갖는 균등분포를 따른다.

$$f(x) = \begin{cases} \frac{1}{60}, & 0 \le x \le 60 \\ 0, & \text{기타} \end{cases}$$

따라서, 구하고자 하는 확률은

$$P(0 \le X \le 10) = \int_0^{10} \frac{1}{60}\, dx = \frac{1}{6} \text{이 된다.}$$ ■

5.3.2 정규분포 : $N(\mu, \sigma^2)$

정밀한 저울을 사용하여 어떤 물건을 여러 번 반복하여 측정해도 그 측정값들은 반드시 동일하지는 않다. 그 이유는 측정시 고려되지 않는 여러 가지 요인 예를 들면, 온도, 습도, 기압 등에 의하여 영향을 받기 때문이다. 이때 측정값은 제멋대로 나타나는 것이 아니라 참값에 가까운 측정값들은 많이 나타나고, 참값에 비하여 매우 크거나 작은 측정값들은 적게 나타나게 된다. 18세기 과학자들은 이러한 측정값들의 오차가 어떠한 규칙성을 가지는 분포형태를 나타낸다는 점을 발견하고, 여러 오차 발생 실험을 통하여 오차가 정규곡선이라 불리는 좌우대칭형의 분포를 따르고 있다는 사실을 도출하였다.

이러한 형태의 분포를 수학적인 함수로 체계화한 것이 바로 정규분포(Normal distribution)이다.[주)] 통계학의 초기 단계에서는 정규분포에 지나치게 의존하여 모든 실생활의 현상들이 정규분포 모양과 가까운 형태일 때에는 맞고, 그렇지 않은 경우에는 자료의 수집과정에 잘못이 있다고 생각하였다. 그러나 실생활에서의 현상들 중 상당수는 정규분포 이외의 다른 형태의 확률모형을 가지는 경우도 많다. 그럼에도 불구하고 정규분포는 여전히 그 수학적 성질 때문에 통계학에서 가장 중요한 위치를 차지하고 있다.

주) 정규분포를 가우스분포(Gauss distribution)라고도 부르는데, 그 이유는 이 분포가 19세기의 가장 위대한 수학자로 알려진 C. Gauss에 의하여 물리학과 천문학 등에 폭넓게 응용되었기 때문이다.

정규분포

확률변수 X가 다음과 같은 확률밀도함수를 가질 때, X는 '평균 μ와 분산 σ^2인 정규분포를 따른다'고 한다.

$$f(x) = \frac{1}{\sqrt{2\pi}\sigma} \exp\left[-\frac{(x-\mu)^2}{2\sigma^2} \right], \quad -\infty < x < \infty$$

여기서 exp는 자연대수의 밑수라고 부르는 e를 뜻하며, 약 2.7183을 의미한다.

정규분포 곡선은 두 개의 모수 즉, 평균 μ와 분산 σ^2에 의해 그 모양이 정해지며, 이 분포를 기호 $N(\mu,\ \sigma^2)$으로 나타낸다. 정규분포 곡선은 <그림 5.4>에서 보는 바와 같이 다음의 몇 가지 주요한 특징을 가지고 있다.

① 평균 μ을 중심으로 종모양의 대칭 곡선이다.

② 평균 = 중앙값 = 최빈값이다.

③ 평균 μ로부터 멀어지는 양쪽 꼬리부분은 x축에 접근한다.

④ 곡선과 x축 사이 부분의 면적은 1이다.

그러나 어떤 확률밀도함수의 그래프가 종모양이라고 해서 그것이 반드시 정규분포를 나타내는 것은 아니다. 정규분포에서는 평균으로부터 $\pm 1\sigma$, $\pm 2\sigma$, $\pm 3\sigma$ 이내의 확률을 다음과 같이 가지게 된다.

$$P(\mu - \sigma < X < \mu + \sigma) = 0.6826$$
$$P(\mu - 2\sigma < X < \mu + 2\sigma) = 0.9545$$
$$P(\mu - 3\sigma < X < \mu + 3\sigma) = 0.9973$$

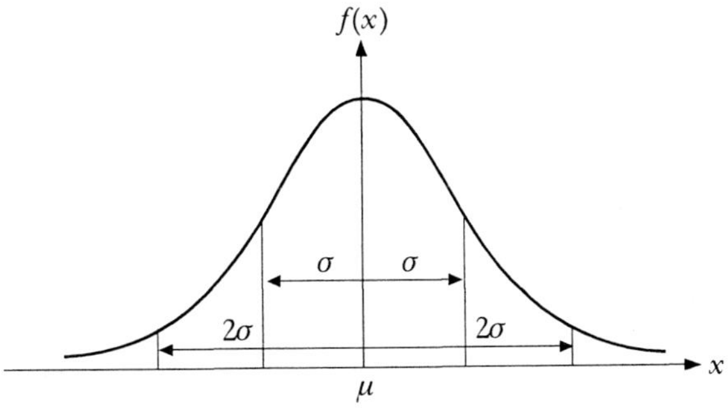

<그림 5.4> 정규분포 $N(\mu,\ \sigma^2)$의 확률밀도함수

정규분포와 관련하여 다음의 두 가지 중요한 성질이 있다.

(I) 확률변수 X가 정규분포 $N(\mu, \sigma^2)$를 따른다면, X의 일차함수 $aX+b$ ($a(a\neq 0)$, b는 상수)는 정규분포 $N(a\mu+b, a^2\sigma^2)$를 따른다.[주1)]

(II) 정규분포의 가법성

서로 독립인 두 확률변수 X와 Y가 각각 정규분포 $N(\mu_1, \sigma_1^2)$, $N(\mu_2, \sigma_2^2)$를 따른다면, 두 확률변수의 합 $X+Y$는 정규분포 $N(\mu_1+\mu_2, \sigma_1^2+\sigma_2^2)$를 따른다.[주2)]

5.3.3 표준정규분포 : $N(0, 1)$

확률변수 X가 정규분포 $N(\mu, \sigma^2)$를 따를 때의 확률은 주어진 구간에 대한 확률밀도함수 $f(x)$의 적분을 통하여 계산될 수 있다. 예를 들어, <그림 5.5>와 같이 확률변수 X가 a와 b(단, $a<b$) 사이에 있을 확률 $P(a\leq X\leq b)$은 $\int_a^b f(x)dx$와 같이 계산된다. 그러나 이러한 적분의 계산은 복잡하므로, 이를 미리 계산해 놓은 표를 이용하는 것이 바람직하다.

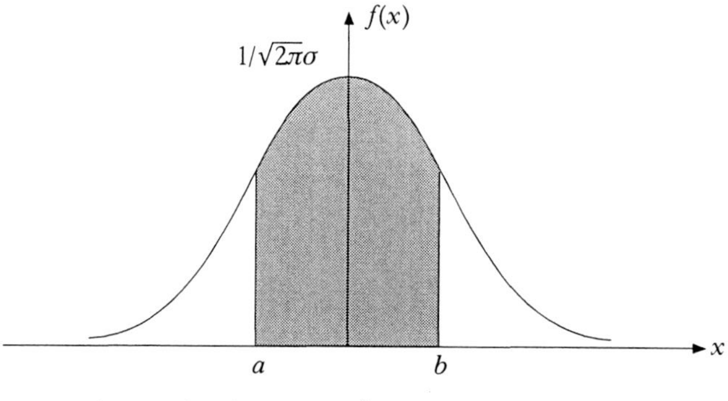

<그림 5.5> 정규분포 $N(\mu, \sigma^2)$ 에서의 확률 $P(a\leq x\leq b)$

주1) $a=1/\sigma$, $b=-\mu/\sigma$로 놓고 확률변수 X를 변환할 경우, 새로운 확률변수

$$Z=\frac{1}{\sigma}X-\frac{\mu}{\sigma}=\frac{X-\mu}{\sigma}$$

는 평균이 0이고 분산이 1인 정규분포를 따르게 되며 이러한 정규분포를 표준정규분포(Standard normal distribution) $N(0, 1)$ 이라 한다.

주2) 정규분포의 가법성은 정규분포 $N(\mu_1, \sigma_1^2)$인 모집단에서 하나의 값을 뽑고, 또 다른 정규분포 $N(\mu_2, \sigma_2^2)$인 모집단에서 하나의 값을 뽑아 그것을 더하여 새로운 값을 만드는 실험을 계속해서 반복할 때 새로이 만들어지는 값들을 갖는 확률변수는 정규분포 $N(\mu_1+\mu_2, \sigma_1^2+\sigma_2^2)$를 따르게 된다는 것을 의미한다.

정규분포 $N(\mu, \sigma^2)$의 확률밀도함수는 평균 μ와 분산 σ^2에 따라 변하며 확률변수가 취할 수 있는 값은 $-\infty$와 $+\infty$사이의 모든 값이므로, 모든 형태의 정규분포에 맞는 확률표를 전부 만든다는 것은 불가능하다. 그러나 평균과 분산이 고정된 특수한 정규분포를 하나 택하여 그 면적을 표로 작성할 수 있다면, 필요한 확률 계산을 쉽게 할 수가 있다. 이러한 특수한 형태의 정규분포가 바로 표준정규분포이며, 정규분포 $N(\mu, \sigma^2)$를 따르는 확률변수 X에서 평균 μ를 빼서 표준편차 σ로 나눈 새로운 확률변수는 평균 0, 분산 1인 표준정규분포 $N(0, 1)$를 따르게 된다.

> **표준정규분포**
>
> 확률변수 X가 정규분포 $N(\mu, \sigma^2)$를 따를 때, 새로운 확률변수
>
> $$Z = \frac{X-\mu}{\sigma}$$
>
> 는 '표준정규분포 $N(0, 1)$를 따른다'고 한다.

표준정규분포를 따르는 확률변수 Z의 확률밀도함수를 $\phi(z)$, 누적분포함수를 $\Phi(z)$로 표기하며, 각각 다음과 같다.

$$\phi(z) = \frac{1}{\sqrt{2\pi}} \exp\left(-\frac{1}{2} z^2\right), \qquad -\infty < z < \infty$$

$$\Phi(z) = P(Z \le z) = \int_{-\infty}^{z} \frac{1}{\sqrt{2\pi}} \exp\left(-\frac{1}{2} t^2\right) dt$$

표준정규분포에서 $-\infty$에서 임의의 값 z까지 누적 확률 $\Phi(z)$은 <부록표 4>에 주어져 있다.

[표준정규분포표를 이용하는 방법]

<표 5.1>에서 왼쪽의 세로줄은 z의 소수점 첫째 자리까지의 값이고 맨 위의 가로줄은 소수점 둘째 자리수를 나타내므로, 가로와 세로가 만나는 점의 값이 z까지의 누적확률을 나타낸다. 예를 들어, 표준정규분포에서 $-\infty$에서 0.21까지의 누적확률 $P(Z \le 0.21) = \Phi(0.21)$은 <표 5.1>에서 0.5832가 된다.

<표 5.1> 표준정규분포표

z	.00	.01	.02	.03	.04	.05
.0	.5000	.5040	.5080	.5120	.5160	.5199
.1	.5398	.5438	.5478	.5517	.5557	.5596
.2	.5793	.5832	.5871	.5910	.5948	.5987
.3	.6179	.6217	.6255	.6293	.6331	.6368

표준정규분포는 0에 대하여 좌우대칭이므로 누적분포함수 $\Phi(z)$는 다음과 같은 성질을 가진다.

① $\Phi(0)=0.5$

② $\Phi(-z)=1-\Phi(z)$

③ $P(Z>z)=1-\Phi(z)$

이러한 성질은 확률계산을 간편하게 하여 준다.

확률변수 Z가 표준정규분포를 따를 때 $P(Z>z_\alpha)=\alpha$를 만족하는 z_α의 값을 표준정규분포의 상위 $100\alpha\%$ 백분위수라고 한다(그림 5.6). 통계적 추정과 검정에서 자주 사용되는 상위 백분위수에는

$$z_{0.05}=1.645, \qquad z_{0.025}=1.96, \qquad z_{0.005}=2.58$$

등이 있다.

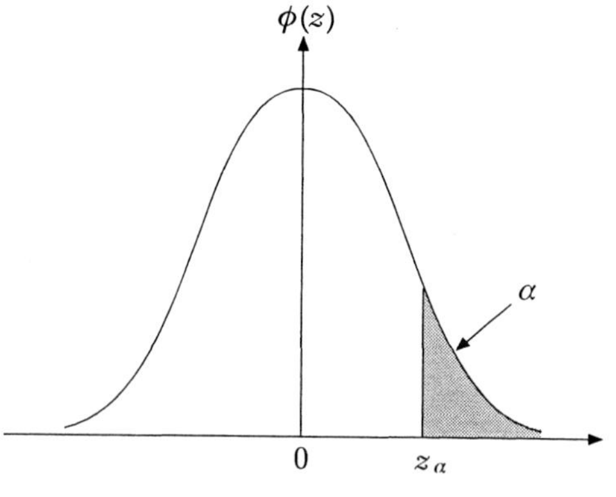

<그림 5.6> 표준정규분포의 상위 $100\alpha\%$ 백분위수

예제 9 어떤 집단에서 여자의 키는 평균 160cm, 표준편차 3cm인 정규분포를 따르고, 남자의 키는 평균 170cm, 표준편차 4cm인 정규분포를 따른다고 하자. 이 집단에서 남녀가 서로의 짝을 임의로 선택한다고 할 때, 여자의 키가 남자의 키보다 큰 짝은 몇 %가 되는지를 계산하여라. 단, 남자와 여자는 서로 상대방의 키를 마음대로 선택하지 못한다.

풀이 확률변수 X를 뽑힌 여자의 키, Y를 뽑힌 남자의 키라고 하면, 정규분포의 가법성에 의하여 차 $X-Y$는 평균 $160-170=-10$, 분산 $3^2+4^2=5^2$인 정규분포를 따르게 된다. 따라서

$$P(X>Y)=P(X-Y>0)=P\left(\frac{X-Y+10}{5}>\frac{10}{5}\right)$$
$$=P(Z>2)=1-P(Z\le 2)$$
$$=1-\Phi(2)=0.0227$$

이다. 그러므로 여자의 키가 남자의 키보다 큰 짝은 약 2%가 된다. ■

예제 10 점심식단표에 의하면, 생채요리에 포함되어 있는 칼로리(cal)는 정규분포 $N(200,\ 25)$를 따른다고 한다. 어떤 한 사람이 생채요리를 주문할 때 이 요리에 포함되어 있는 칼로리가 다음과 같을 확률을 구하여라.

1) 208칼로리를 초과할 확률
2) 190칼로리와 200칼로리 사이에 있을 확률

풀이 확률변수 X를 생채요리에 포함되어 있는 칼로리라고 하면, 새로운 확률변수 $Z=\frac{X-200}{5}$는 표준정규분포 $N(0,\ 1)$를 따른다. 따라서,

1) $$P(X>208)=P\left(\frac{X-200}{5}>\frac{208-200}{5}\right)$$
$$=P(Z>1.6)=1-P(Z\le 1.6)$$
$$=1-\Phi(1.6)=1-0.9452$$
$$=0.0548$$

2) $$P(190\le X\le 200)=P(-2\le Z\le 0)=0.5-\Phi(-2)$$
$$=0.5-[1-\Phi(2)]=\Phi(2)-0.5$$
$$=0.9773-0.5$$
$$=0.4773$$
■

5.3.4 지수분포 : $E(\lambda)$

푸아송분포는 단위시간 또는 단위공간내에서 어떤 사건이 발생하는 횟수에 대한 분포이다. 이에 비하여 어떤 사건이 발생하기 전에 걸리는 시간을 나타나기 위해 사용되는 확률분포가 있다. 이러한 분포를 모수 λ인 지수분포(exponential distibution)라 하고, 이 $E(\lambda)$로 표기하며, 그 확률밀도함수 $f(x)$는 다음과 같이 표현된다.

$$f(x)=\begin{cases}\lambda e^{-\lambda x}, & 0<x<\infty \\ 0, & \text{기타}\end{cases}$$

지수분포는 어떤 기계나 전자 제품의 수명시간 또는, 백화점에 고객이 도착하는 시간 등과 같이 연속적인 현상을 나타내는데 사용되는 확률분포이다.

> **지수분포**
>
> 확률변수 X의 확률밀도함수가
>
> $$f(x)=\begin{cases}\lambda e^{-\lambda x}, & 0<x<\infty \\ 0, & \text{기타}\end{cases}$$
>
> 일 때, 확률변수 X는 '모수 λ인 지수분포를 따른다'고 한다.

확률변수 X가 모수 λ인 지수분포를 따른다면, 그 평균과 분산은 다음과 같다.

$$E(X)=\frac{1}{\lambda}, \qquad V(X)=\frac{1}{\lambda^2}$$

지수분포의 확률 계산은 다음과 같이 누적분포함수를 이용하여 얻게 된다.

$$\begin{aligned}F(x)=P(X\le x)&=\int_0^x \lambda e^{-\lambda t}dt \\ &=1-e^{-\lambda x}\end{aligned}$$

예제 11 화재 신고시 소방차가 현장에 도착할 때까지 걸리는 시간이 $\lambda=0.05$인 지수분포를 따른다고 할 때 소방차가 25분 이내에 도착할 확률을 구하여라.

풀이 소방차가 현장에 도착할 때까지 걸리는 시간을 X라고 할 때, 확률변수 X의 확률밀도함수는

$$f(x)=\begin{cases} 0.05e^{-0.05x}, & 0 < x < \infty \\ 0, & \text{기타} \end{cases}$$

이다. 따라서 소방차가 25분 이내에 도착할 확률은

$$P(X \le 25) = \int_0^{25} 0.05e^{-0.05x}dx$$
$$= 1 - e^{-0.05 \times 25} = 0.7135$$

가 된다. ■

5.4 이항분포의 정규분포 근사

이항분포에서 시행 횟수 n이 커지면 <부록표 2>에 주어진 이항분포표를 이용할 수 없을 뿐만 아니라 실제로 그 계산은 매우 복잡하게 된다. 이러한 경우 n이 충분히 크고, p가 0에 가까우면 앞에서 배운 바와 같이 푸아송분포를 이용하여 그 근사값을 계산할 수 있다. 그러나 p의 값에 관계없이 n이 충분히 커지게 되면 이항분포는 연속형분포인 정규분포로 또한 근사하게 된다. 즉, 이항분포는 n이 클 때 평균이 np, 분산이 $np(1-p)$인 정규분포에 가까워진다.

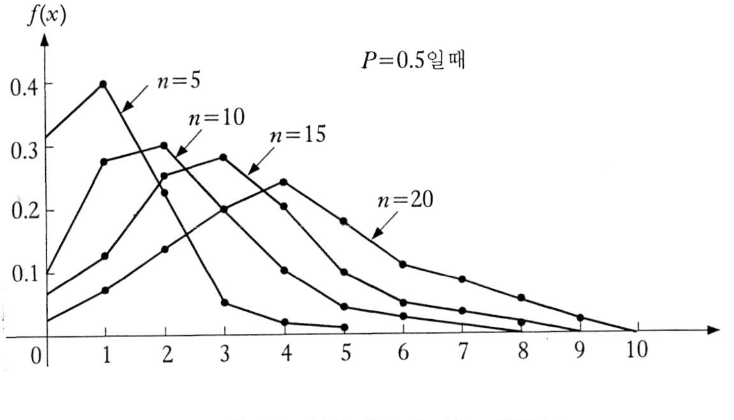

<그림 5.7> 시행 횟수에 따른 이항분포

이항분포에서 확률 p의 값을 0.5로 고정하고 시행 횟수 n을 5, 10, 15, 20으로 증가시킬 경우의 분포를 그려보면 <그림 5.7>과 같이 나타나게 된다. <그림 5.7>에서 보는 바와 같이, n이 커질수록 이항분포를 곡선 형태로 연결할 때 좌우대칭인 정규분포 곡선의 모양에 가까워지는 것을 알 수 있다.

확률변수 X가 이항분포 $B(n,\ p)$를 따를 때, X에서 평균 np를 빼고 표준편차 $\sqrt{np(1-p)}$로 나눈 새로운 확률변수 Z는 n이 충분히 클 때 표준정규분포 $N(0,\ 1)$으로 근사하게 된다. 즉,

$$Z = \frac{X-E(X)}{\sqrt{V(X)}} = \frac{X-np}{\sqrt{np(1-p)}} \quad \dot{\sim} \quad N(0,\ 1)$$

이러한 사실은 다음 장에서 설명되는 중심극한정리에 의해 입증되며, 그 근사값은 $np \geq 5$이고, $n(1-p) \geq 5$일 때 상당히 좋은 것으로 알려져 있다.

이항분포는 이산형분포이므로 이를 연속형인 정규분포로 근사시킬 경우 다음의 사항이 고려되어야 한다. 즉, 연속형분포에서는 $P(a \leq X \leq b) = P(a < X < b)$가 성립하지만 이산형분포에서는 이러한 사실이 성립하지 않는다. 따라서 이러한 불일치를 보완해 주기 위하여 각 범위에서 ± 0.5씩 수정하게 되는데, 이러한 과정을 연속성의 수정(correction for continuity)이라 한다.

예제 12 확률변수 X가 $n=15,\ p=0.4$인 이항분포를 따른다고 할 때 확률 $P(7 \leq X \leq 10)$을 이항분포를 이용하여 정확하게 계산하고, 그리고 정규분포에 의하여 그 근사값을 계산하여 결과를 비교하여 보아라.

풀이 **[이항분포에 의한 계산]**

$$P(7 \leq X \leq 10) = P(X \leq 10) - P(X \leq 6) = 0.3809$$

[정규분포 근사에 의한 계산]

· 연속성 수정을 하지 않은 경우

$$P(7 \leq X \leq 10) = P\left(\frac{7-6}{1.9} \leq \frac{X-6}{1.9} \leq \frac{10-6}{1.9}\right)$$

$$\simeq P(0.53 \leq Z \leq 2.11) = 0.2807$$

· 연속성 수정을 한 경우

$$
\begin{aligned}
P(7 \le X \le 10) &= P(6.5 \le X \le 10.5) \\
&= P\left(\frac{6.5-6}{1.9} \le \frac{X-6}{1.9} \le \frac{10.5-6}{1.9} \right) \\
&\simeq P(0.26 \le Z \le 2.37) = 0.3885
\end{aligned}
$$

위의 결과로부터 n이 비록 작더라도 연속성 수정을 해 준 경우에 그 근사값은 실제 이항분포의 확률 0.3809에 상당히 근사하다는 것을 알 수 있다. ■

예제 13 어떤 대학의 A학과의 정원은 30명이다. 그러나 A학과의 과거 자료에 의하면, 합격한 학생들 중 60%만이 등록하는 것으로 나타나 있기 때문에 A학과에서는 매년 정원의 2배수를 합격자로 발표하는 정책을 사용하고 있다. 올해 합격한 학생들 중 등록 인원이 30명 이상일 확률은 얼마인가?

풀이 X를 등록하는 학생수라고 하면, X는 $n=60$, $p=0.6$인 이항분포를 따른다. 따라서 정확한 확률은

$$P(X \ge 30) = \sum_{x=30}^{60} \binom{60}{x} (0.6)^x (0.4)^{60-x}$$

를 계산해야 하지만, n이 크고 $np \ge 5$, $n(1-p) \ge 5$이기 때문에 정규분포를 이용하여 충분히 좋은 근사값을 구할 수 있다. 즉, 평균은 $np = 60 \times 0.6 = 36$이고 분산은 $np(1-p) = 60 \times 0.6 \times 0.4 = 14.4$이므로,

$$
\begin{aligned}
P(X \ge 30) &= P\left(\frac{X-36}{\sqrt{14.4}} \ge \frac{30-36}{\sqrt{14.4}} \right) \\
&\simeq P(Z \ge -1.58) = 1 - \Phi(-1.58) = 0.9429
\end{aligned}
$$

■

☺ 잠깐 쉬어 가세요 ☺

통계학자 보르트키비츠(L. Bortkiewicz)가 프러시아의 10개 기병부대로부터 20년 동안에 걸쳐 매년 말에 채여 죽은 병사들에 관한 자료를 수집하여 정리하여 본 결과, 총 사망자수는 122명이었다(<표 1>). 이는 1년 동안에 한 기병부대에서 발생하는 평균 사망자수는 0.61명이었다는 것을 나타내고 있는 것이다. 따라서 1년 동안 한 기병부대에서 관측된 사망자수는 모수 $\lambda=0.6$ 인 푸아송분포를 따른다고 할 수 있다. <부록표 3>의 푸아송분포의 확률분포표로부터 $\lambda=0.6$ 일 때 사망자수가 0에서 4까지의 값을 취할 확률을 이론적으로 구해 보면 <표 2>와 같다. <표 1>의 경험적인 상대도수와 <표 2>의 이론적인 확률을 서로 비교해 보면 놀라울 정도로 거의 일치한다. 이러한 사실로부터 푸아송 분포는 주어진 단위시간 동안에 일어나는 사건의 횟수에 대한 확률분포로서 매우 정확하다는 것을 알 수 있다.

사망자수	사례수	상대도수
0	109	0.544
1	65	0.331
2	22	0.101
3	3	0.021
4	1	0.003
계	200	1.000

<표 1> 실제 자료값

x	확률	누적확률
0	0.549	0.549
1	0.329	0.878
2	0.099	0.977
3	0.020	0.997
4	0.003	1.000
계	1.000	

<표 2> $\lambda=0.6$ 인 푸아송분포

EXCEL 실습

분포의 확률 계산

EXCEL에서의 확률분포에 대한 확률 계산은 함수 마법사를 이용하는 방법과 수식 입력줄에 함수식을 직접 입력하여 계산하는 두 가지 방법이 있다. 이 두 가지 방법에 대한 사용 요령을 이항분포에서의 확률을 계산하는 예를 통하여 설명하도록 하겠다.

[실습 예] 농구에서 자유투 성공률이 80%인 한 선수가 20번 던졌을 때,

1) 15번 성공할 확률을 [함수 마법사]를 이용하여 계산하여라.

2) 16번 이하 성공할 확률을 [수식 입력줄]을 사용하여 계산하여라.

[함수 마법사]의 이용 절차

① 메뉴 표시줄의 [삽입] 메뉴에서 [함수]를 선택하면 <그림 5.8>과 같은 [함수 마법사] 대화상자가 나타난다.

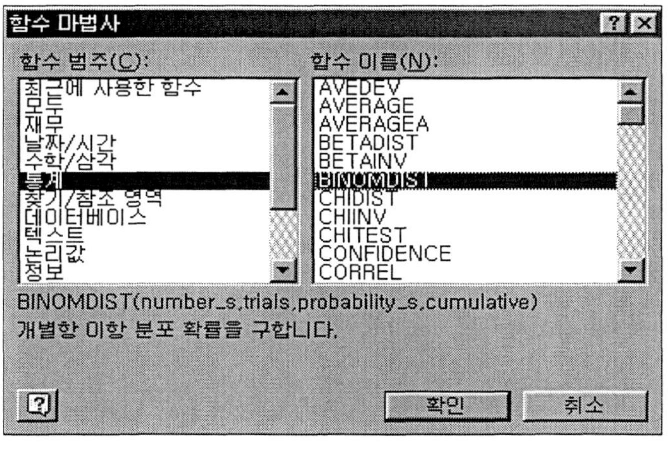

<그림 5.8> [함수 마법사] 대화상자

② [함수 마법사] 대화상자에서 [통계]-[BINOMDIST]를 차례로 선택한 후 “확인”을 누르면 <그림 5.9>와 같은 [BINOMDIST] 대화상자가 나타난다.

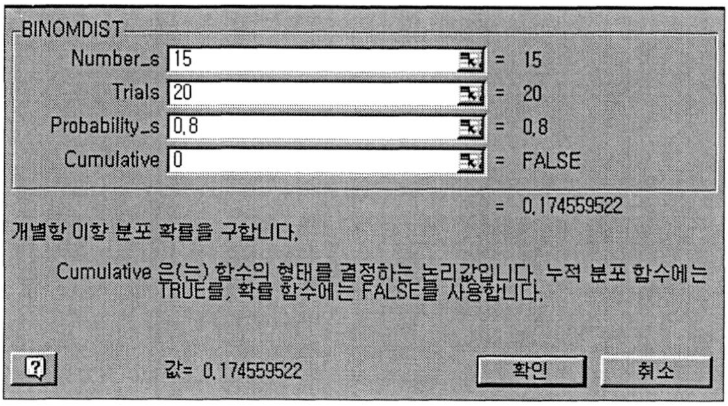

<그림 5.9> 이항분포에서의 확률 계산을 위한 [BINOMDIST] 대화상자

③ [BINOMDIST] 대화상자에서

Number_s : 성공 횟수 x값(여기서는 15),

Trials : 시행 횟수 n값(여기서는 20),

Probability_s : 성공률 p값(여기서는 0.8),

Cumulative : 한 점 $X=x$에서의 확률 $f(x)$를 계산할 때 0,

(누적확률 $F(x)$을 계산할 때 1)

을 지정한 후 "확인"을 누르면 <그림 5.9>에서와 같이 확률 "값=0.174559"를 얻는다.

[수식 입력줄]의 이용 절차

해당 분포명에 필요한 값만 지정해 주면 되기 때문에 [함수 마법사]를 이용하는 것보다 [수식 입력줄]을 사용하는 것이 훨씬 간편하다.

이항분포의 경우, [수식 입력줄]에 다음과 같이 이항분포 함수식을 입력하면 된다.

=BINOMDIST(x, n, p, cumulative)

여기서 x는 성공 횟수, n은 시행 횟수, p는 모수인 성공률, cumulative에는 한 점에서의 확률 계산은 0, 누적확률 계산은 1을 지정한다.

* 예 2)의 16번 이하 성공할 확률을 계산하기 위하여 BINOMDIST(16, 20, 0.8, 1)을 입력한 후 enter 키를 누르면 <그림 5.10>에서와 같은 결과를 얻게 된다.

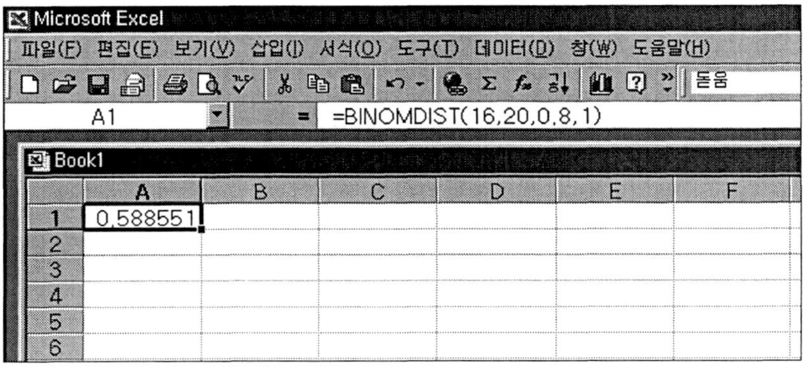

<그림 5.10> [수식 입력줄]을 사용한 누적확률의 계산

여러 형태의 확률분포에 대한 함수식

다른 여러 형태의 확률분포에서의 확률계산도 EXCEL에서 지정하는 확률분포 함수를 사용하여 동일한 요령으로 하면 된다. EXCEL에서 지원하는 주요한 확률분포 함수식을 정리하면 다음과 같다.

[이산형 분포]

확률분포	함수식	비 고
초기하분포	HYPGEOMDIST(x, n, M, N)	x: 표본에서 양호품의 개수 n: 표본의 크기 M: 모집단에서 양호품의 개수 N: 모집단의 크기
푸아송분포	POISSON(x, λ, cumulative)	x: 사건의 횟수, λ: 평균 cumulative: 한 점에 대한 확률은 0, 누적확률은 1
음이항분포	NEGBINOMDIST(x, r, p)	x: 시행 횟수, r: 성공 횟수, p:성공률
기하분포	NEGBINOMDIST(x, 1, p)	x:시행 회수, p: 성공률

[연속형 분포]

확률분포	함수식	비 고
정규분포	NORMDIST(x, μ, σ, cumulative)	x: 변수값, μ: 평균, σ: 표준편차, cumulative: 누적확률 1을 지정
표준정규분포	NORMSDIST(z)	z: 변수값
표준화된 값	STANDARDIZE(x, μ, σ)	x 값을 $z=\frac{x-\mu}{\sigma}$ 값으로 변환한 값을 계산한다
t 분포	TDIST(t, df, tails)	t : 상위확률을 구할 경계값 df : 자유도 tails : 1이면 $P(T \geq t)$를 계산 2이면 $P(\mid T \mid \geq t)$를 계산
카이제곱분포	CHIDIST(v, df)	v: 상위확률을 구할 경계값 df: 자유도
지수분포	EXPONDIST(x, λ, cumulative)	x: 변수값, λ:단위당 평균 발생수 cumulative:누적확률 1을 지정
F 분포	FDIST(x, df1, df2)	x: 상위확률을 구할 경계값 df1 : 분자의 자유도 df2 : 분모의 자유도

[실습] 어느 대학교 2학년 학생들의 통계학시험 점수 X가 $N(70,\ 5^2)$을 따른다고 할 때 EXCEL을 이용하여 다음 물음에 답하여라.

1) 한 학생의 시험 점수가 60점 이하일 확률을 계산하여라.

[함수 마법사]의 이용 절차

① [삽입] 메뉴에서 [함수] - [함수 마법사] - [통계] - [NORMDIST]를 차례로 선택한 후 x는 60, Mean은 70, Standard_dev는 5, Cumulative는 1을 입력하고 "확인"을 누르면 <그림 5.11>에서와 같이 확률 0.02275를 구할 수 있게 된다.

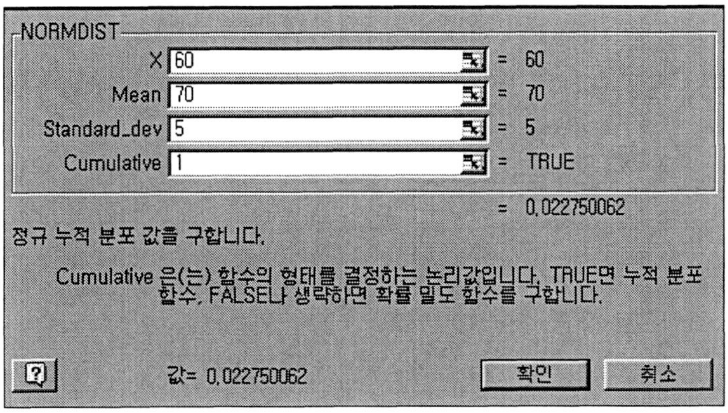

<그림 5.11> 정규분포에서의 [함수 마법사]을 사용한 확률의 계산

2) $P(70 \leq X \leq 90)$ 을 구하여라.

[수식 입력줄]의 이용 절차

① [수식 입력줄]에 "NORMDIST(90, 70, 5, 1)-NORMDIST(70, 70, 5, 1)"을 입력한 후 enter키를 누르면 <그림 5.12>에서와 같이 구하고자 하는 확률 0.499968을 얻을 수 있다.

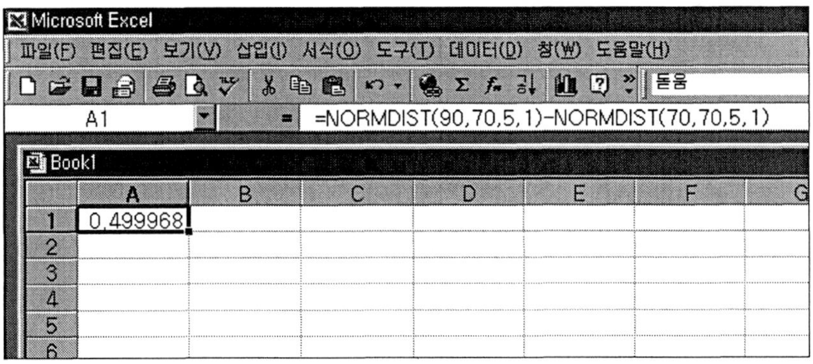

<그림 5.12> 정규분포에서의 [수식 입력줄]을 사용한 확률의 계산

3) 상위 5%에 들어 가기 위해서는 몇 점 이상을 받아야만 하는가?

풀이) 상위 5%에 들게 되는 점수를 구하기 위해서는 누적확률이 0.95가 되는 x값을 구해야 한다. 이러한 경우에는 정규분포의 누적분포함수에서 역함수값을 구해주는 "NORMINV"를 사용하면 된다. [함수 마법사] 또는 [수식 입력줄]을 이용하는 요령은 앞과 동일하다. [함수 마법사]를 이용한 결과, <그림 5.13>에서와 같이 79점을 구할 수 있다.

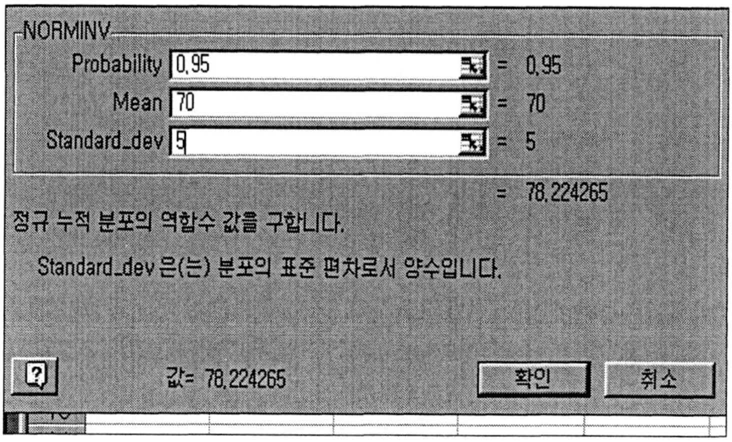

<그림 5.13> 정규분포에서의 [함수 마법사]을 이용한 역함수값의 계산

상위 $100\alpha\%$ 백분위수 계산을 위한 확률분포의 함수식

상위 $100\alpha\%$ 백분위수 즉, $P(X > x) = \alpha$를 만족하는 x값을 계산하기 위하여 EXCEL에서 지원하는 주요한 확률분포 함수식을 정리하면 다음과 같다.

확률분포	함수식	비 고
정규분포	NORMINV(1- α, μ, σ)	$P(X > x) = \alpha$인 x값을 계산
표준정규분포	NORMSINV(1- α)	$P(Z > z) = \alpha$인 z값을 계산
t분포	TINV(α, df)	$P(T > t) = \frac{\alpha}{2}$인 t값을 계산
카이제곱분포	CHIINV(α, df)	$P(V > v) = \alpha$인 v값을 계산
F분포	FINV(α, df1, df2)	$P(F > x) = \alpha$인 x값을 계산

이항분포에서의 연속성 수정

EXCEL에서 이항분포에 의한 정확한 확률과 정규 근사에 의한 확률, 그리고 연속성 수정을 한 정규 근사에 의한 확률은 [수식 입력줄]에서 이항분포와 정규분포 함수식을 사용하여 계산될 수 있다.

[실습-예제 12]

① 이항분포에 의한 확률

```
=BINOMDIST(10, 15, 0.4, 1)-BINOMDIST(6, 15, 0.4, 1)
```

② 정규 근사에 의한 확률

```
=NORMDIST(10, 6, SQRT(3.6), 1)-NORMDIST(7, 6, SQRT(3.6), 1)
```

③ 연속성수정을 한 정규 근사에 의한 확률

```
=NORMDIST(10.5, 6, SQRT(3.6), 1)-NORMDIST(6.5, 6, SQRT(3.6), 1)
```

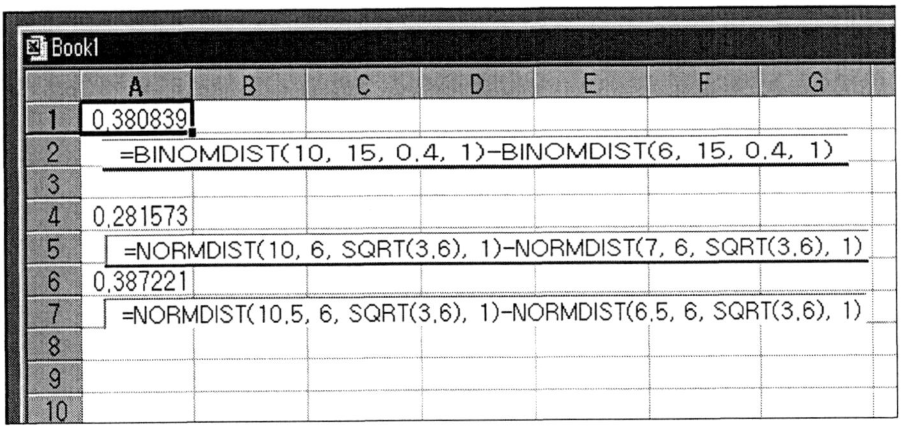

<그림 5.13> 이항분포와 정규분포 근사에 의한 확률의 계산

연습문제

1. 어패류를 날것으로 먹어 패혈증에 걸린 환자가 살아날 확률은 0.6이라고 한다. 패혈증에 걸린 100명의 환자 중 적어도 65명이 살아날 확률을 구하여라.

2. 어떤 창고에 보관되어 있는 100대의 컴퓨터 중에 5대의 불량품이 들어 있다. 10대를 랜덤으로 비복원추출할 때, 불량품이 1대 포함될 확률을 구하여라.

3. 5명의 남학생과 10명의 여학생으로 구성되어 있는 한 서클로부터 7명을 랜덤으로 비복원추출하여 농촌 봉사활동에 참여시키려고 한다. 적어도 3명의 남학생이 포함될 확률을 구하여라.

4. 어떤 학교의 학생수는 2,000명이며, 여기에는 여학생 700명, 남학생 1,300명으로 구성되어 있다. 20명의 학생을 랜덤으로 비복원추출할 때, 여학생이 10명 포함될 확률을 구하여라.

5. 어떤 공장에서의 하루 결근자수는 평균 3명인 푸아송분포를 따른다고 한다. 어느 특정한 날에 결근자수가 6명 이상일 확률은 얼마인가?

6. 어떤 공장에서 생산되고 있는 PC용 디스켓을 랜덤으로 조사한 결과 1%가 불량품이었다. 디스켓 100개를 랜덤으로 뽑는다고 할 때, 5개가 불량품일 확률을 이항분포와 푸아송분포를 이용하여 계산하고 그 결과를 비교하여라.

7. EXCEL을 이용하여 평균 3인 푸아송분포의 확률질량함수를 그려 보아라.
(힌트 : x 값을 0, 1, 2, … 등으로 입력하고, 각 x 값에 대하여 수식 입력줄에

=POISSON(x , 3, 0)

와 같이 입력하여 각 y 값을 구한 후, [피벗 테이블]을 이용하여 그린다.)

8. 타율이 0.3인 어떤 야구선수가 5번째 타석에서 처음으로 안타를 칠 확률을 구하여라.

9. A, B 두 사람이 한가위 천하장사 씨름대회에서 우승을 놓고 시합한다고 하자. 과거의 전적에 의하면, A가 승리할 확률이 60%라고 알려져 있다. 5판 3승제에서 A가

5번째 시합에서 이겨 우승할 확률을 구하여라.

10. 국방부에서는 판문점을 중심으로 동쪽 1㎞, 서쪽 2㎞, 남쪽 1㎞, 북쪽 3㎞ 범위 내에 땅굴이 있다는 확실한 정보를 가지고 있다. 이 땅굴이 판문점을 중심으로 반경 400m 내에 있을 확률을 구하여라(단, 주어진 범위 내에 땅굴이 있을 가능성은 동일하다.).

11. 어떤 협동조합의 창고 속에 보관되어 있는 포도 한송이의 무게는 평균 250g, 표준편차 10g이다. 포도의 무게가 정규분포를 따른다고 할 때 230g과 260g 사이의 무게를 가지는 포도는 전체의 몇%가 되는가?

12. 어느 직장에서 소방 대피훈련시 완전 대피에 소요되는 시간은 평균 5분 30초, 표준편차 30초인 정규분포를 따른다고 하자. 이 회사에서 최근에 해고된 직원이 설치한 폭탄이 4분 후에 폭발한다고 할 때, 폭탄이 폭발하기 전에 완전 대피할 확률은 얼마인가?

13. S 대학교 식품공학과 2학년 학생들의 통계학 기말시험 점수는 평균 65점, 표준편차 5인 정규분포를 따른다고 한다.
   1) 랜덤으로 뽑은 한 학생의 점수가 60점과 75점 사이가 될 확률을 구하여라.
   2) 15%의 학생들에게 A학점이 부여된다고 할 때, 최소한 몇 점을 받아야 하는가?

14. 어떤 사람이 집에서 직장까지 출근하는데 걸리는 시간은 평균 30분, 표준편차 6분인 정규분포를 따른다고 하자.
   1) 집에서 오전 8시 25분에 출발할 때, 오전 9시까지 직장에 도착할 확률을 구하여라.
   2) 오전 9시까지 직장에 도착할 가능성이 적어도 95% 이상 되려면, 늦어도 몇 시에 집에서 출발해야 하는가?

15. 어느 항공회사는 항공권을 예약한 승객들 중 10%가 예약을 취소 또는, 변경한다는 사실을 과거의 자료로부터 알고 있다. 이 항공회사가 이로 인해 생기는 빈 좌석 수를 줄이기 위하여 207석의 좌석이 있는 항공편에 230건의 예약을 접수한다고 할 때, 예약을 하고 공항에 나온 승객들 모두가 좌석을 가질 확률을 구하여라.

16. 공중전화의 통화시간은 평균 3분인 지수분포를 따른다고 알려져 있다. 어떤 초등학교 학생이 공중전화부스에 도착하여 보니 한 사람이 통화를 하고 있었다. 이 초등학생이 1분 이내에 전화를 걸 수 있을 확률을 구하여라.

제 6 장 표본분포

6.1 서 론

6.2 표본평균의 분포와 중심극한정리

6.3 표본분산의 분포

6.4 t-분포

6.5 표본비율의 분포

EXCEL 실습

연습문제

6.1 서 론

실험이나 조사의 목적은 모집단에 대한 정보를 알아 보려고 하는 것이다. 여기서 모집단의 정보란 대개 모집단의 평균, 분산, 비율 등과 같이 모집단의 특성을 나타내는 값을 말하며, 이러한 모집단의 특성값을 모수(parameter)라고 한다.

모수는 모집단 전체를 조사하여야만 알 수 있다. 그러나 대부분의 연구에서는 모집단 전체를 조사한다는 것은 현실적으로 불가능하거나 또는 시간, 경비가 많이 들기 때문에 모수는 모르는 상태로 남게 된다. 이러한 모수를 추측하기 위하여 우리는 모집단으로부터 표본을 추출하고, 추출된 표본을 이용하여 모집단의 모수에 대한 추정을 하게 되는 것이다.

일반적으로 모수는 추출된 표본으로부터 계산되는 표본평균, 표본분산, 표본비율 등과 같이 표본의 특성을 나타내는 값을 이용하여 추정하게 된다. 이러한 표본의 특성값을 통계량(statistic)이라 부르며, 통계량으로부터 우리는 모수에 관한 정보를 얻게 된다. 예를 들어, 어떤 모집단으로부터 표본을 추출하였을 때 표본평균 $\overline{X}$와 표본분산 S^2은 각각 모평균 μ와 모분산 σ^2을 추정하기 위해 사용되는 통계량들이라 할 수 있다.[주1)]

표본은 모집단의 일부분이다. 따라서 표본으로부터 계산된 통계량의 값이 바로 모수와 일치한다고 볼 수 없다. 왜냐하면, 표본으로부터 계산되는 통계량의 값은 표본의 크기에 따라 달라지게 될 것이며, 또한 비록 표본의 크기가 일정하다 하더라도 표본을 반복해서 추출할 때 마다 그 값이 변하게 될 것이다. 바꾸어 말하면, 모수의 추정에 사용되는 통계량은 어떤 표본이 추출되느냐에 따라 그 값이 달라지고, 그 값들에 의해 하나의 분포를 가지게 된다. 이러한 통계량의 분포를 표본분포(sampling distribution)라고 한다.[주2)]

- 모수 : 모집단의 특성을 나타내는 값(예 : μ, σ^2, p 등)
- 통계량 : 표본의 특성을 나타내는 값(예 : $\overline{X}$, S^2, $\hat{p}$ 등)
- 표본분포 : 통계량의 분포

주1) 이때 통계량들은 관측 가능한 표본들의 함수 형태 즉,

$$\overline{X} = \sum X_i / n, \quad S^2 = \frac{1}{n-1} \sum (X_i - \overline{X})^2$$

로 나타나게 된다.

주2) 표본분포는 통계량과 모수 사이의 관계를 나타내어 주기 때문에 표본분포를 알면 모수가 포함될 것으로 기대되는 신뢰구간을 구할 수 있으며, 또한 모수가 어떤 특정한 값을 갖는 지를 검정할 수도 있다. 모수 μ, σ^2, p 등을 추정하기 위하여 사용되는 통계량으로는 $\overline{X}$, S^2, $\hat{p}$ 등이 있으며, 이들 통계량 $\overline{X}$, S^2, $\hat{p}$ 등은 각각의 표본분포를 가진다.

6.2 표본평균의 분포와 중심극한정리

표본평균 $\overline{X}$의 표본분포에 대하여 알아보기로 하자. 예를 들어, 산모들이 아기를 정상 분만한 후 병원에 입원한 일수를 확률변수 X라고 하고, 그 모집단의 확률분포가 다음과 같다고 가정하자.

<표 6.1> 모집단의 확률분포

x	1	2	3
$f(x)$	0.3	0.4	0.3

이때 모평균 μ는 2.0이 되며, 모분산 σ^2은 0.6이 된다.[주1)]

이 모집단으로부터 두 명의 산모 X_1, X_2를 랜덤으로 복원추출할 때, 표본평균 $\overline{X}=(X_1+X_2)/2$를 계산하여 보자. 이때 추출될 수 있는 가능한 표본은 9가지 이며,[주2)] 각 경우의 표본평균은 <표 6.2>와 같다.

<표 6.2> 가능한 표본의 표본평균

X_1 \ X_2	1	2	3
1	1.0	1.5	2.0
2	1.5	2.0	2.5
3	2.0	2.5	3.0

<표 6.2>로부터 표본평균이 1.0이면 표본 (1, 1)이 추출된 경우이기 때문에 그 확률은 (0.3)(0.3) = 0.09이고, 표본평균이 1.5이면 표본(1, 2), (2, 1)이 추출된 경우이기 때문에 그 확률은 (0.3)(0.4) + (0.4)(0.3) = 0.24이다. 동일한 요령으로 가능한 모든 표본평균에 대하여 그 확률을 계산하여 정리하면 표본평균의 분포는 <표 6.3>과 같이 구해질 수 있다.

<표 6.3> 표본평균 $\overline{X}$의 분포

$\overline{x}$	1	1.5	2	2.5	3
$f(\overline{x})$	0.09	0.24	0.34	0.24	0.09

주1) 모평균 $\mu=E(X)=\sum xf(x)=(1\times0.3)+(2\times0.4)+(3\times0.3)=2.0$

모분산 $\sigma^2=V(X)=E(X^2)-[E(X)]^2=4.6-(2.0)^2=0.6$

주2) 추출될 수 있는 가능한 표본은 (1, 1), (1, 2), (1, 3), (2, 1), (2, 2), (2, 3), (3, 1), (3, 2), (3, 3)의 9가지이며, 이들 각 표본평균은 1.0, 1.5, 2.0, 1.5, 2.0, 2.5, 2.0, 2.5, 3.0이 된다.

[표본평균의 기대값]

모평균 μ와 표본평균 $\overline{X}$ 사이에 어떤 관련성이 있는지를 살펴보도록 하자. n개의 표본 $X_1, \cdots, X_n$을 평균 μ, 분산 σ^2인 모집단으로부터의 확률표본[주)]이라 하자. 이때 표본평균 $\overline{X}$의 기대값은 기대값의 덧셈 성질을 이용하여 다음과 같이 구해질 수 있다.

$$E(\overline{X}) = E\left[\frac{1}{n}(X_1 + \cdots + X_n)\right] = \frac{1}{n}[E(X_1) + \cdots + E(X_n)]$$

$$= \frac{1}{n}[\mu + \cdots + \mu] = \frac{1}{n}n\mu = \mu$$

<표 6.1>에서 모평균은 $\mu = 2.0$이다. 그리고 <표 6.3>으로부터 표본평균 $\overline{X}$의 기대값은 $E(\overline{X}) = \sum \overline{x} f(\overline{x}) = 2.0$이 된다. 이러한 사실로부터 표본평균 $\overline{X}$는 추출되는 표본에 따라 그 값이 변하게 되어 하나의 분포를 가지게 된다는 사실과 $\overline{X}$의 평균과 모평균 μ가 서로 일치한다는 것을 알 수 있다.

[표본평균의 분산]

하나의 표본으로부터 계산된 표본평균은 모평균 μ와 그 값이 반드시 일치하지 않으나, 표본을 반복적으로 추출하여 이들로부터 계산된 표본평균들의 평균은 모평균과 같다는 사실을 알 수 있었다. 다음으로 표본평균 $\overline{X}$의 분산과 모분산 σ^2 사이에는 어떤 관련성이 있는지를 살펴보도록 하자.

표본평균의 분산 $V(\overline{X})$은 표본이 서로 독립적으로 추출되기 때문에 분산의 덧셈 성질을 이용하면 다음과 같이 구해질 수 있다.

$$V(\overline{X}) = V\left[\frac{1}{n}(X_1 + \cdots + X_n)\right] = \frac{1}{n^2}[V(X_1) + \cdots + V(X_n)]$$

$$= \frac{1}{n^2}[\sigma^2 + \cdots + \sigma^2] = \frac{1}{n^2}n\sigma^2 = \frac{\sigma^2}{n}$$

주) n개의 표본 $X_1, \cdots, X_n$을 반복하여 랜덤으로 추출한다고 하자. 이때 첫 번째 추출되는 표본 X_1값, 두 번째 추출되는 표본 X_2값, $\cdots$, n번째 추출되는 표본 X_n값은 n개씩 표본을 반복하여 추출할 때마다 변하게 되므로, 각각은 하나의 확률변수로 간주될 수 있다. 그리고 이들 각 확률변수는 모두 모집단의 분포를 따르게 된다. 이와 같이 서로 독립적으로 추출되고, 모집단과 동일한 분포를 가지는 n개의 표본 $X_1, \cdots, X_n$을 확률표본(random sample)이라 부른다.

즉, 표본평균의 분산 $V(\overline{X})$은 표본의 크기 n에 의존하며, n이 커질수록 상대적으로 작아지게 된다. 이러한 사실은 표본의 크기가 커지면 비록 추출되는 표본은 서로 다를지라도 그 표본의 평균은 큰 차이가 없게 된다는 것을 의미한다.

<표 6.1>에서 계산된 모분산은 $\sigma^2=0.6$이며, <표 6.3>으로부터 계산된 표본평균의 분산은 $V(\overline{X})=E(\overline{X}^2)-[E(\overline{X})]^2=0.3$ 이 되어 $V(\overline{X})=\sigma^2/n=0.6/2=0.3$의 관계가 성립함을 알 수 있다.

관측된 사실을 통하여 수학적으로 다음의 정리가 성립한다.

> 정리) $X_1, \cdots, X_n$을 평균 μ, 분산 σ^2인 모집단으로부터의 크기 n인 확률표본이라 할 때
>
> 1) 표본평균의 평균 $E(\overline{X})$은 모평균 μ와 같다.
> 2) 표본평균의 분산 $V(\overline{X})$은 σ^2/n이다.

[표본평균의 분포]

일반적으로 모집단의 분포가 정규분포일 경우, 이 모집단으로부터 추출된 표본의 평균 $\overline{X}$의 분포도 역시 정규분포를 이루게 된다. 즉, 정규분포 $N(\mu, \sigma^2)$을 하는 모집단으로부터 크기 n인 표본을 랜덤으로 뽑는다면 표본평균 $\overline{X}$는 정규분포 $N(\mu, \sigma^2/n)$을 하게 되는 것이다.

> 표본평균의 분포
>
> $X_1, \cdots, X_n$을 정규분포 $N(\mu, \sigma^2)$을 하는 모집단으로부터의 크기 n인 확률표본이라 할 때, 표본평균 $\overline{X}$는 정규분포 $N\left(\mu, \dfrac{\sigma^2}{n}\right)$을 따른다.

위의 내용은 모집단의 분포가 정규분포일 때 표본의 크기 n에 관계없이 표본평균 $\overline{X}$도 정규분포를 따른다는 사실을 말하고 있다. 일반적으로 모집단의 분포는 알려져 있지 않은 경우가 대부분이다. 그렇다면, 관측대상인 모집단의 분포가 정규분포가 아닐 때 표본평균 $\overline{X}$의 분포는 어떻게 될 것인가? 이와 같은 문제를 해결해 주는 것이 바로 중심극한정리(central limit theorem)이다.

[중심극한정리]

정규분포를 따르지 않는 모집단으로부터 표본이 추출되었을 때, 표본평균 $\overline{X}$의 분포는 표본의 크기 n이 작으면 거의 대부분 모집단의 분포 모양에 의존한다. 그러나 분포의 모양을 모르는 모집단으로부터 표본을 추출하였을 때, 표본평균 $\overline{X}$의 분포는 표본의 크기 n이 커짐(일반적으로 $n \geq 30$)에 따라 모집단의 분포가 연속형 또는 이산형이든 관계없이 점점 정규분포로 근사해 가는 성질을 가지고 있다. 이러한 성질을 기술해 놓은 것을 중심극한정리라고 한다.

> 중심극한정리
>
> $X_1, \cdots, X_n$을 평균 μ, 분산 σ^2인 임의의 모집단으로부터의 크기 n인 확률표본이라 할 때, 표본평균 $\overline{X}$의 분포는 표본의 크기 n이 커짐에 따라 정규분포 $N(\mu,\ \sigma^2/n)$로 근사해 간다.

[표준화]

임의의 확률변수에서 그 확률변수의 평균을 빼고, 표준편차로 나누는 것을 표준화(standardization)라고 한다. 표준화된 확률변수의 평균과 분산은 항상 0과 1이다.

> 표준화
>
> $$Z = \frac{X - E(X)}{\sqrt{V(X)}}$$

중심극한정리에서 표본평균 $\overline{X}$를 표준화 할 경우,

$$Z = \frac{\overline{X} - \mu_{\overline{X}}}{\sigma_{\overline{X}}} = \frac{\overline{X} - \mu}{\sigma/\sqrt{n}}$$

는 근사적으로 표준정규분포 $N(0,\ 1)$을 따르게 된다.

예제 1 어느 대학교에서 남학생들의 몸무게는 평균 $\mu = 69\text{kg}$, 표준편차 $\sigma = 5\text{kg}$이라 한다. 100명의 남학생을 랜덤으로 추출할 때, 표본평균 $\overline{X}$가 평균 μ를 중심으로 $\pm 1\text{kg}$ 이내에 있을 확률을 구하여라.

풀이 표본의 크기 100이 큰 값이므로, 중심극한정리에 의하여 표본평균 $\overline{X}$는 근사적으로 $\mu_{\overline{X}} = 69$, $\sigma_{\overline{X}} = \sigma/\sqrt{n} = 0.5$ 인 정규분포를 따른다. 따라서

$$
\begin{aligned}
P(68 \le \overline{X} \le 70) &= P\left(\frac{68-69}{0.5} \le \frac{\overline{X}-69}{0.5} \le \frac{70-69}{0.5}\right) \\
&\approx P(-2 \le Z \le 2) = \Phi(2) - \Phi(-2) \\
&= 2\Phi(2) - 1 = 0.9546
\end{aligned}
$$

■

중심극한정리로부터 모집단의 분포가 이산형이든 연속형이든 또는, 좌우대칭이든 비대칭이든 관계없이 표본의 크기 n 이 30이상이면 $\overline{X}$의 분포는 거의 정규분포로 근사해 간다. 그러나 모집단의 분포가 어느 한쪽으로 심하게 기울어져 있지 않다면 <그림 6.1>에서 보는 바와 같이 표본의 크기가 작아도 정규분포로 쉽게 근사하는 것으로 알려져 있다.

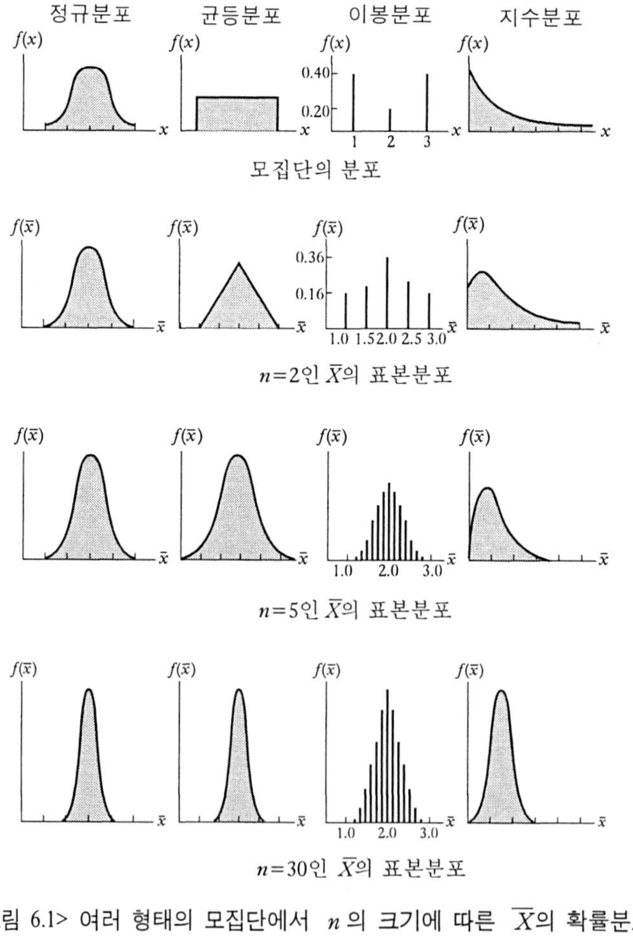

<그림 6.1> 여러 형태의 모집단에서 n 의 크기에 따른 $\overline{X}$의 확률분포

예제 2 모집단의 확률변수 X가 다음과 같은 이산형 균등분포를 따른다고 하자.

x	2	3	4
$f(x)$	1/3	1/3	1/3

이 모집단으로부터 크기 2인 확률표본 X_1, X_2를 추출할 때, 표본평균 $\overline{X}$의 분포를 구하고, 모집단의 분포와 그 모양을 비교하여라.

풀이 $\overline{X}$의 표본분포는

$\bar{x}$	2	2.5	3	3.5	4
$f(\bar{x})$	1/9	2/9	3/9	2/9	1/9

와 같이 구해질 수 있으며, 각 분포의 모양은 다음과 같다.

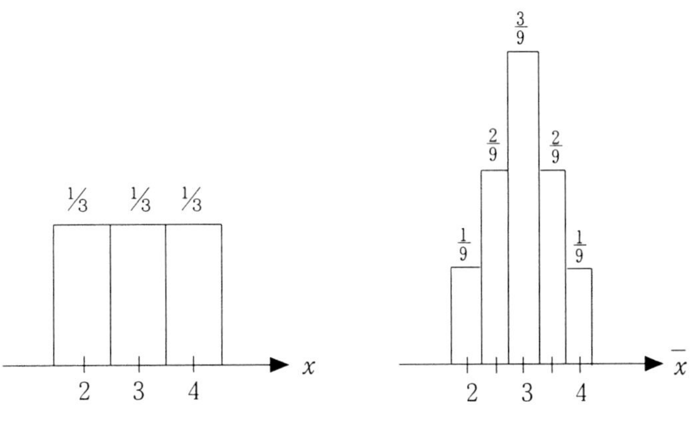

(a) 모집단의 분포 (b) $\bar{x}=\dfrac{x_1+x_2}{2}$ 의 분포

<그림 6.2> 모집단과 표본평균 $\overline{X}$의 분포

<그림 6.2>에서 보는 바와 같이 주어진 모집단의 확률변수 X는 균등분포를 하지만, 표본평균 $\overline{X}$의 분포는 표본의 크기가 $n=2$임에도 불구하고 거의 정규분포의 모양으로 근사하고 있음을 볼 수 있다. ■

6.3 표본분산의 분포

모집단의 분산과 표본으로부터 얻어지는 분산 사이의 관계를 알 수 있다면, 모분산을 추정하고 검정하는데 매우 유용하다. 여기서는 모분산 σ^2의 추정량인 표본분산 $S^2=\sum(X_i-\overline{X})^2/n-1$이 어떤 형태의 확률분포를 따르는지에 관해 알아보기로 한다. S^2의 분포를 알기 위해서는 카이제곱분포에 대한 사전 지식이 필요하다. 카이제곱분포는 영국의 수리통계학자인 K. Pearson에 의하여 제시된 분포로서 다음과 같이 정의된다.

> 카이제곱분포
>
> $X_1, \cdots, X_n$을 정규분포 $N(\mu, \sigma^2)$를 따르는 모집단으로부터의 크기 n인 확률표본이라 할 때, 이들 각 확률변수를 표준화하여 제곱한 후 모두 더한 새로운 확률변수
>
> $$V=\sum_{i=1}^{n}\left(\frac{X_i-\mu}{\sigma}\right)^2$$
>
> 은 '자유도 n인 카이제곱분포를 따른다'고 하며, 이 분포를 $\chi^2(n)$으로 표기한다.

자유도 n인 카이제곱분포의 확률밀도함수는

$$f(v)=\frac{1}{\Gamma(n/2)2^{n/2}}\,v^{\frac{n}{2}-1}e^{-\frac{v}{2}},\qquad v>0$$

여기서 $\Gamma(\alpha)=\int_0^\infty x^{\alpha-1}e^{-x}dx,\ \alpha>0$이며, 이때 확률변수 V의 평균과 분산은 다음과 같다.

$$E(V)=n,\qquad V(V)=2n$$

카이제곱분포는 다음과 같은 몇 가지 특징을 가지고 있다.

① 자유도 n에 의해 그 분포의 모양이 결정되는 비대칭 형태의 분포이다.

② 자유도 n이 작을수록 봉우리는 왼쪽으로 크게 치우쳐 있으며 꼬리는 오른쪽으로 길게 뻗어 있다.

③ n이 클수록 봉우리는 더 오른쪽으로 나아가 점점 더 대칭성을 띠게 되며, $n\to\infty$일 때는 정규분포로 근사해 간다.

여러 값의 자유도 n에 대한 카이제곱분포의 그래프가 <그림 6.3>에 개략적으로 그려져 있다.

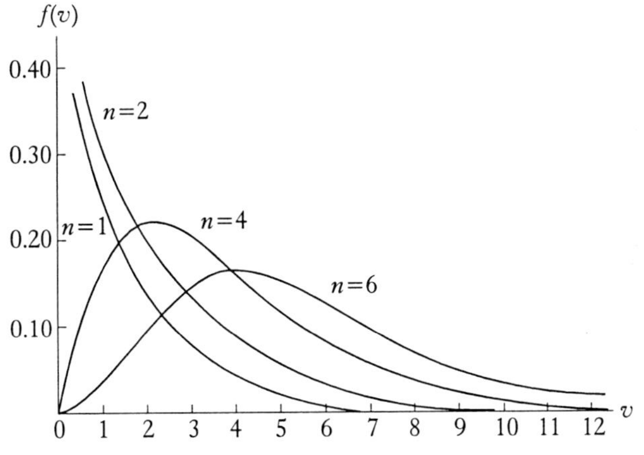

<그림 6.3> 여러 값의 자유도 n에 대한 카이제곱분포

표본평균 $\overline{X}$와는 달리 표본분산 S^2만의 정확한 분포를 구하기는 어렵다. 그러나 카이제곱분포의 정의와 몇 가지 수학적 성질을 이용하면 표본분산 S^2과 관련된 통계량

$$V = \frac{(n-1)S^2}{\sigma^2}$$

이 자유도 $(n-1)$인 카이제곱분포를 따른다는 사실을 보일 수 있다(증명 생략). 통계량 V는 미지의 모분산 σ^2에 대한 구간추정과 검정을 할 때 유용하게 사용된다.

표본분산의 분포

$X_1, X_2, \cdots, X_n$을 정규분포 $N(\mu, \sigma^2)$를 따르는 모집단으로부터의 크기 n인 확률표본이라 할 때,

$$V = \frac{(n-1)S^2}{\sigma^2}$$

은 자유도 $n-1$인 카이제곱분포를 따른다.

확률변수 V가 자유도 n인 카이제곱분포를 따를 때 $P(V > v) = \alpha$를 만족하는 v값을 자유도 n인 카이제곱분포의 상위 $100\alpha\%$ 백분위수라고 하며, $\chi^2(n, \alpha)$로 표기한다(<그림 6.4> 참조). <부록표 6>에는 여러 값의 자유도 n에 대한 카이제곱분포의 상위 백분위수값이 주어져 있으며, 이를 이용하여 카이제곱분포에 관한 확률을 쉽게 계산할 수 있다.

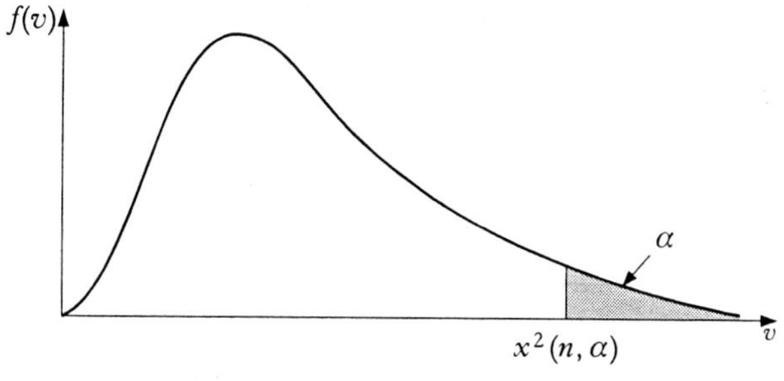

<그림 6.4> 카이제곱분포의 상위 $100\alpha\%$ 백분위수

예제 3 어떤 양어장에서 1년 동안 양식한 숭어의 길이는 표준편차 $\sigma = 5$㎝인 정규분포를 한다고 한다. 이 양식장에서 숭어 25마리를 랜덤으로 추출할 때, 표본분산이 19.8㎝와 26.2㎝ 사이일 확률은?

풀이 $V = \dfrac{(25-1)S^2}{5^2}$은 자유도 24인 카이제곱분포를 따르므로

$$P(19.8 \le S^2 \le 26.2) = P\left(\frac{24 \times 19.8}{25} \le V \le \frac{24 \times 26.2}{25}\right)$$
$$= P(19.00 \le V \le 25.15)$$
$$= 0.3543$$

이 된다. ■

6.4 t-분포

6.2절에서 정규분포를 따르는 모집단으로부터의 표본평균 $\overline{X}$의 확률분포에 관한 설명에서 모분산 σ^2은 이미 알려져 있는 것으로 가정하였다. 그러나 대부분의 실제 문제

에서 σ^2은 알려져 있지 않은 경우가 대부분이며, 오히려 σ^2에 대해 추정하기를 원하는 경우가 많다. 이러한 경우에는 모분산을 알고 있다는 가정 하에서 사용된 확률변수 $Z = \dfrac{\overline{X}-\mu}{\sigma/\sqrt{n}}$는 더 이상 통계적 추론에 이용할 수 없게 된다.

만약 모분산 σ^2이 알려져 있지 않다면, σ^2 대신 표본으로부터 계산되는 표본분산 S^2을 사용할 수 밖에 없으며, 이때 확률변수 Z에서 σ 대신 S을 대입하여 얻게 되는 새로운 확률변수

$$T = \frac{\overline{X}-\mu}{S/\sqrt{n}}$$

가 어떤 분포를 하는지에 대하여 알아야만 한다.

아일랜드의 맥주회사 기사였던 W.S. Gosset(1876~1937)은 재료의 품질과 온도를 변화시킴에 따라 맥주의 품질이 어떻게 변하는가를 실험을 통하여 과학적으로 분석하고자 하였으나, 실험으로부터 얻을 수 있는 자료의 수가 적었기 때문에 이 문제를 해결할 수가 없었다. 이에 그는 정규분포를 하는 모집단으로부터 추출된 표본의 크기가 작을 경우 유용하게 사용될 수 있는 t분포를 처음으로 고안하여 제시하였다. 즉, 그는 모분산 σ^2을 모르고 표본의 크기 n이 작을 경우에는 확률변수 Z에서 σ 대신 표본표준편차 S를 사용하여 생긴 새로운 확률변수 $T = \dfrac{\overline{X}-\mu}{S/\sqrt{n}}$는 자유도가 $n-1$인 t분포를 따른다는 사실을 보였다.[주)]

주) W.S. Gosset은 그의 논문에서

「표준정규분포 $N(0, 1)$을 따르는 확률변수를 Z라고 두고, 이와 서로 독립이며 자유도 n인 카이제곱분포를 따르는 확률변수를 V라고 둘 때, 새로운 확률변수

$$T = \frac{Z}{\sqrt{V/n}}$$

는 '자유도 n인 t분포를 따른다'라고 한다」와 같이 t분포를 정의하였으며, 이러한 정의로부터 정규분포 $N(\mu, \sigma^2)$을 따르는 확률표본 $X_1, \cdots, X_n$에 대하여

$$T = \frac{(\overline{X}-\mu)/\left(\dfrac{\sigma}{\sqrt{n}}\right)}{\sqrt{\dfrac{(n-1)S^2}{\sigma^2}/(n-1)}} = \frac{\overline{X}-\mu}{S/\sqrt{n}} \sim t(n-1)$$

이 성립함을 보였다.

t 분포

정규분포 $N(\mu, \sigma^2)$를 따르는 모집단으로부터 크기 n인 확률표본 $X_1, \cdots, X_n$을 추출할 때, 확률변수

$$T = \frac{\overline{X} - \mu}{S/\sqrt{n}}$$

는 자유도 $n-1$인 t 분포를 따른다.

자유도 $n-1$인 t 분포의 확률밀도함수는

$$f(t) = \frac{\Gamma(n/2)}{\Gamma[(n-1)/2]\sqrt{(n-1)\pi}}\left[1 + \frac{t^2}{(n-1)}\right]^{-\frac{n}{2}}, \qquad -\infty < t < \infty$$

이며, 이 분포를 Gosset의 필명을 따서 "스튜던트(student) t 분포"라고 부르기도 한다. 자유도 $n-1$인 t 분포를 $t(n-1)$로 표기한다. t 분포는 정규분포를 따르는 모집단으로부터 추출된 표본의 크기가 작을 경우 모평균 μ에 대한 구간추정과 검정 문제에서 매우 중요하게 사용된다.

t 분포는 자유도 n에 따라 그 분포의 모양이 변하며, <그림 6.3>에는 여러 값의 자유도에 따른 t 분포의 모양이 주어져 있다.

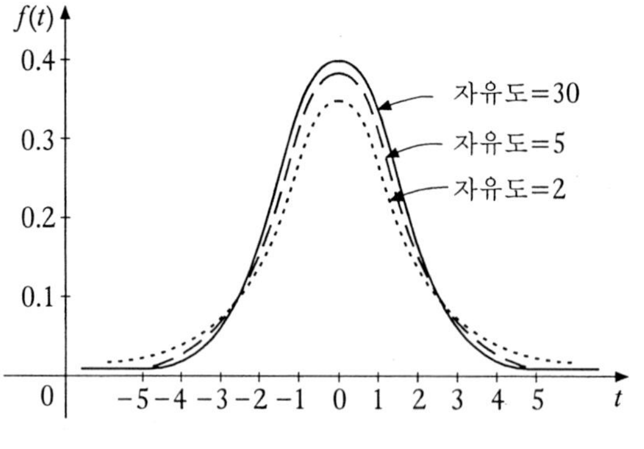

<그림 6.5> 여러 값의 자유도 n에 따른 t 분포

t 분포는 일반적으로 다음과 같은 특징을 가지고 있다(<그림 6.5> 참조).

① t분포는 자유도[주)] n에 의하여 그 분포의 모양이 결정되어진다.

② 자유도 $n>1$일 때는 t분포는 표준정규분포와 마찬가지로 평균 0을 중심으로 좌우대칭이며, 분산은 $V(T)=n/(n-2)$ (단, $n>2$)이 된다.

③ t분포는 표준정규분포와 비슷하나 표준정규분포보다 양쪽 꼬리부분이 두텁고 가운데 부분의 높이가 낮다.

④ t분포는 자유도가 증가할수록 표준정규분포에 가까워지며, 대개 n이 30이상이면 표준정규분포와 거의 일치한다.

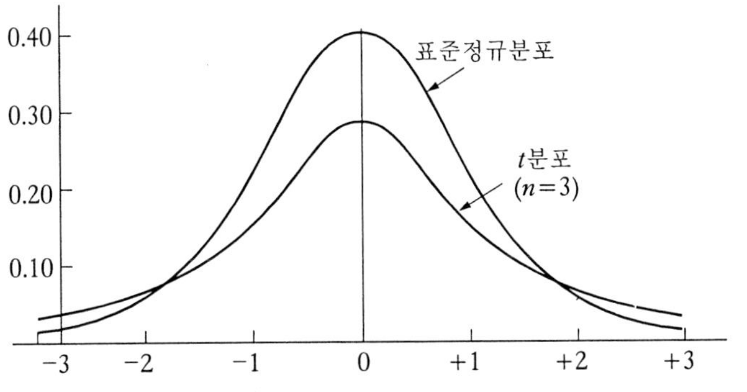

<그림 6.6> t분포와 표준정규분포의 비교

확률변수 T가 자유도 n인 t분포를 따를 때 $P(T>t)=\alpha$를 만족하는 t값을 자유도 n인 t분포의 상위 $100\alpha\%$ 백분위수라고 하며, $t(n, \alpha)$로 표기한다 (<그림 6.7> 참조). <부록표 5>에는 여러 값의 자유도 n에 대한 t분포의 상위 백분위수값이 주어져 있으며, 이를 이용하여 t분포에 관한 확률을 쉽게 계산할 수 있다.

주) R.A. Fisher에 의하여 통계학에 도입된 자유도(degree of freedom)란 모수를 추정하는데 사용되는 관측값의 수에 대하여 특정 체계내에서 임의로 결정될 수 있는 관측값의 수를 의미한다. 예를 들면, 크기 n인 표본 $X_1, \cdots, X_n$으로 표본분산 S^2을 계산하려면 $(X_i-\overline{X})$를 제곱하여 더해야 한다. 이때 $\sum(X_i-\overline{X})=0$이 항상 성립하는 조건에 의하여 임의로 결정될 수 있는 $(X_i-\overline{X})$의 수는 $n-1$개가 된다. 즉, 표본의 크기는 n이지만 $(X_i-\overline{X})$는 $n-1$개만이 임의로 결정될 수 있다.

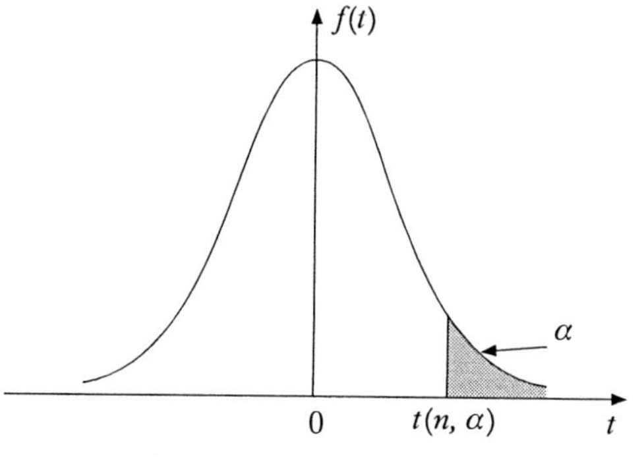

<그림 6.7> t분포의 상위 $100\alpha\%$ 백분위수

예제 4 나주지방에서 생산되는 배의 무게는 평균 $\mu = 144$g인 정규분포를 따른다고 한다. 나주에서 생산된 배 중에서 4개를 랜덤으로 추출하였을 때, 표본분산은 $S^2 = 36$이었다. 이때 표본평균 $\overline{X}$가 150g보다 클 확률을 구하여라.

풀이 모집단의 분포는 σ^2이 알려져 있지 않은 정규분포이므로, $T = \dfrac{\overline{X}-144}{6/\sqrt{4}}$는 자유도 3인 t분포를 따른다. 따라서,

$$
\begin{aligned}
P(\overline{X} > 150) &= P\left(\frac{\overline{X}-144}{6/\sqrt{4}} > \frac{150-144}{6/\sqrt{4}}\right) \\
&= P(T > 2.0) \\
&= 0.069
\end{aligned}
$$

가 된다. ■

t분포는 표본들이 정규분포를 따르는 모집단으로부터 추출되는 것을 가정하고 있다. 그러나 t분포를 포함하는 실제 문제에서 이 가정이 어느 정도 타당한가에 대한 의문이 발생하는 경우가 많다. 다행히도 표본크기 n이 클 때 중심극한정리를 이용하면 t분포에서의 정규성에 대한 가정은 완화될 수가 있다. 즉, 표본평균 $\overline{X}$가 정규분포를 하면 $\dfrac{\overline{X}-\mu}{S/\sqrt{n}}$는 t분포를 따른다. 그러나 n이 클 때 S가 σ의 좋은 근사값이기 때문에 $\dfrac{\overline{X}-\mu}{S/\sqrt{n}}$의 분포와 $\dfrac{\overline{X}-\mu}{\sigma/\sqrt{n}}$의 분포는 근사적으로 같게 된다. 바꾸어 말하면 $\dfrac{\overline{X}-\mu}{S/\sqrt{n}}$는 근사적으로 표준정규분포 $N(0, 1)$을 따르게 된다.

예제 5 어느 고등학교에서 학생의 I.Q.는 평균 $\mu = 120$ 이라고 하자. 이 모집단으로부터 100명의 학생을 랜덤으로 추출하여 표본분산 $S^2 = 25$를 얻었다. 이때 표본평균 $\overline{X}$가 119보다 크지 않을 확률을 구하여라.

풀이 모집단의 분포와 σ^2이 알려져 있지 않으나 표본크기 $n = 100$이 크므로, 구하는 확률은 표준정규분포표를 이용하여 다음과 같이 근사될 수가 있다.

$$
\begin{aligned}
P(\overline{X} \le 119) &= P\left(\frac{\overline{X} - 120}{5/\sqrt{100}} \le \frac{119 - 120}{5/\sqrt{100}}\right) \\
&\simeq P(Z \le -2) = 1 - P(Z \le 2) \\
&= 1 - \Phi(2) = 0.0227
\end{aligned}
$$

이 된다. ■

6.5 표본비율의 분포

성공률이 p인 베르누이분포를 하는 모집단으로부터의 크기 n인 확률표본을 $X_1, \cdots, X_n$이라 할 때 각 확률변수 X_i는 모두 0(실패) 아니면 1(성공)의 값을 가진다. 예를 들면, $n = 30$이고 성공이 20번일 경우 $X_1, \cdots, X_{30}$ 중에 20개가 1이고 10개가 0의 값을 가지므로, $\sum X_i = 20$이 된다.

따라서 크기가 n인 표본에서 $X = \sum X_i$는 성공의 횟수를 나타내며, 이때 성공의 횟수 X가 이항분포 $B(n, p)$를 따른다는 것을 5장에서 배웠다. n개 표본에서의 성공률은

$$\hat{p} = \frac{X}{n} = \frac{1}{n}\sum_{i=1}^{n} X_i$$

로 나타내며, $\hat{p}$를 표본비율이라 부른다. 표본비율 $\hat{p}$은 표본평균 $\overline{X}$와 동일한 형태를 취하고 있기 때문에 $\overline{X}$와 같은 것으로 생각할 수 있다. 즉, 표본비율은 표본평균의 한 특수한 경우에 해당된다고 말할 수 있다. 따라서 표본비율 $\hat{p}$에 대하여 표본평균과 관련된 중심극한정리가 그대로 성립하게 된다.

표본비율 $\hat{p}$의 평균과 분산은 다음과 같다.[주1)]

$$E(\hat{p}) = p, \qquad V(\hat{p}) = \frac{p(1-p)}{n}$$

따라서 표본비율 $\hat{p}$의 분포는 n이 충분히 클 때 중심극한정리에 의하여 평균이 p, 분산이 $p(1-p)/n$인 정규분포로 근사한다.[주2)]

> **표본비율의 분포**
>
> 확률변수 X가 이항분포 $B(n, p)$를 따른다면, 표본비율 $\hat{p}$은 n이 충분히 클 때 근사적으로 정규분포 $N\left(p, \dfrac{p(1-p)}{n}\right)$를 따른다. 즉,
>
> $$Z = \frac{\hat{p} - p}{\sqrt{p(1-p)/n}} \dot{\sim} N(0, 1)$$

표본비율 $\hat{p}$의 분포는 모비율 p와 표본비율 $\hat{p}$ 사이의 관계를 나타내고 있으므로 알려져 있지 않은 모비율 p에 대한 구간추정과 검정에 유용하게 사용된다.

예제 6 어떤 반도체 공장에서 생산되는 반도체 중 3%가 불량품으로 알려져 있다. 이 공장으로부터 반도체 300개를 랜덤으로 추출하여 불량품의 비율을 조사하고자 한다. 표본비율이 2% 보다 클 확률을 구하여라.

주1) 방법 1: $X_i \sim B(1, p)$, $i = 1, \cdots, n$이고 $X_1, \cdots, X_n$이 서로 독립일 때

$$E(\hat{p}) = E\left(\frac{1}{n}\sum X_i\right) = \frac{1}{n}\sum E(X_i) = \frac{1}{n}np = p$$

$$V(\hat{p}) = V\left(\frac{1}{n}\sum X_i\right) = \frac{1}{n^2}\sum V(X_i) = \frac{1}{n^2}np(1-p) = \frac{p(1-p)}{n}$$

방법 2: $X \sim B(n, p)$일 때

$$E(\hat{p}) = E\left(\frac{X}{n}\right) = \frac{1}{n}E(X) = \frac{1}{n}np = p$$

$$V(\hat{p}) = V\left(\frac{X}{n}\right) = \frac{1}{n^2}V(X) = \frac{1}{n^2}np(1-p) = \frac{p(1-p)}{n}$$

주2) $np \geq 5$, $n(1-p) \geq 5$일 때 그 근사 정도는 매우 좋은 것으로 알려져 있다.

풀이 표본비율 $\hat{p}$의 평균과 분산은 다음과 같다.

$$E(\hat{p}) = p = 0.03, \qquad V(\hat{p}) = \frac{p(1-p)}{n} = \frac{0.03 \times (1-0.03)}{300} = 0.00985^2$$

표본의 크기 300이 매우 큰 값이므로, 표본비율 $\hat{p}$은 근사적으로 $N(0.03,\ 0.00985^2)$을 따른다. 따라서

$$\begin{aligned} P(\hat{p} > 0.02) &\simeq P\left(Z > \frac{0.02 - 0.03}{0.00985}\right) \\ &= P(Z > -1.02) = 1 - P(Z \leq -1.02) \\ &= 1 - \Phi(-1.02) \\ &= \Phi(1.02) \\ &= 0.8461 \end{aligned}$$

이 된다. ■

EXCEL 실습

t 분포의 확률 계산

t 분포에서의 확률 계산은 <부록표 5>에 주어진 확률분포표를 이용할 수 있으나, 특정한 값의 경우에만 주어져 있어 제한적이다. 그러나 EXCEL을 이용하면 *t* 분포에 대한 모든 확률은 두 가지 방법 즉, [함수 마법사] 또는 [수식 입력줄]을 사용하여 계산될 수 있다.

[함수 마법사의 사용]

① [삽입] 메뉴에서 [함수]-[함수 마법사]-[통계]를 선택한다.

② [통계] 대화상자에서 *t* 분포 함수를 나타내는 [TDIST]를 선택하여 X(값), Deg_freedom(자유도), Tails(우측 꼬리확률을 계산할 경우 1, 양측 꼬리확률을 계산할 경우에는 2)를 입력한 후 "확인"을 누르면 된다.

[실습-예제 4] [TDIST] 대화상자에서 X=2.0, Deg_freedom=3, Tails=1을 입력하고 "확인"을 누르면, <그림 6.8>에서와 같이 구하고자 하는 확률 0.06966을 얻게 된다.

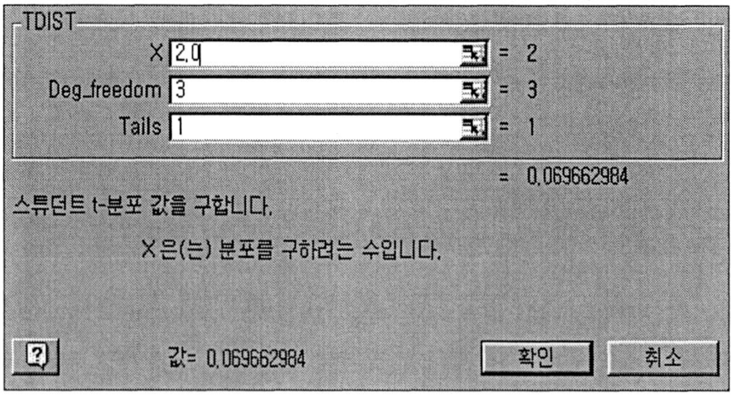

<그림 6.8> [함수 마법사]를 사용한 *t* 분포의 확률 계산

[수식 입력줄의 사용]

· t의 우측 꼬리확률: $P(T > t)$

=TDIST(t, 자유도, 1)

· t의 양측 꼬리확률: $P(|T| > t)$

=TDIST(t, 자유도, 2)

※ t분포는 0을 중심으로 좌우대칭 분포이므로, 양측 꼬리확률은 우측 꼬리확률의 2배가 된다. 즉,

$$P(|T| > t) = P(T < -t) + P(T > t)$$

카이제곱분포의 확률 계산

카이제곱분포에서의 확률 계산은 <부록표 6>에 주어진 확률분포표를 이용할 수 있으나, t분포와 마찬가지로 EXCEL의 [함수마법사] 또는 [수식 입력줄]을 사용하여 카이제곱분포에 대한 모든 확률을 계산할 수 있다. 단지 차이점은 카이제곱분포가 비대칭 분포이기 때문에 우측 꼬리확률만을 계산할 수 있다는 것이다.

[함수 마법사의 사용]

① [삽입] 메뉴에서 [함수]-[함수 마법사]-[통계]를 선택한다.

② [통계] 대화상자에서 카이제곱분포 함수를 나타내는 [CHIDIST]를 선택하여 X(값), Deg_freedom(자유도)을 입력한 후 "확인"을 누르면 된다.

[실습-예제 3] [CHIDIST] 대화상자에서 X=19.00, Deg_freedom=24 그리고 X=25.15, Deg_freedom=24를 입력하여 각 확률을 계산한 후(<그림 6.9>), 그 차이가 구하고자 하는 확률 0.35434이 된다.

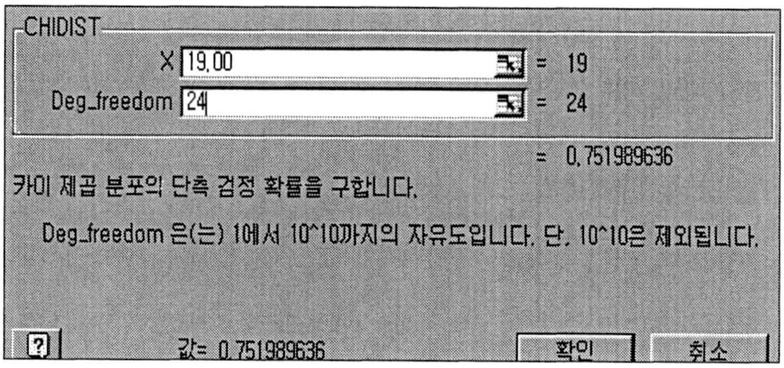

<그림 6.9> [함수 마법사]를 사용한 카이제곱분포의 확률 계산

[수식 입력줄의 사용]

· 카이제곱분포의 우측 꼬리확률 : $P(V > v)$

=CHIDIST(v, 자유도)

상위 백분위수의 계산

[t 분포의 상위 100α% 백분위수]

확률변수 T가 자유도 n인 t분포를 할 때 $P(T > t(n, \alpha)) = \alpha$를 만족하는 백분위수 $t(n, \alpha)$는 통계 함수 [TINV]를 이용하여 구해질 수 있다. 그러나 주의할 점은 EXCEL에서 통계 함수 [TINV]는 양측 꼬리확률에 대한 값을 계산해 준다는 것이다. 예를 들어, [TINV] 대화상자에 <그림 6.10>과 같이 입력하여 계산된 값 2.2281은

$$P(T > 2.2281) + P(T < -2.2281) = 0.05$$

를 나타낸다. 즉, 이것은 $t(10, 0.025) = 2.2281$이 된다는 것을 의미한다.

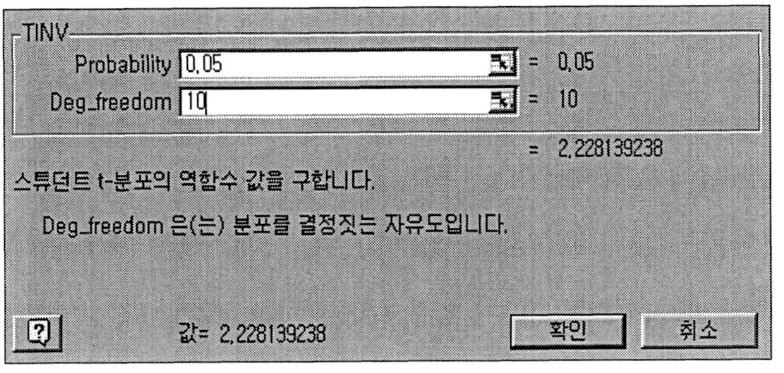

<그림 6.10> t분포의 상위 백분위수 $t(10, 0.025)$의 계산

[수식 입력줄]을 이용할 경우, 상위 $100\alpha\%$ 백분위수 $t(n, \alpha)$는 다음과 같이 입력하여 계산될 수 있다.

=TINV(2 α, 자유도)

[카이제곱분포의 상위 $100\alpha\%$ 백분위수]

자유도 n인 카이제곱분포에서 $P(V > \chi^2(n, \alpha)) = \alpha$를 만족하는 백분위수 $\chi^2(n, \alpha)$은 통계 함수 [CHIINV]를 이용하여 구해질 수 있다. <그림 6.11>에는 [함수 마법사]를 사용하여 자유도 6인 카이제곱분포에서, 우측 꼬리확률이 0.05가 되는 값 $\chi^2(6, 0.05) = 12.5915$을 구한 결과가 주어져 있다.

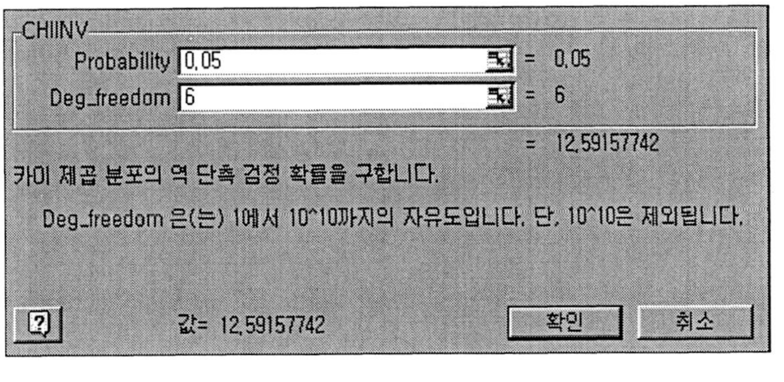

<그림 6.11> 카이제곱분포의 상위 백분위수 $\chi^2(6, 0.05)$의 계산

[수식 입력줄]을 이용할 경우, 상위 $100\alpha\%$ 백분위수 $\chi^2(n, \alpha)$는 다음과 같이 입력하여 계산될 수 있다.

=CHIINV(α, 자유도)

EXCELL을 이용한 중심극한정리의 실험

모집단의 분포가 이산형이든 연속형이든 또는 좌우대칭이든 비대칭이든 관계없이 표본의 크기 n이 크면(30이상), 표본평균 $\overline{X}$의 분포는 거의 정규분포로 근사해 간다는 중심극한정리에 대하여 이미 배웠다. 이제 EXCEL을 이용하여 이러한 사실을 확인하여 보도록 하겠다.

EXCEL에서는 메뉴 표시줄의 [테이터 분석]-[난수 생성]을 사용하여 일양(균등)분포, 정규분포, 베르누이분포, 이항분포, 푸아송분포, 감마분포, 베타분포 등 여러 형태의 분포를 따르는 난수를 생성할 수 있다. 여기서는 균등분포를 하는 모집단으로부터 30개의 표본을 뽑아 표본평균을 구하는 작업을 200번 반복 시행한 후, 이들의 히스토그램을 그려 표본평균의 분포가 정규분포로 근사해 간다는 사실을 확인해 보도록 하겠다. 난수 생성을 이용한 이러한 모의실험(simulation)은 다음과 같은 절차를 통하여 이루어진다.

[절차]

① [도구]-[데이터 분석]-[난수 생성]을 선택한 후 "확인"을 누른다.

② [난수 생성] 대화상자에서

- 변수의 개수(필요한 수를 입력. 여기서는 200),
- 난수의 개수(필요한 수를 입력. 여기서는 30),
- 분포의 종류(원하는 분포를 지정. 여기서는 일양분포),
- 난수 시드(임의의 숫자를 입력. 여기서는 12345를 입력),
- 출력 옵션(여기서는 "새로운 워크시트(P)"를 지정)

를 각각 입력한 후 "확인"을 누른다 (<그림 6.12>). 이때 <그림 6.13>과 같은 난수들이 워크시트 [A1]부터 [GR30]까지 각 열에 30개씩 200개가 생성된다.

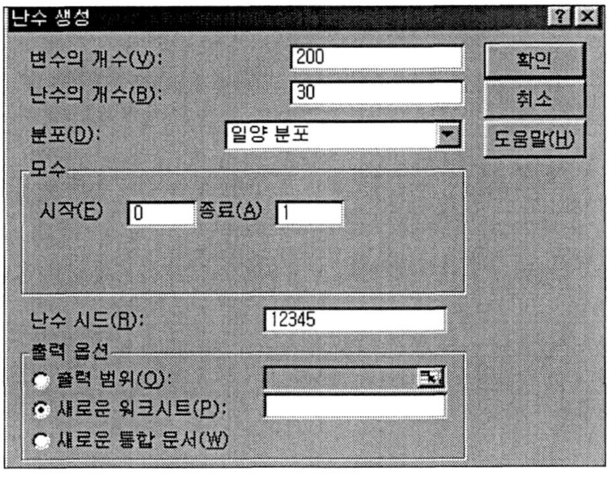

<그림 6.12> [함수 마법사]를 사용한 균등분포에서의 난수 생성

③ 각 열에 생성된 30개의 표본에 대한 평균을 다음과 같은 요령으로 계산한다.

계산된 표본평균이 출력될 셀(여기서는 A32)을 지정한 후 [수식 입력줄]에서 [=AVERAGE(A1:A30))]을 입력 또는 [함수 마법사]의 [AVERAGE] 함수를 이용하여 A열의 표본 30개에 대한 표본평균을 계산한다. 그런 후에 셀 A32에 블록을 설정하여 오른쪽 하단에 + 표시가 나타나면 마우스로 셀 GR까지 끌어 블록을 설정하면 200개의 표본평균이 자동적으로 계산된다.

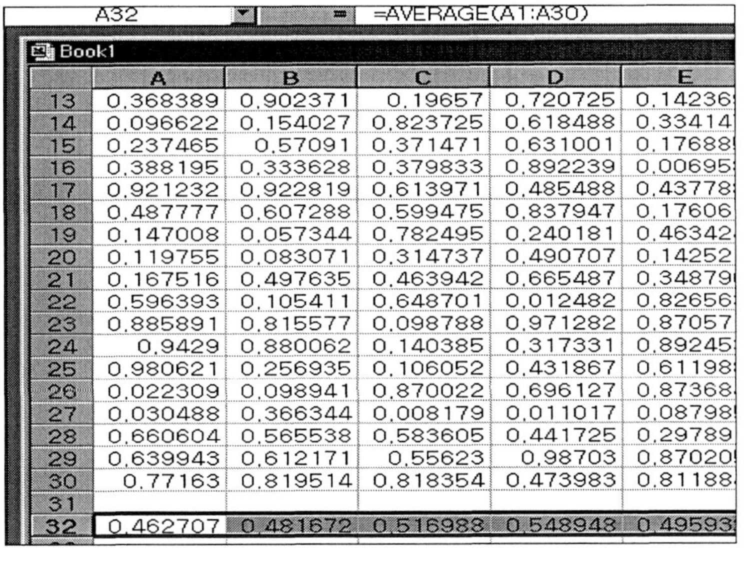
A32 = =AVERAGE(A1:A30)

Book1

	A	B	C	D	E
13	0.368389	0.902371	0.19657	0.720725	0.14236
14	0.096622	0.154027	0.823725	0.618488	0.33414
15	0.237465	0.57091	0.371471	0.631001	0.17688
16	0.388195	0.333628	0.379833	0.892239	0.00695
17	0.921232	0.922819	0.613971	0.485488	0.43778
18	0.487777	0.607288	0.599475	0.837947	0.17606
19	0.147008	0.057344	0.782495	0.240181	0.46342
20	0.119755	0.083071	0.314737	0.490707	0.14252
21	0.167516	0.497635	0.463942	0.665487	0.34879
22	0.596393	0.105411	0.648701	0.012482	0.82656
23	0.885891	0.815577	0.098788	0.971282	0.87057
24	0.9429	0.880062	0.140385	0.317331	0.89245
25	0.980621	0.256935	0.106052	0.431867	0.61198
26	0.022309	0.098941	0.870022	0.696127	0.87368
27	0.030488	0.366344	0.008179	0.011017	0.08798
28	0.660604	0.565538	0.583605	0.441725	0.29789
29	0.639943	0.612171	0.55623	0.98703	0.87020
30	0.77163	0.819514	0.818354	0.473983	0.81188
31					
32	0.462707	0.481672	0.516988	0.548948	0.49593

<그림 6.13> 생성된 난수 및 표본평균의 계산 결과

④ 히스토그램을 그리기 위해서는 먼저 도수분포표를 만들어야 하므로, <그림 6.14>와 같이 계급구간을 설정하여 입력한다(여기서는 0.36에서 0.03씩 증가시키면서 0.66까지를 B35부터 B46까지 입력).

31				
32	0.462707	0.481672	0.516988	0
33				
34				
35		계급구간		
36		0.36		
37		0.39		
38		0.42		
39		0.45		
40		0.48		
41		0.51		
42		0.54		
43		0.57		
44		0.6		
45		0.63		
46		0.66		
47				

<그림 6.14> 도수분포표 작성을 위한 계급구간의 입력

⑤ [도구]-[데이터 분석]-[히스토그램]을 선택한 후 [히스토그램] 대화상자에서 "입력 범위"란에 표본평균들이 계산된 행(여기서는 $A$32:$GR$32)을 지정하고, "계급 구간"(여기서는 $B$35:$B$46), "이름표", "출력 옵션"에서 필요한 사항(여기서는 출력 범위에 $A$1, 새로운 워크시트와 차트 출력을 지정)을 표시한 후에 "확인"을 누르면 200개의 표본평균에 대한 히스토그램이 나타나며, 여기에서 아래와 같이 수정을 하면 <그림 6.15>와 같은 히스토그램을 얻을 수 있다.

수정 요령

- 범례 삭제 ⇨ "범례"를 클릭하여 Delete 키를 누름.
- 막대와 막대 사이 간격을 없앰 ⇨ 히스토그램의 막대 부분을 더블 클릭하여 [데이터 계열서식]-[옵션]에서 간격 너비를 0으로 지정.

Book1

	계급구간	빈도수
2	0.36	0
3	0.39	1
4	0.42	9
5	0.45	25
6	0.48	32
7	0.51	49
8	0.54	34
9	0.57	27
10	0.6	19
11	0.63	3
12	0.66	0
13	기타	0

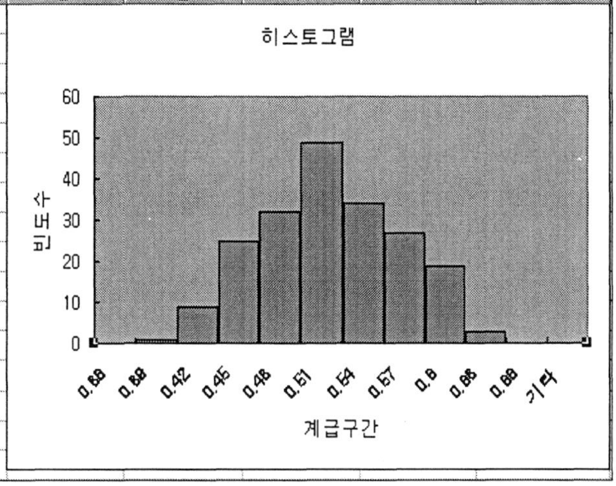

<그림 6.15> 표본평균들에 대한 히스토그램

<그림 6.15>에서 보는 바와 같이 모의실험 결과, 균등분포 $U(0, 1)$ 를 따르는 모집단으로부터의 표본평균의 분포는 0.5(균등분포의 평균)를 중심으로 정규분포로 근사해 간다는 사실을 확인할 수 있다.

연습문제

1. 5개의 숫자 1, 2, 3, 4, 5로 구성된 모집단의 분포를 균등분포라고 가정하자.

   1) 모평균 μ와 모분산 σ^2을 구하여라.

   2) 이 모집단으로부터 크기 $n=2$인 확률표본 (X_1, X_2)를 추출할 때, 가능한 표본을 모두 열거하여라.

   3) 표본평균 $\overline{X}$의 분포를 구하여라.

   4) 표본평균 $\overline{X}$의 평균과 분산을 각각 계산하여라.

2. 어느 회사에서 생산되는 전구의 수명은 평균 2,000시간, 표준편차 50시간이라 한다. 그 회사에서 생산되는 전구 중 100개를 랜덤으로 추출할 때, 표본평균이 1,990시간보다 크지 않을 확률을 계산하여라.

3. $\overline{X}$를 정규분포 $N(\mu, 4)$를 따르는 모집단으로부터의 크기 n인 한 확률표본의 표본평균이라 하자. 이때

$$P(|\overline{X}-\mu| \le 0.1) \ge 0.95$$

   를 만족하는 n값을 구하여라.

4. 서울의 어느 대학 학생들의 체중은 정규분포 $N(66, 16)$을 따른다고 한다(단위 : kg). 이 학생들 중에서 25명을 랜덤으로 추출할 때, 그 학생들의 평균 체중이 66kg이상 67kg이하일 확률을 구하여라.

5. 어떤 공장에서 생산되는 강철빔의 장력은 분산 $\sigma^2=100$인 정규분포를 따른다고 하자. 이 모집단으로부터 11개의 강철빔들을 랜덤으로 추출할 때, 그 장력의 표본분산 S^2이 205보다 클 확률을 구하여라.

6. 어떤 도시에서 가구의 60%가 저녁 뉴스시간에 M방송을 시청한다고 하자. 만약 그

도시에서 150가구를 랜덤으로 추출한다면, 그때 그 시간에 M방송을 시청하는 표본비율이 0.52보다 클 확률은 얼마인가?

7. 5개 중 하나의 정답을 가진 객관식 문제가 64문항인 어떤 시험이 있다. 각 문항에 대해 정답을 랜덤으로 택한다고 할 때, 정답의 수가 16개보다 많을 확률을 구하여라.

8. EXCEL을 이용하여 자유도 5와 15인 카이제곱분포로부터 표본 200개씩을 생성한 후 히스토그램을 각각 그리고, 두 그림을 비교하여 보아라.

제 4 부 추정과 가설검정

제 7 장

추 정

7.1 서 론

일상생활에서 주어지는 정보를 토대로 미지의 현상에 대한 추측을 하거나 어떤 현상에 대한 기존의 주장이 옳은가를 결정해야 하는 경우가 있다. 이를 위해 관심의 대상인 모집단으로부터 표본을 추출하고, 추출된 표본으로부터 주어지는 정보를 분석하여 모집단의 분포 형태, 모수에 대한 추측 또는 결정을 하게 되는데 이러한 일련의 과정을 통계적 추론(statistical inference)이라 한다.

관심의 대상인 모집단의 분포가 정확히 어떤 분포인지를 추측하고자 할 경우 분포의 형태가 이미 알려져 있다면 그 모집단의 정확한 분포는 모수에 의하여 결정되므로, 이러한 경우에는 모수에 대한 추론이 주요 관심사가 된다.[주)] 따라서 통계적 추론은 그 목적에 따라 여러 형태로 분류될 수 있지만 이들 중 가장 기본적이며 중요한 것으로서, 알려져 있지 않은 모수의 참값으로 추측되는 값 또는 속할 것으로 기대되는 범위를 구하는 추정(estimation)과 모수에 대한 예상, 주장 또는 추측 등의 옳고 그름을 판단하는 가설검정(hypothesis testing)이 있다.

이 장에서는 모집단의 모수에 관한 추정에 대해서 알아보기로 하고, 가설검정에 대해서는 8장에서 공부하기로 한다. 모수에 관한 추정은 크게 점추정(point estimation)과 구간추정(interval estimation)으로 나눌 수 있다. 점추정이란 모수의 참값이라고 추측되는 하나의 값을 구하는 것을 말하며, 이에 비하여 모수의 참값이 속할 것으로 기대되는 범위를 구하는 것을 구간추정이라 한다. 예를 들어, A회사에서 생산되는 전구의 평균수명을 조사하기 위하여 그 회사에서 생산되는 제품 중 일부를 추출하여 계산된 평균이 2,500시간이라 할 때 이 2,500시간은 하나의 점추정값이 되며, 추출한 표본으로부터 전구의 평균수명이 범위 2,450시간과 2,650시간 사이에 있는 것으로 계산된다면, 이것은 하나의 구간추정값이 된다.

7.2 점추정

점추정이란 표본에서 얻어지는 정보를 이용하여 알려져 있지 않은 모수의 참값으로 생각되는 하나의 값을 일정한 방법에 따라 구하는 과정을 말한다. 이때 표본평균, 표본분산, 표본비율 등과 같이 모수를 추정하기 위해 사용되는 통계량을 점추정량(point

---

주) 예를 들어, 확률변수 $X \sim B(n, p)$ 일 때 모수는 n과 p이고, $X \sim N(\mu, \sigma^2)$ 일 때 μ와 σ^2이 모수가 된다. 이러한 경우 모수만 알게 되면 모집단의 분포는 정확하게 표현될 수 있다.

estimator) 또는 추정량(estimator)이라 하고, 점추정량에 실제 관측된 값을 대입하여 계산된 추정량의 값을 추정값(estimate)이라 한다.[주)] 전구의 평균수명 조사에서, 관측값들의 평균을 통계량 $\overline{X}$를 사용하여 계산한다고 할 때 $\overline{X}$가 바로 모수인 모평균 μ의 점추정량이 되며, 관측값으로부터 계산된 전구의 평균수명값 2,500시간은 모평균 μ에 대한 하나의 점추정값이 된다.

7.2.1 추정량의 성질

점추정을 할 경우에는 관측된 표본으로부터 하나의 추정값을 계산하게 되지만, 그 추정값은 추정하고자 하는 모수의 값에 가능한 가까이 있을수록 바람직하다. 예를 들어, 모평균 μ에 대한 점추정량으로 표본평균, 중앙값, 최빈값 등 여러 가지를 고려할 수 있다. 이때 이러한 점추정량들 중에서 어떠한 추정량이 좋은 것인가를 판단하여야 한다. 좋은 추정량이 되기 위하여 추정량이 가져야 할 몇 가지 주요한 성질이 있다.

[불편성]

평균 μ, 분산 σ^2인 임의의 모집단으로부터 크기 n인 확률표본 $X_1, \cdots, X_n$을 랜덤으로 추출할 때, 모평균 μ의 점추정량으로서 표본평균

$$\overline{X} = \frac{1}{n}(X_1 + \cdots + X_n) = \frac{1}{n}\sum_{i=1}^{n} X_i$$

를 사용하는 것이 보통이다. 이때 크기가 n인 표본을 반복하여 추출할 경우 표본평균 $\overline{X}$의 분포는 중심극한정리에 의하여 n이 클 때 정규분포 $N(\mu, \sigma^2/n)$으로 근사해 간다는 것을 배웠다. 여기서 $\overline{X}$의 평균은 μ이고, 그 분산 σ^2/n은 분산 σ^2보다 작다. 다시 말하면, 표본평균 $\overline{X}$의 분포는 평균 μ를 중심으로 하여 그 주위에 모집단 보다 한층 더 밀집한 형태로 되어 있다는 것이다. 이것이 모평균 μ의 추정량으로 표본평균 $\overline{X}$를 사용하는 이유이다. 따라서 $E(\overline{X}) = \mu$라는 것은 $\overline{X}$와 μ가 서로 일치한다는 것이 아니라, 표본을 수없이 반복하여 추출할 때 $\overline{X}$의 평균과 μ가 서로 일치한다는 것이다. 이

주) 표본평균 $\overline{X} = \sum X_i/n$, 표본분산 $S^2 = \sum(X_i - \overline{X})^2/n-1$, 표본비율 $\hat{p} = X/n$는 각각 모수 μ, σ^2, p의 추정량이다. 이러한 추정량들은 모수를 추정하기 위해 사용되는 통계량들로서 확률변수들이다. 그러나 추정값은 그 통계량에 관측값을 대입하여 숫자로 얻은 하나의 결과를 의미한다. 일반적으로 추정량은 영문 대문자로, 추정값은 영문 소문자로 표시한다.

와 같이 추정량의 평균과 모수가 서로 일치하는 성질을 불편성(unbiasedness)이라 하며, 이러한 불편성은 좋은 추정량이 되기 위한 하나의 조건이 된다.

> **불편추정량**
>
> 미지모수 θ의 추정량 $\hat{\theta}$이
>
> $$E(\hat{\theta}) = \theta$$
>
> 를 만족할 때, $\hat{\theta}$을 θ의 불편추정량(unbiased estimator)이라 한다.

불편추정량이란 통계량의 관측된 값들이 추정하려는 모수의 어느 한쪽에 편중되지 않는다는 뜻으로서, 같은 모집단으로부터 반복하여 추출한 표본에서 추정량 $\hat{\theta}$을 사용하여 계산된 모든 추정값들의 평균은 모수 θ와 같다는 것을 의미한다. 그러나 추정량 $\hat{\theta}$의 평균이 모수 θ와 같지 않을 때 즉, $E(\hat{\theta}) \neq \theta$일 때 추정량 $\hat{\theta}$을 모수 θ의 편의추정량(biased estimator)이라 한다.

[유효성]

일반적으로 추정량이 불편성을 만족한다고 해서 가장 바람직한 추정량이라 할 수 없다. 왜냐하면, 추정량이 불편성을 가지고 있다하더라도 그것이 갖는 오차 즉, 분산(또는 표준편차)이 매우 크다면 큰 표본오차를 수반할 위험이 있으므로 좋은 추정량이라 보기는 어렵기 때문이다. 따라서 불편성 뿐만 아니라 추정량의 분산까지 고려하여야 한다. 이때 불편추정량들 중에서 분산이 작은 추정량을 유효성(efficiency)이 있다고 한다.[주)]

알려져 있지 않은 모수 θ의 불편추정량이 2개 이상 존재할 때에는 그 추정량들의 표본분포를 비교하여 모수 θ에 더 밀집되어 있는 추정량을 선택하면 된다. 즉, 추정량의 분산이 더 작은 것이 상대적으로 모수에 가까울 가능성이 높기 때문에 이러한 추정량을 택하는 것이 바람직하다. 즉, 두 불편추정량 $\hat{\theta}_1$과 $\hat{\theta}_2$에 대하여

$$V(\hat{\theta}_1) < V(\hat{\theta}_2)$$

이면, $\hat{\theta}_1$이 $\hat{\theta}_2$보다 더 유효하다고 한다.

주) 불편성은 추정량의 분포에서 중심 위치에 대한 성질을 나타내고 있지만 흩어짐에 대한 어떠한 정보를 제공하지는 못한다. 추정량의 분포에서 흩어짐의 정도를 나타내는 측도로서 추정량의 표준편차를 사용하며, 이를 추정량의 표준오차(standard error)라고 한다. 불편추정량들 중에서 표준오차가 작은 추정량은 유효성의 성질을 만족한다.

> **유효성**
>
> 두 추정량 $\widehat{\theta}_1$과 $\widehat{\theta}_2$이 모수 θ의 불편추정량일 때
>
> $$V(\widehat{\theta}_1) < V(\widehat{\theta}_2)$$
>
> 이면, $\widehat{\theta}_1$이 $\widehat{\theta}_2$보다 더 유효하다고 한다.

예를 들어, 정규모집단에서 모평균 μ의 불편추정량으로 중앙값 M_0가 있다. 그러나 표본의 크기 n이 같을 경우, 중앙값 M_0의 분산은 표본평균 $\overline{X}$의 분산의 약 1.6배가 된다. 즉, 중앙값 M_0는 표본평균 $\overline{X}$에 비하여 변동이 크기 때문에 추정량으로서 신뢰성이 떨어진다. 모평균 μ의 모든 불편추정량들 중에서 $\overline{X}$의 분산이 가장 작은 것으로 알려져 있으므로, 표본평균 $\overline{X}$는 모평균 μ의 가장 유효한 추정량이 되는 것이다.

<그림 7.1>에는 두 추정량 $\widehat{\theta}_1$과 $\widehat{\theta}_2$의 분포가 그려져 있다. 그림에서 보는 바와 같이, 두 추정량 $\widehat{\theta}_1$과 $\widehat{\theta}_2$은 둘 다 모수 θ의 불편추정량이지만, 추정량 $\widehat{\theta}_1$이 추정량 $\widehat{\theta}_2$보다 작은 분산을 가지고 있기 때문에 추정량 $\widehat{\theta}_1$은 추정량 $\widehat{\theta}_2$보다 더 유효한 추정량이 된다.

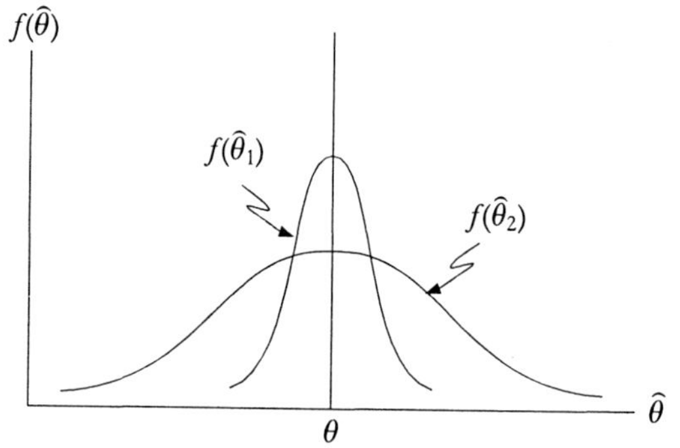

<그림 7.1> θ에 대한 두 추정량의 분포의 비교

[일치성]

표본의 크기가 커질수록 표본은 모집단에 점점 가까워지기 때문에 추정값이 모수와 거의 일치해야 하는 것은 너무나 당연하다. 이와 같이 추정량 $\widehat{\theta}$이 표본의 크기가 커짐에 따라 모수 θ에 근사해 가는 성질을 일치성(consistency)이라 한다.

> **일치추정량**
>
> 표본의 크기 n이 증가할수록 모수 θ에 거의 일치해 가는 추정량 $\hat{\theta}$를 일치추정량(consistent estimator)이라 한다. 즉, 성질
>
> $$① \lim_{n\to\infty} E(\hat{\theta}) = \theta, \qquad ② \lim_{n\to\infty} V(\hat{\theta}) = 0$$
>
> 을 만족하는 $\hat{\theta}$을 θ의 일치추정량이라 한다.

7.2.2 모수의 점추정량

모수의 점추정량을 구하는 방법으로는 여러 가지가 있으며, 그 중 일반적으로 많이 사용되는 방법으로 최우추정법(method of maximum likelihood), 최소제곱법(method of least squares), 적률법(method of moments) 등이 있다. 이러한 추정방법에 대한 설명은 기초통계학의 수준을 벗어 나므로 생략을 하고, 대신에 여기서는 위에 열거한 방법들에 의하여 계산된 추정량들 중에서 각 모수에 대한 좋은 점추정량이 어떤 것인지를 간단히 알아 보기로 하자.

[모평균의 점추정량]

모평균 μ의 점추정량으로는 표본평균, 표본의 중앙값, 그리고 표본의 최대값과 최소값의 평균 등 여러 가지를 생각할 수 있다. 이들 중에 표본평균 $\overline{X}$가 불편성, 일치성을 갖는 μ의 가장 좋은 점추정량이 된다.

> **모평균 μ의 점추정량**
>
> 표본평균 $\overline{X} = \frac{1}{n}\sum_{i=1}^{n} X_i$는 불편성과 일치성을 가진 추정량이다.

예제 1 $X_1, \cdots, X_n$을 평균 μ, 분산 σ^2인 모집단으로부터의 확률표본이라 할 때 표본평균 $\overline{X}$가 모평균 μ의 불편 및 일치추정량이 됨을 보여라.

풀이 $$E(\overline{X}) = E\left(\frac{1}{n}\sum X_i\right) = \frac{1}{n}\sum E(X_i) = \frac{1}{n}n\mu = \mu$$

이므로 $\overline{X}$는 μ의 불편추정량이다.

또한

$$① \lim_{n\to\infty} E(\overline{X}) = \lim_{n\to\infty}\mu = \mu, \quad ② \lim_{n\to\infty} V(\overline{X}) = \lim_{n\to\infty}\frac{\sigma^2}{n} = 0$$

이므로 $\overline{X}$는 μ의 일치추정량이 된다. ■

예제 2 X_1, X_2, X_3를 평균 μ, 분산 σ^2인 모집단으로부터의 크기 $n=3$인 확률표본이라 하자. 이때 μ의 두 추정량

$$T_1 = \frac{X_1 + 2X_2 + X_3}{4}, \quad T_2 = \frac{X_1 + X_2 + X_3}{3}$$

중에서 어느 추정량이 더 유효한지를 보여라.

풀이
$$\begin{aligned} E(T_1) &= \frac{1}{4}E(X_1 + 2X_2 + X_3) \\ &= \frac{1}{4}[E(X_1) + 2E(X_2) + E(X_3)] = \frac{1}{4}4\mu = \mu, \\ E(T_2) &= \frac{1}{3}E(X_1 + X_2 + X_3) \\ &= \frac{1}{3}[E(X_1) + E(X_2) + E(X_3)] = \frac{1}{3}3\mu = \mu \end{aligned}$$

이므로 두 추정량 T_1, T_2는 μ의 불편추정량이다.

$$\begin{aligned} V(T_1) &= \frac{1}{4^2}V(X_1 + 2X_2 + X_3) \\ &= \frac{1}{16}[V(X_1) + 4V(X_2) + V(X_3)] = \frac{1}{16}6\sigma^2 = \frac{3}{8}\sigma^2, \\ V(T_2) &= \frac{1}{3^2}V(X_1 + X_2 + X_3) \\ &= \frac{1}{9}[V(X_1) + V(X_2) + V(X_3)] = \frac{1}{9}3\sigma^2 = \frac{1}{3}\sigma^2 \end{aligned}$$

따라서 $V(T_1) > V(T_2)$ 이므로 추정량 T_2가 추정량 T_1보다 더 유효하다. ■

[모분산의 점추정량]

모분산 σ^2의 점추정량으로 다음과 같은 추정량을 생각할 수 있다.

$$S^2 = \frac{1}{n-1}\sum_{i=1}^{n}(X_i - \overline{X})^2$$

$$S_0^2 = \frac{1}{n}\sum_{i=1}^{n}(X_i - \overline{X})^2$$

이러한 두 추정량 중에서 S^2이 좋은 추정량으로 알려져 있다. 추정량 S^2은 모수 σ^2의 불편추정량이지만 S_0^2은 불편추정량이 아니다. 즉,

$$E(S^2) = \sigma^2, \qquad E(S_0^2) = \frac{n-1}{n}\sigma^2$$ [주1)]

따라서 추정량 S^2이 추정량 S_0^2 보다 바람직한 추정량이라 할 수 있다. 그러나 표본의 크기 n이 클 경우에는 두 추정량 S^2과 S_0^2은 차이가 없게 된다.

> **모분산 σ^2의 점추정량**
>
> 표본분산 $S^2 = \frac{1}{n-1}\sum_{i=1}^{n}(X_i - \overline{X})^2$ 은 불편성을 가진 추정량이다.

[모비율의 점추정량]

확률변수 X가 이항분포 $B(n, p)$를 할 때, 모비율 p의 점추정량으로는 표본비율 $\hat{p} = X/n$가 사용되고 있다. 표본비율 $\hat{p}$은 불편성, 일치성을 가지고 있기 때문에 매우 바람직한 추정량이라 할 수 있다.[주2)]

주1) $E(S^2) = \frac{1}{n-1}E[\sum(X_i - \overline{X})^2] = \frac{1}{n-1}E[\sum(X_i - \mu)^2 - n(\overline{X} - \mu)^2]$

$= \frac{1}{n-1}\left(n\sigma^2 - n\frac{\sigma^2}{n}\right) = \sigma^2$

$E(S_0^2) = E\left(\frac{n-1}{n}S^2\right) = \frac{n-1}{n}E(S^2) = \frac{n-1}{n}\sigma^2$

주2) $X \sim B(n, p)$일 때 $E(X) = np$, $V(X) = np(1-p)$이다. 따라서

$$E(\hat{p}) = E\left(\frac{X}{n}\right) = \frac{1}{n}E(X) = \frac{1}{n}np = p$$

이고,

① $\lim_{n\to\infty} E(\hat{p}) = \lim_{n\to\infty} p = p$

② $\lim_{n\to\infty} V(\hat{p}) = \lim_{n\to\infty} V\left(\frac{X}{n}\right) = \lim_{n\to\infty}\frac{1}{n^2}np(1-p) = \lim_{n\to\infty}\frac{p(1-p)}{n} = 0$

이므로, $\hat{p}$은 모비율 p의 불편 및 일치추정량이다.

모비율 p의 점추정량

표본비율 $\hat{p}=\dfrac{X}{n}$는 불편성과 일치성을 가진 추정량이다.

7.3 구간추정

일반적으로 점추정값과 모집단의 모수는 정확하게 일치하지 않으며, 크고 작은 오차를 수반한다. 그러므로 추정값이 갖는 이러한 오차의 범위에 대한 어떤 정보없이 하나의 값으로만 모수를 추정하는 것은 커다란 의미가 없을 경우가 많다. 즉, 추정값과 모수가 일치하지 않으면 그 추정값이 모수로부터 얼마나 차이가 나는지를 알 수 없다. 따라서 이러한 경우에는 모수에 대한 하나의 점추정값을 구하기 보다는 모수가 포함되어 있을 것으로 생각되는 구간을 추정하는 것이 바람직하다.

구간추정을 하는 방법은 어떤 특정한 관측값에 의하여 계산된 하나의 구간을 기준으로 하는 것이 아니라 동일한 방법에 의해 반복적으로 구간들을 구할 때 그 구간들이 모수 θ를 포함하는 횟수가 미리 정해진 한계 이상이 되도록 하는 것을 말한다.

모수 θ에 대한 $100(1-\alpha)\%$ 신뢰구간

주어진 확률 $1-\alpha$에 대하여 $\min P(L \le \theta \le U) \ge 1-\alpha$가 성립하도록 하는 구간 $(L,\ U)$를 모수 θ에 대한 $100(1-\alpha)\%$ 신뢰구간이라 한다. 이때 L과 U를 신뢰한계, $1-\alpha$를 신뢰수준이라 한다.

여기서 신뢰수준 $1-\alpha$는 모집단으로부터 같은 크기의 표본을 여러 번 추출하여 반복적으로 신뢰구간들을 구할 때 $100(1-\alpha)\%$에 해당하는 신뢰구간들이 모수 θ를 포함한다는 것을 의미한다.

일반적으로 우리는 신뢰구간이 정확한 것 즉, 신뢰구간의 폭이 좁은 것을 원하며, 또한 그 구간이 모수를 포함할 것이라는 신뢰수준이 높은 것을 원한다. 예를 들어, 우리나라 대학생들의 키의 평균에 대한 신뢰구간을 50㎝에서 300㎝라고 할 경우 이 구간 내에 전체 대학생들의 평균키가 포함될 것이라는 것은 100% 확실하며, 이때의 신뢰수준을

100%라고 할 수 있다. 그러나 신뢰수준을 이처럼 높게 정하면, 구간이 넓어져서 추정의 의미는 사실상 없어지게 된다.

신뢰구간의 길이는 표본의 크기와 신뢰수준에 의하여 결정된다. 즉, 표본의 크기가 일정할 경우에는 신뢰수준을 높이면 신뢰구간의 폭은 넓어지고, 신뢰수준을 낮추면 반대로 신뢰구간의 폭은 좁아진다. 동일한 신뢰수준 아래에서는 표본의 크기가 작을 경우 신뢰구간의 폭은 넓어지고, 표본의 크기가 클 경우 신뢰구간의 폭은 좁아진다. 신뢰수준으로는 일반적으로 0.90, 0.95, 0.99 등을 많이 사용한다.

7.3.1 모평균의 구간추정

[σ^2 이 알려져 있는 정규모집단의 경우]

정규분포 $N(\mu,\ \sigma^2)$을 하는 모집단으로부터 크기 n인 확률표본을 추출할 때, 표본평균 $\overline{X}$는 정규분포 $N(\mu,\ \sigma^2/n)$를 따르며, 표준화된 확률변수 $Z=\dfrac{\overline{X}-\mu}{\sigma/\sqrt{n}}$는 표준정규분포 $N(0,\ 1)$을 따른다는 사실을 이미 배웠다. 따라서, 확률변수 Z가 $-z_{\alpha/2}$와 $z_{\alpha/2}$ 사이에 포함될 확률은

$$P\left(-z_{\alpha/2} \le \frac{\overline{X}-\mu}{\sigma/\sqrt{n}} \le z_{\alpha/2}\right)=1-\alpha$$

즉,

$$P\left(\overline{X}-z_{\alpha/2}\frac{\sigma}{\sqrt{n}} \le \mu \le \overline{X}+z_{\alpha/2}\frac{\sigma}{\sqrt{n}}\right)=1-\alpha$$

이므로, 모평균 μ에 대한 $100(1-\alpha)\%$ 신뢰구간은 다음과 같이 주어진다.

> 모평균 μ에 대한 $100(1-\alpha)\%$ 신뢰구간
>
> $$\left(\overline{X}-z_{\alpha/2}\frac{\sigma}{\sqrt{n}},\ \ \overline{X}+z_{\alpha/2}\frac{\sigma}{\sqrt{n}}\right)$$

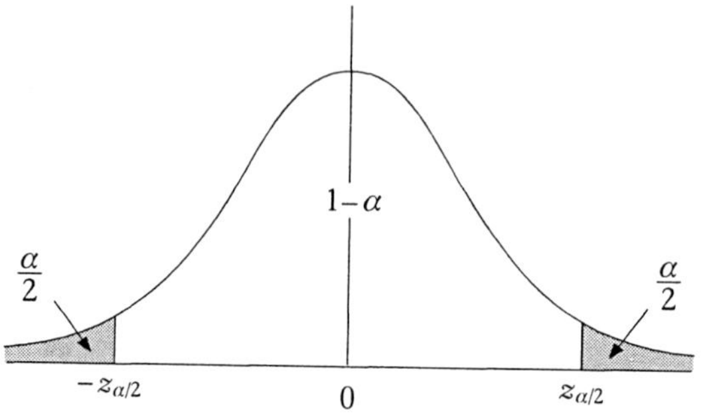

<그림 7.2> 확률 $P(-z_{\alpha/2} \le Z \le z_{\alpha/2}) = 1-\alpha$

예제 3 서울시의 세대당 월소득은 평균 μ, 분산 $\sigma^2 = (147000\text{원})^2$ 인 정규분포를 따른다고 한다. 모평균 μ를 추정하기 위해 81세대를 랜덤으로 추출하여 월소득의 평균을 계산한 결과 $\overline{X} = 1496000$원을 얻었다. 모평균 μ에 대한 90% 신뢰구간을 구하여라.

풀이 표준정규분포표로부터 $z_{0.05} = 1.645$ 이므로, 모평균 μ에 대한 90% 신뢰구간은

$$\left(1496000 - 1.645\frac{147000}{\sqrt{81}},\ 1496000 + 1.645\frac{147000}{\sqrt{81}}\right) = (1469132,\ 1522868)$$

이 된다. ■

위의 예에서, 구해진 신뢰구간 (1469132, 1522868)에 대하여 해석할 때 μ가 이 구간에 속할 확률이 90%라고 하는 것은 옳지 않다. 예를 들어, 표본을 다시 뽑아서 표본평균이 1500000이었다면 신뢰구간은 (1473132, 1526868)이 되며, 표본평균이 1450000이었다면 그때의 신뢰구간은 (1423132, 1476868)이 된다. 이러한 신뢰구간들이 모두 모평균 μ를 포함한다고 확신하지 못한다. 단지, 이와 같이 신뢰구간들을 반복해서 구하면 90%에 해당하는 신뢰구간들이 모평균 μ를 포함한다고 말할 수 있을 뿐이다. 따라서 위의 예에서 구해진 신뢰구간 (1469132, 1522868)도 이러한 구간들 중의 하나일 것으로 해석하는 것이 옳다(<그림 7.3>참조).

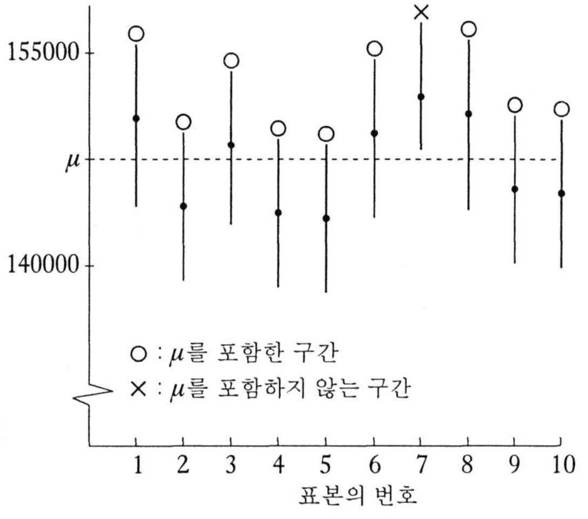

<그림 7.3> 90% 신뢰구간의 의미

[σ^2 이 알려져 있지 않은 정규모집단의 경우]

일반적으로, 모분산 σ^2 은 알려져 있지 않고 오히려 우리가 알기를 원하는 모집단의 모수이다. 모분산 σ^2 이 알려져 있지 않은 정규모집단에서 크기 n 인 확률표본을 추출할 경우에는 σ 대신 표본표준편차 S를 사용한 스튜던트화된 확률변수

$$T = \frac{\overline{X} - \mu}{S/\sqrt{n}}$$

가 자유도 $n-1$ 인 t 분포를 따른다는 사실을 이용하여 구간추정을 하게 된다. 따라서

$$P\left[-t(n-1,\ \alpha/2) \le \frac{\overline{X} - \mu}{S/\sqrt{n}} \le t(n-1,\ \alpha/2)\right] = 1-\alpha$$

즉,

$$P\left[\overline{X} - t(n-1,\ \alpha/2)\frac{S}{\sqrt{n}} \le \mu \le \overline{X} + t(n-1,\ \alpha/2)\frac{S}{\sqrt{n}}\right] = 1-\alpha$$

이므로, 모평균 μ 에 대한 $100(1-\alpha)\%$ 신뢰구간은 다음과 같이 주어진다.

모평균 μ에 대한 $100(1-\alpha)\%$ 신뢰구간

$$\left(\overline{X}-t(n-1,\ \alpha/2)\frac{S}{\sqrt{n}},\ \ \overline{X}+t(n-1,\ \alpha/2)\frac{S}{\sqrt{n}}\right)$$

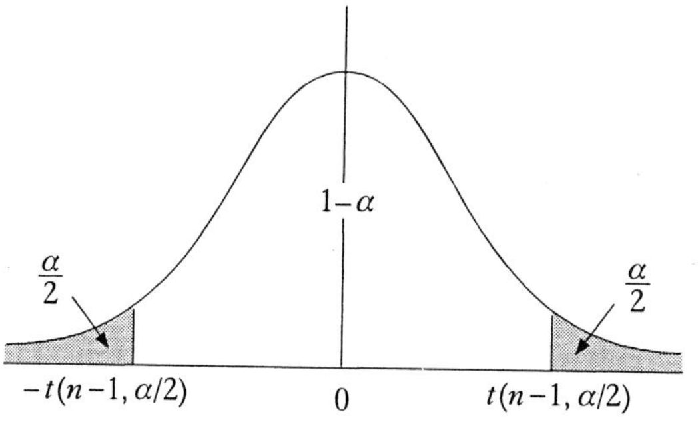

<그림 7.4> 확률 $P[-t(n-1,\ \alpha/2)\le T\le t(n-1,\ \alpha/2)]=1-\alpha$

예제 4 고속도로의 보수에 사용되는 시멘트가 굳을 때까지의 평균시간을 추정하고자 한다. 10개 지역의 보수공사 기록으로부터 시멘트가 굳을 때까지 걸린 시간의 평균과 표준편차는 각각 32분과 4분이었다. 이 결과를 이용하여 평균시간 μ의 90% 신뢰구간을 구하여라. 단, 시멘트가 굳을 때까지의 걸리는 시간은 정규분포를 따른다고 가정하자.

풀이 t 분포표로부터 $t(9,\ 0.05)=1.833$ 이므로, 모평균 μ에 대한 90% 신뢰구간은

$$\left(32-1.833\frac{4}{\sqrt{10}},\ \ 32+1.833\frac{4}{\sqrt{10}}\right)=(29.68,\ 35.16)$$

이 된다. ■

지금까지는 모집단의 분포가 정규분포라는 가정 아래서 모평균 μ에 대한 신뢰구간을 추정하였다. 그러나 실제 자료분석에서 모집단의 분포에 대해 모르는 경우가 대부분이며, 더구나 모집단의 분포가 정규분포인 경우도 드문 것이 일반적이다. 이러한 경우에는 보통 표본의 크기를 크게 하는데, 여기서는 표본의 크기 n이 충분히 클 때 임의의 모집단에 대한 모평균 μ의 구간추정에 대해서 알아보기로 하자.

[σ^2 이 알려져 있는 비정규모집단의 경우]

모집단의 분포가 정규분포가 아닐 경우, 표본의 크기 n이 작으면 확률변수 Z는 정규분포를 따르지 않기 때문에 모평균 μ에 대한 구간추정이 용이하지 않다. 그러나 n이 충분히 크면 표본평균 $\overline{X}$의 분포는 중심극한정리에 의하여 근사적으로 정규분포 $N(\mu,\ \sigma^2/n)$를 따른다는 사실을 6장에서 배웠다. 즉, n이 충분히 클 때 표준화된 확률변수

$$Z = \frac{\overline{X} - \mu}{\sigma/\sqrt{n}}$$

는 근사적으로 표준정규분포 $N(0,\ 1)$을 따르므로, 모평균 μ에 대한 $100(1-\alpha)\%$ 근사 신뢰구간은 정규모집단의 경우와 동일하게 주어진다.

> 모평균 μ에 대한 $100(1-\alpha)\%$ 근사신뢰구간
>
> $$\left(\overline{X} - z_{\alpha/2}\frac{\sigma}{\sqrt{n}},\ \overline{X} + z_{\alpha/2}\frac{\sigma}{\sqrt{n}} \right)$$

[σ^2 이 알려져 있지 않은 비정규모집단의 경우]

모분산 σ^2이 알려져 있지 않은 경우에 표본의 크기 n이 충분히 크면 표본표준편차 S와 모표준편차 σ가 매우 가까우리라고 생각할 수 있으므로, t분포 대신 표준정규분포를 이용한 신뢰구간을 모평균 μ에 대한 $100(1-\alpha)\%$ 근사 신뢰구간으로 사용하게 된다.

> 모평균 μ에 대한 $100(1-\alpha)\%$ 근사신뢰구간
>
> $$\left(\overline{X} - z_{\alpha/2}\frac{S}{\sqrt{n}},\ \overline{X} + z_{\alpha/2}\frac{S}{\sqrt{n}} \right)$$

예제 5 예제 4)에서 모집단의 분포를 모른다는 가정 아래에서 랜덤으로 추출된 100개 지역의 보수공사 기록으로부터 시멘트가 굳을 때까지 걸린 시간의 평균

과 표준편차가 각각 35분과 5분이었다고 할 때, 모평균 μ에 대한 90% 신뢰구간을 구하여라.

풀이 표본크기 $n=100$은 충분히 크므로, 위의 공식으로부터 모평균 μ에 대한 90% 신뢰구간은 근사적으로

$$\left(35-1.645\frac{5}{\sqrt{100}},\ 35+1.645\frac{5}{\sqrt{100}}\right)=(34.17,\ 35.82)$$

가 된다. ■

7.3.2 모분산의 구간추정

분산 σ^2이 알려져 있지 않은 정규분포 $N(\mu,\ \sigma^2)$을 따르는 모집단으로부터 크기 n인 표본을 추출할 때, 표본분산 S^2과 관련된 통계량

$$V=\frac{(n-1)S^2}{\sigma^2}$$

은 자유도 $n-1$인 카이제곱분포를 따른다는 사실을 배웠다. 따라서,

$$P\left[\chi^2(n-1,\ 1-\alpha/2)\le\frac{(n-1)S^2}{\sigma^2}\le\chi^2(n-1,\ \alpha/2)\right]=1-\alpha$$

즉,

$$P\left[\frac{(n-1)S^2}{\chi^2(n-1,\ \alpha/2)}\le\sigma^2\le\frac{(n-1)S^2}{\chi^2(n-1,\ 1-\alpha/2)}\right]=1-\alpha$$

이므로, 모분산 σ^2에 대한 $100(1-\alpha)\%$ 신뢰구간은 다음과 같이 주어진다.

> 모분산 σ^2에 대한 $100(1-\alpha)\%$ 신뢰구간
>
> $$\left(\frac{(n-1)S^2}{\chi^2(n-1,\ \alpha/2)},\ \frac{(n-1)S^2}{\chi^2(n-1,\ 1-\alpha/2)}\right)$$

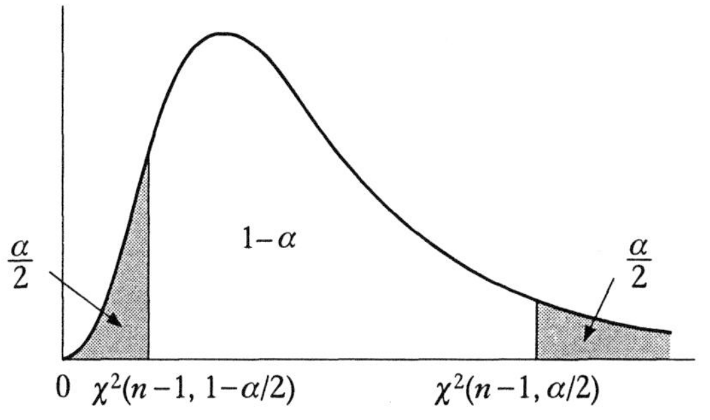

<그림 7.5> 확률 $P[\chi^2(n-1,\ 1-\alpha/2) \le V \le \chi^2(n-1,\ \alpha/2)] = 1-\alpha$

예제 6 어느 환경보호단체에서는 공장지역이 위치한 강으로부터 물 표본을 10번 채취하여 특정 오염물질의 함유량을 측정한 결과 $S^2 = 181.0$ 을 얻었다. 오염물질의 양이 정규분포를 따른다고 할 때, σ^2 에 대한 90% 신뢰구간을 구하여라.

풀이 카이제곱분포표로부터 $\chi^2(9,\ 0.05) = 16.92$, $\chi^2(9,\ 0.95) = 3.325$ 이므로, 모분산 σ^2 에 대한 90% 신뢰구간은

$$\left(\frac{9\times 181}{16.92},\ \frac{9\times 181}{3.325}\right) = (96.27,\ 489.92)$$

가 된다. ■

7.3.3 모비율의 구간추정

모비율 p 인 베르누이분포 $B(1,\ p)$ 로부터 크기가 n 인 확률표본을 추출할 때, 표본비율 $\hat{p}$ 은 n 이 충분히 크면 중심극한정리에 의하여 근사적으로 평균이 p, 분산이 $p(1-p)/n$ 인 정규분포를 따른다는 사실을 이미 배웠다. 따라서 표준화된 확률변수

$$Z = \frac{\hat{p} - p}{\sqrt{p(1-p)/n}}$$

는 근사적으로 표준정규분포 $N(0,\ 1)$ 을 따르게 된다. 표본의 크기 n 이 충분히 큰 경우에는 $\hat{p}$ 과 p 가 매우 가까우리라고 생각할 수 있기 때문에 $\sqrt{p(1-p)/n}$ 와 $\sqrt{\hat{p}(1-\hat{p})/n}$

은 오차가 거의 없다. 따라서, 확률변수

$$Z=\frac{\hat{p}-p}{\sqrt{\hat{p}(1-\hat{p})/n}}$$

는 근사적으로 표준정규분포 $N(0,\ 1)$을 따른다고 할 수 있다. 그러므로, 모비율 p에 대한 신뢰구간은 다음과 같이 주어진다.

> 모비율 p의 $100(1-\alpha)\%$ 신뢰구간
>
> $$\left(\hat{p}-z_{\alpha/2}\sqrt{\frac{\hat{p}(1-\hat{p})}{n}},\ \hat{p}+z_{\alpha/2}\sqrt{\frac{\hat{p}(1-\hat{p})}{n}}\right)$$

예제 7 서울에 거주하는 여자의 취업률을 p라고 하자. 취업률 p를 추정하기 위해 1000명의 여자를 랜덤으로 추출하여 취업 여부를 조사한 결과 200명이 직업을 가지고 있는 것으로 조사되었다. 이때 모비율 p에 대한 95% 신뢰구간을 구하여라.

풀이 1000명의 여자 중에서 직업을 가지고 있는 여자의 수가 $X=200$이므로, 표본비율은 $\hat{p}=\frac{X}{n}=0.2$이다. 따라서 모비율 p에 대한 95% 신뢰구간은 근사적으로

$$\left(0.2-1.96\sqrt{\frac{0.2\times0.8}{1000}},\ 0.2+1.96\sqrt{\frac{0.2\times0.8}{1000}}\right)=(0.175,\ 0.225)$$

가 된다. ■

7.4 표본크기의 결정

앞에서 언급한 점추정 또는 구간추정을 하기 위해서는 이미 주어진 표본을 이용하여 그 관측값들을 근거로 문제를 해결하였다. 그러나 현실적인 측면을 고려해 볼 때 통계조사를 하는 사람은 시간과 비용의 제한을 받게 되므로, 자신이 원하는 통계적 결과의 신뢰정도에 맞추어 어느 정도 크기의 표본이 가장 적절한가에 대해 먼저 결정해야 한다.

일반적으로 표본의 크기를 증가시킴으로써 신뢰구간의 폭을 줄일 수 있으며, 그에 따라 정확도를 증가시킬 수 있다. 그러나 표본의 크기를 무조건 증가시킬 수는 없다. 왜냐하면, 표본의 크기를 증가시킨다는 것은 바로 시간과 비용의 증가를 의미하기 때문이다. 따라서 표본의 크기를 임의로 결정하기 보다는 면밀한 계획을 통하여 결정하는 것이 필요하다.

표본의 크기를 결정하기 위해서는 먼저 신뢰수준의 크기를 정한 후 추정량 $\hat{\theta}$ 과 모수 θ 사이의 최대오차를 얼마만큼 허용할 것인가를 결정해야 한다. 주어진 신뢰수준 $1-\alpha$ 에 대하여, $|\hat{\theta}-\theta| \le d$ 를 만족하는 d 를 $\hat{\theta}$ 의 $100(1-\alpha)\%$ 최대허용오차 (maximum allowable error)라고 한다.

[모평균 추정시 표본크기의 결정]

정규모집단에서 모분산 σ^2 이 기지인 경우, 모평균 μ 에 대한 $100(1-\alpha)\%$ 신뢰구간은 $\overline{X} \pm z_{\alpha/2}\frac{\sigma}{\sqrt{n}}$ 로 주어진다. 이때 $d = z_{\alpha/2}\frac{\sigma}{\sqrt{n}}$ 는 $\overline{X}$ 의 $100(1-\alpha)\%$ 최대허용차가 되며, 이를 n 에 관해 풀면 구하는 표본의 크기는 다음과 같이 구해질 수 있다.

> 모평균 μ 를 추정하기 위한 표본의 크기
>
> $$n \ge \left(\frac{z_{\alpha/2}\cdot\sigma}{d}\right)^2 \text{ 을 만족하는 최소 정수}$$

예제 8 어떤 종류의 담배 한 개비당 니코틴의 함유량은 정규분포 $N(\mu,\ 9)$ 를 따른다고 가정하자. $\overline{X}$ 의 99% 최대허용오차를 0.1이라 할 때, 모평균 μ 를 추정하기 위하여 필요한 표본의 크기를 구하여라.

풀이 $z_{0.005} = 2.58$, $d = 0.1$ 이므로,

$$n = \left(\frac{2.58\times3}{0.1}\right)^2 = 5990.76$$

이 얻어진다. 따라서, 필요한 표본의 크기는 5991개이다. ■

위의 공식은 σ를 알고 있는 경우에만 적용될 수 있다. 그러나 실제적으로는 σ를 모르는 경우가 대부분이다. 이러한 경우에는 과거의 경험을 근거로 한 σ의 값을 이용하거나 또는 작은 크기의 예비 표본을 추출하여 얻어지는 S를 사용하여 축차적으로 반복하여 일정한 크기로 수렴하는 n을 구하면 된다. 즉, 표본의 크기 n은 다음 식을 만족하는 최소 정수이다.

$$n \geq \left[\frac{t(n-1,\ \alpha/2) \cdot S}{d} \right]^2$$

예제 9 서울시에서는 교통체계를 개선하기 위하여 시민들의 평균 출근소요시간을 조사하고자 한다. 출근소요시간이 정규분포 $N(\mu,\ \sigma^2)$을 따른다고 가정하고 표본평균 $\overline{X}$의 95% 최대허용오차를 10분이 되도록 할 때, 모평균 μ를 추정하기 위하여 필요한 표본의 크기를 얼마로 해야 하는가? 단, 예비 표본으로 15명을 랜덤으로 추출하여 $S=30$ (분)을 얻었다고 한다.

풀이 $S=30$, $d=10$, $t(14,\ 0.025)=2.145$이므로,

$$n \geq \left(\frac{2.145 \times 30}{10} \right)^2 = 41.409$$

가 얻어진다. 따라서, 필요한 표본의 크기는 42개이며, $42-15=27$명의 표본을 추가적으로 추출한 후, 위의 과정을 반복하여 일정한 크기로 수렴하는 n을 구하면 된다. ■

[모비율 추정시 표본크기의 결정]

표본의 크기가 큰 경우, 모비율 p에 대한 $100(1-\alpha)\%$ 신뢰구간은

$$\hat{p} \pm z_{\alpha/2} \sqrt{\frac{\hat{p}(1-\hat{p})}{n}}$$

이다. 따라서 표본비율 $\hat{p}$의 $100(1-\alpha)\%$ 최대허용오차는

$$d = z_{\alpha/2} \sqrt{\frac{\hat{p}(1-\hat{p})}{n}}$$

이며, 이를 n에 관해 풀면 구하는 표본의 크기는 다음과 같이 구해질 수 있다.

> 모비율 p를 추정하기 위한 표본의 크기
>
> $$n \geq \hat{p}(1-\hat{p})\left(\frac{z_{\alpha/2}}{d}\right)^2 \text{을 만족하는 최소 정수}$$

위의 공식에서 $\hat{p}$은 과거의 경험에 의해 추정되거나, 또는 예비조사를 하여 추정된 값을 말한다. 그러나, 모비율에 대한 지식이 전혀 없는 경우에는 n의 값이 최대가 되는 $\hat{p}=0.5$를 사용한다.[주)]

예제 10 심리학실험에서 개인이 흥분하는 경우에 그 반응으로써 A, B 두 가지 중에 하나를 택하도록 되어 있다. A라는 반응을 나타내는 사람들의 비율을 p라고 하자. $\hat{p}$의 90% 최대허용오차를 0.04라고 할 때, 필요한 표본의 크기를 구하여라.

풀이 $z_{0.05}=1.645$, $d=0.04$ 이므로,

$$n \geq 0.5 \times 0.5\left(\frac{1.645}{0.04}\right)^2 = 422.82$$

가 얻어진다. 따라서, 필요한 표본의 크기는 423명이다. ■

주) $n=\hat{p}(1-\hat{p})\left(\frac{z_{\alpha/2}}{d}\right)^2$을 최대로 하는 $\hat{p}$은 양변을 $\hat{p}$에 관해 미분한 후 0으로 놓고 구한 $\hat{p}$의 값이다. 즉,

$$\frac{dn}{d\hat{p}} = \frac{d}{d\hat{p}}\left[\hat{p}(1-\hat{p})\left(\frac{z_{\alpha/2}}{d}\right)^2\right] = (1-2\hat{p})\left(\frac{z_{\alpha/2}}{d}\right)^2 = 0$$

따라서 $\hat{p}=1/2=0.5$가 된다.

EXCEL 실습

점추정값의 계산

모평균과 모분산의 점추정량인 표본평균과 표본분산은 [수식 입력줄]에서 함수 [AVERAGE]와 [VAR]을 사용하거나 또는 [도구]-[데이터 분석]-[기술 통계법]의 대화상자를 이용하여 계산될 수 있다.

[실습] 통계학 강의를 수강한 16명의 학생을 랜덤으로 추출하여 중간고사 성적을 조사한 결과 다음과 같은 자료를 얻었다.

84 70 66 90 80 60 66 68 76 76 62 62 72 78 68 64

이때 표본평균과 표본분산을 각각 계산하여라.

풀이) **[수식 입력줄]에서 함수 [AVERAGE]와 [VAR]을 사용할 경우**

① 워크시트에 자료를 A1에서 B8까지 입력한다(<그림 7.6>).

② 셀 B10에 평균을 계산한다(셀 B10에 블록을 설정한 후, 수식 입력줄에 =AVERAGE(A1:B8) 입력).

③ 셀 B11에 분산을 계산한다(셀 B11에 블록을 설정한 후, 수식 입력줄에 =VAR(A1:B8) 입력).

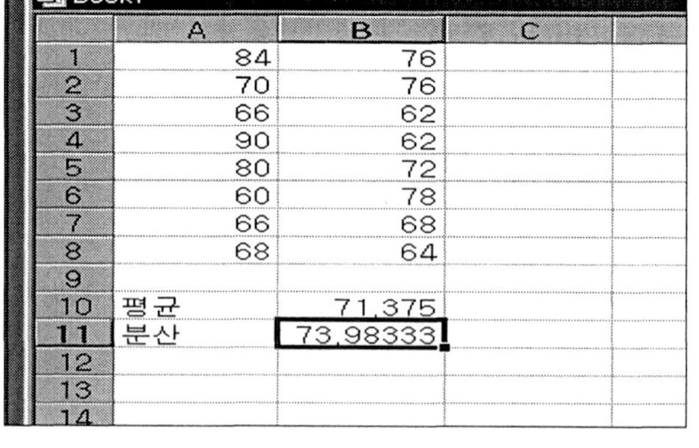

Book1

	A	B	C
1	84	76	
2	70	76	
3	66	62	
4	90	62	
5	80	72	
6	60	78	
7	66	68	
8	68	64	
9			
10	평균	71.375	
11	분산	73.98333	
12			
13			
14			

<그림 7.6> 함수 [AVERAGE]와 [VAR]을 사용한 통계량의 계산 결과

[기술 통계법] 대화상자를 이용할 경우

① 워크시트에 자료를 A1에서 B8까지 입력한다(<그림 7.6>).

② [도구]메뉴에서 [테이터 분석]-[기술 통계법]을 선택한다.

③ [기술 통계법] 대화상자에서 <그림 7.7>과 같이 입력과 출력 옵션에 필요한 사항(입력범위, 출력범위, 요약 통계량 등)을 입력한 후 "확인"을 누르면 <그림 7.8>에서와 같이 평균, 표준편차, 중앙값 등과 같은 여러가지 기술 통계량의 값을 얻게 된다.

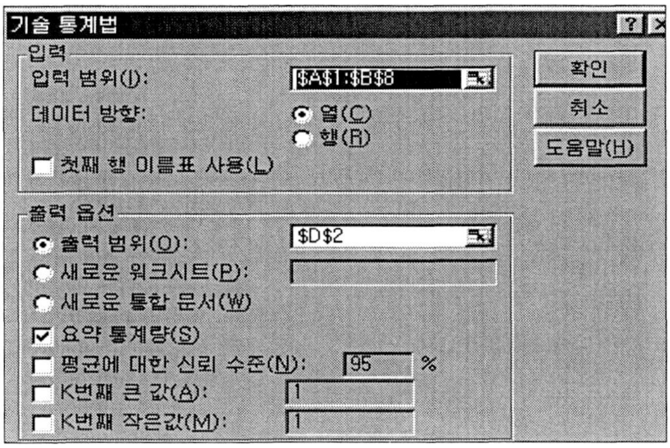

<그림 7.7> [기술 통계법] 대화상자를 이용한 통계량의 계산

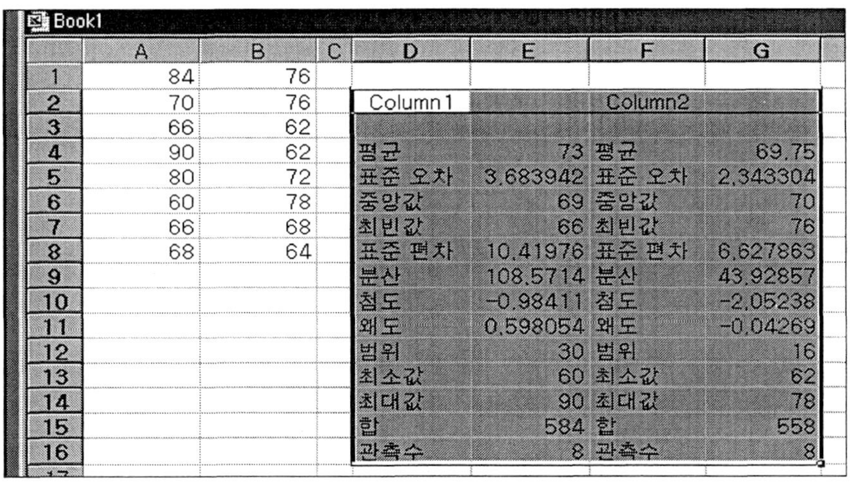

	A	B	C	D	E	F	G
1	84	76					
2	70	76		Column1		Column2	
3	66	62					
4	90	62		평균	73	평균	69.75
5	80	72		표준 오차	3.683942	표준 오차	2.343304
6	60	78		중앙값	69	중앙값	70
7	66	68		최빈값	66	최빈값	76
8	68	64		표준 편차	10.41976	표준 편차	6.627863
9				분산	108.5714	분산	43.92857
10				첨도	-0.98411	첨도	-2.05238
11				왜도	0.598054	왜도	-0.04269
12				범위	30	범위	16
13				최소값	60	최소값	62
14				최대값	90	최대값	78
15				합	584	합	558
16				관측수	8	관측수	8

<그림 7.8> [기술 통계법] 대화상자를 이용한 통계량의 계산 결과

구간추정값의 계산

EXCEL의 워크시트 함수 중에서 구간추정과 직접적으로 관련이 있는 함수는 [CONFIDENCE] 밖에 없다. 그러나 이 함수는 모분산 σ^2 이 알려져 있는 정규모집단의 모평균 μ 에 대한 $100(1-\alpha)\%$ 신뢰구간을 구할 때 이용된다.

모분산 σ^2 이 알려져 있지 않은 경우에는 [기술 통계법] 대화상자 또는 여러가지 통계량과 분포의 백분위수를 구하는 함수를 적절하게 사용하여 구해야만 한다.

[모평균 μ 의 구간추정]

· σ^2 이 알려져 있는 정규모집단의 경우

모분산 σ^2 이 알려져 있는 정규모집단의 모평균 μ 에 대한 $100(1-\alpha)\%$ 신뢰구간은 [함수 마법사]의 함수 [CONFIDENCE]를 이용하여 구할 수 있다.

[실습] 어느 대학교에서 학생의 I.Q.는 평균 μ, 분산 $\sigma^2=36$ 인 정규분포를 따른다고 한다. 모평균 μ 를 추정하기 위하여 25명의 학생을 무작위로 추출하였을 때, 학생들의 평균 I.Q.는 124이었다. 이때 μ 의 95% 신뢰구간을 구하여라.

절차 :

① [함수 마법사] 대화상자에서 [통계]-[CONFIDENCE]를 선택한다.

② [CONFIDENCE]의 대화상자에서

- Alpha(유의수준) : 0.05
- Standard_dev(모표준편차) : 6
- Size(표본의 크기) : 25

를 지정한 후 “확인”을 누르면 <그림 7.9>에서와 같이 $z_{\alpha/2}\frac{\sigma}{\sqrt{n}}=2.35195$를 얻는다. 따라서 μ 에 대한 95% 신뢰구간은

$$\overline{X} \pm z_{\alpha/2}\frac{\sigma}{\sqrt{n}} = 124 \pm 2.35195 = (121.65005,\ 126.35195)$$

가 된다.

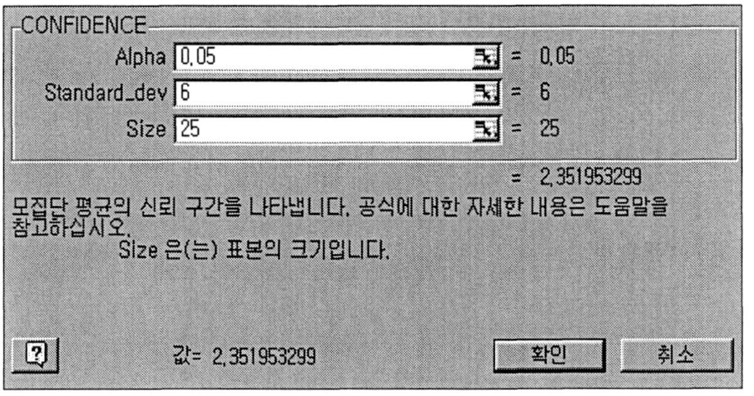

<그림 7.9> [CONFIDENCE] 대화상자를 이용한 신뢰구간의 계산

· σ^2 이 알려져 있지 않은 정규모집단의 경우

모분산 σ^2 이 알려져 있지 않은 정규모집단의 모평균 μ 에 대한 $100(1-\alpha)\%$ 신뢰구간은 [데이터 분석] 도구에서 [기술 통계법]을 이용하여 구할 수 있다.

[실습] 어느 대학교 농구팀의 게임당 득점은 정규분포 $N(\mu,\ \sigma^2)$ 을 따른다고 한다. 지난 춘계 대학 리그전에서 얻은 게임당 득점은 각각 다음과 같다.

80 92 72 90 84 70 76 68 88

이때 평균 득점 μ 에 대한 95% 신뢰구간을 구하여라.

절차:

① 워크시트에 <그림 7.11>의 A1에서 A10과 같이 자료를 입력한다.

② [도구]메뉴에서 [데이터 분석]-[기술 통계법]을 선택한다.

③ [기술통계법] 대화상자에서 <그림 7.10>과 같이 입력과 출력 옵션에 필요한 사항(입력범위, 출력범위, 요약 통계량, 평균에 대한 신뢰수준 등)을 입력한 후 "확인"을 누르면 <그림 7.11>에서와 같은 결과를 얻게 된다.

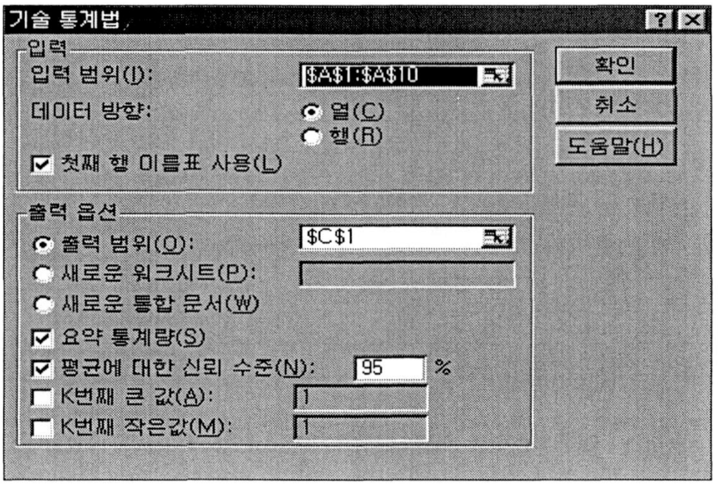

<그림 7.10> [기술 통계법] 대화상자를 이용한 기술통계량의 계산

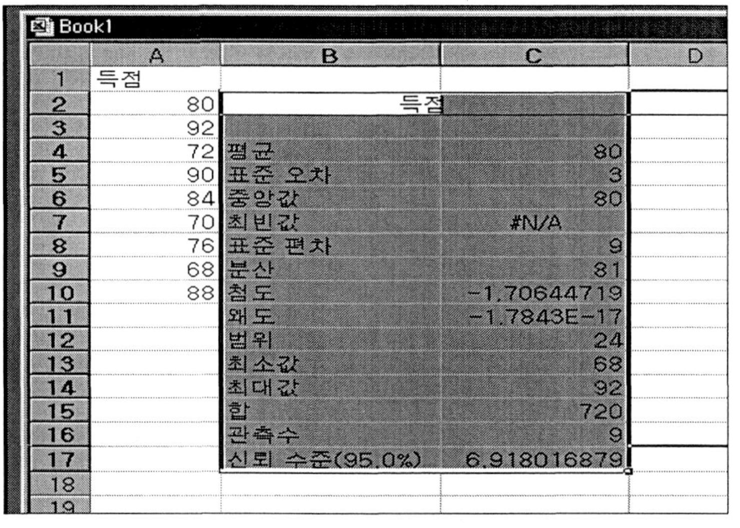

<그림 7.11> [기술 통계법] 대화상자를 이용한 기술통계량의 계산 결과

<그림 7.11>에서 표본평균은 80, 표본표준편차는 9이며, 제일 하단에 주어진 "신뢰수준(95.0%)" 항목의 값 6.918017은 바로

$$t(8,\ 0.025)\frac{9}{\sqrt{9}} = 6.918017$$

를 의미한다. 따라서 μ에 대한 95% 신뢰구간은

$$(80-6.918,\ 80+6.918)=(73.082,\ 86.918)$$

이 된다.

통계량과 분포의 백분위수를 사용하여 계산하는 방법

앞의 실습 예)에서

① 워크시트에 자료를 A2에서 A10까지 입력한다.

② [수식 입력줄]을 이용하여 평균[=AVERAGE(A2:A10)]을 셀 C2에, 표본분산 [=VAR(A2:A10)]을 셀 C3에 각각 계산한다.

③ 구간너비 [=TINV(0.05, 8)*STDEV(A2:A10)/SQRT(9)]를 셀 C5에 계산한다.

④ 하한값[=C2-C5]을 셀 C7에, 상한값[=C2+C5]을 셀 C8에 각각 계산한다.

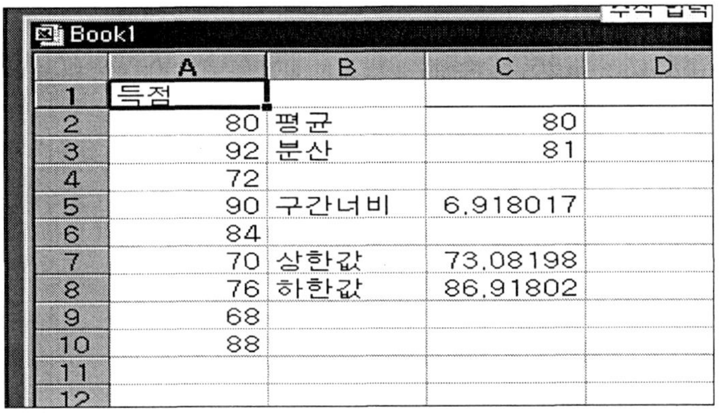

Book1

	A	B	C	D
1	득점			
2	80	평균	80	
3	92	분산	81	
4	72			
5	90	구간너비	6.918017	
6	84			
7	70	상한값	73.08198	
8	76	하한값	86.91802	
9	68			
10	88			
11				
12				

<그림 7.12> 신뢰구간의 상한값과 하한값의 계산 결과

· σ^2 이 알려져 있지 않은 비정규모집단의 경우

[실습] 앞의 실습 예)에서 비정규모집단이라 가정하고 정규근사에 의한 신뢰구간을 구하는 방법은 다음과 같다.

① 워크시트에 자료를 A2에서 A10까지 입력한다.

② [수식 입력줄]을 사용하여 평균[=AVERAGE(A2:A10)]을 셀 C2에, 표본분산 [=VAR(A2:A10)]을 셀 C3에, 표본표준편차[=STDEV(A2:A10)]를 셀 C4에 각각 계산한다.

③ 하한값[=C2-CONFIDENCE(0.05, C4, 9)]을 셀 C7에,
상한값[=C2+CONFIDENCE(0.05, C4, 9)]을 셀 C8에 계산한다.

[모분산 σ^2의 구간추정]

EXCEL에서는 모분산이나 모비율 등에 대한 신뢰구간을 구할 수 있는 함수나 도구는 별도로 있지 않다. 따라서 이러한 경우에는 여러가지 통계량과 분포의 백분위수를 구하는 함수를 적절하게 사용하여 구해야만 한다.

모분산 σ^2에 대한 $100(1-\alpha)\%$ 신뢰구간의 하한값과 상한값

[수식 입력줄]에 다음과 같이 입력하면 하한값과 상한값을 구할 수 있다.

· 하한값 [=(n-1)*VAR(데이터 범위)/CHIINV(α/2, n-1)]

· 상한값 [=(n-1)*VAR(데이터 범위)/CHIINV(1- α/2, n-1)]

연습문제

1. $\overline{X}$를 구간 $(0, \theta)$ 위의 균등분포를 따르는 모집단으로부터의 크기 n인 한 확률표본의 표본평균이라 하자. 이때 $\overline{X}$가 θ의 불편추정량이 아님을 보여라.

2. X_1, X_2, X_3를 평균 μ와 분산 σ^2인 모집단으로부터의 크기 $n=3$인 확률표본이라 하자. 이때 μ에 대한 세 추정량

$$T_1 = \frac{X_1 + X_2 + X_3}{3}, \quad T_2 = \frac{2X_1 + X_2 + 2X_3}{5}, \quad T_3 = \frac{3X_1 + X_2 + X_3}{5}$$

중에서 어느 추정량이 가장 유효한 추정량인가?

3. 어느 전구회사에서 생산되는 전구의 수명은 정규분포 $N(\mu, \sigma^2)$를 따른다고 하자. 실제 평균수명 μ와 분산 σ^2에 대해 알기 위하여, 시중에 판매되고 있는 전구 중 9개를 랜덤으로 추출하여 그 수명시간을 관측한 결과 다음과 같은 자료를 얻었다.

   1570 1840 1310 1450 1550 1650 1530 1790 1260

   1) 모평균 μ와 모분산 σ^2의 점추정값을 각각 구하여라.
   2) $\sigma = 180$이라 할 때, 모평균 μ에 대한 95% 신뢰구간을 구하여라.
   3) σ가 알려져 있지 않을 때, 모평균 μ에 대한 95% 신뢰구간을 구하여라.

4. 어느 대학에서 남학생의 평균신장 μ를 추정하기 위해 100명을 랜덤으로 추출한 결과 $\overline{X} = 172$, $S = 4$를 얻었다. 이때 모평균 μ에 대한 99% 신뢰구간을 구하여라.

5. 아기들의 출생시 머리둘레에 대한 자료를 얻기 위하여 12명의 표본을 랜덤으로 추출하여 측정한 결과 다음과 같은 자료를 얻었다.

   36, 39, 40, 41, 38, 39, 35, 37, 39, 42, 34, 36

   1) 모분산 σ^2의 점추정값을 구하여라.
   2) 모집단에 대한 가정을 하고, 모분산 σ^2의 90% 신뢰구간을 구하여라.

6. 어떤 치약회사에서는 소비자 100명을 랜덤으로 추출하여 조사한 결과 45명이 자신의 회사제품을 선호한다는 사실을 알았다. 이때 소비자의 선호율에 대한 95% 신뢰구간을 구하여라.

7. 어떤 지역구의 국회의원 선거에 출마한 A후보의 득표율 p를 추정하기 위하여 225명의 유권자를 랜덤으로 추출하여 출구 조사한 결과 득표수는 144명이었다. 이때

   1) p의 점추정값과 점추정량의 표준오차의 추정값을 각각 구하여라.
   2) p에 대한 90% 신뢰구간을 구하여라.

8. 금년도 대통령 선거에서 한 특정후보의 지지율을 조사하려고 한다. 표본비율의 95% 최대허용오차를 2.5%라고 할 때, 필요한 표본의 크기를 구하여라.

9. 어떤 백화점의 신용판매부에서는 자신의 백화점을 이용하는 고객 중 신용카드에 의한 물품구매를 하는 고객의 비율 p를 추정하고자 한다. $\hat{p}$의 90% 최대허용오차를 0.05라고 할 때, 표본의 크기를 얼마로 해야 하는지를 결정하여라.

10. 노동부에서는 실업고등학교를 졸업한 기능공들의 평균월급이 얼마인지를 알아보고자 한다. 실업고등학교를 졸업한 32명의 기능공을 랜덤으로 추출하여 월급을 조사한 결과 다음과 같은 자료를 얻었다(단위 : 만원).

53.0 58.5 56.4 54.8 59.4 57.3 63.2 64.9 60.8 59.3 58.8 63.1 55.2
59.9 59.1 58.1 65.1 56.8 60.4 57.4 65.2 63.2 55.3 59.4 56.0 61.7
55.2 61.3 61.5 56.8 55.6 57.6

모평균 μ에 대한 95% 신뢰구간을 표준정규분포와 t분포를 이용하여 계산하고, 그 결과를 비교하여 보아라.

11. 모분산 σ^2의 두 추정량

$$S^2 = \frac{1}{n-1}\sum_{i=1}^{n}(X_i - \overline{X})^2, \quad S_0^2 = \frac{1}{n}\sum_{i=1}^{n}(X_i - \overline{X})^2$$

에 대하여 표준정규분포에서 크기가 10인 표본을 100번 추출하여 S^2과 S_0^2을 모두 계산하고, 그 값들을 사용하여 어떤 추정량이 $\sigma^2=1$에 더 가까운지를 살펴 보아라 (EXCEL을 이용할 것).

12. EXCEL을 이용하여 $N(0, 1)$로부터 크기가 10인 표본을 100번 추출하여 모평균 μ에 대한 100개의 신뢰구간을 구하고, 100개의 신뢰구간 중에서 몇 개가 모평균 $\mu=0$을 포함하는지를 조사하여라(힌트: EXCEL의 IF문 사용).

제 4 부 추정과 가설검정

제 8 장

통계적 가설검정

8.1 서 론

사회 및 자연 현상에 대한 조사에서 그 대상이 되는 모집단에 관하여 어떤 가설이나 이론이 제시될 경우, 제시된 가설이 참인지 거짓인지를 확인하기 위해서는 그 대상인 모집단 전체를 조사하여야 한다. 그러나 이것은 현실적으로 불가능한 경우가 많으므로, 모집단의 일부분인 표본을 추출한 후 그 표본으로부터 관측된 결과를 이용하여 가설이 참인지 거짓인지를 판정하게 된다. 이러한 통계적 기법을 가설검정(hypothesis testing)이라 부른다.

통계적 가설검정에서는 두 개의 가설 즉, 귀무가설(null hypothesis : H_0로 표기)과 대립가설(alternative hypothesis : H_1으로 표기)을 설정하고, 관측된 결과로부터 두 가설 중에 하나만을 최종적으로 선택하게 된다. 귀무가설[주)] H_0란 지금까지 알려져 있는 것과 같은 가설을 말하며, 반면에 대립가설 H_1은 기존의 사실에 반대되는 것으로서 새로 입증하고자 하는 가설을 말한다.

일반적으로 어떤 사실을 귀무가설 또는 대립가설로 할 것인지의 결정은 다음의 요령에 따르면 된다: 즉, 어떤 주장을 표본에 의하여 입증하고자 할 때 그 주장에 반대되는 것을 귀무가설 H_0로 두고, 그 주장 자체는 대립가설 H_1으로 설정한다.

예제 1 어느 전구회사에서 기존의 생산방식으로 생산된 전구의 수명은 정규분포 $N(1500,\ 180^2)$을 따르는 것으로 알려져 있다. 최근 이 회사에서는 새로운 기술방식을 도입하여 전구를 생산하고 있으며, 새 전구의 평균수명이 1500시간보다 더 길다고 주장한다. 소비자 보호협회에서는 이를 확인하기 위하여 시중에 판매되고 있는 전구 중에 36개를 무작위로 추출하여 조사한 결과 $\overline{X}=1550$ 시간을 얻었다. 이 결과를 이용하여 전구회사의 주장이 옳은지를 유의수준 $\alpha=0.05$로 검정하고자 한다. 모평균 μ에 대한 가설을 설정하여라.

주) 귀무가설에서 귀무(歸無)라는 용어는 '입증하고자 하는 주장이 무효가 된다'는 의미에서 사용된다. 즉, 주장하고자 하는 대립가설이 통계적으로 입증되기 위해서는 그것을 뒷받침할 만한 합당한 증거가 자료에 나타나야 하며, 그렇게 되지 않을 경우에 그 주장은 받아들이지 않게 되는 것이다. 이것은 법정에서 판사가 유죄의 증거가 확실치 않는 경우 검사의 주장을 기각하는 것과 유사하다고 하겠다.

풀이 새로운 기술방식으로 생산된 전구의 평균수명을 μ(시간)라고 하면, 새 전구의 평균 수명이 1500시간보다 더 길다고 하는 주장을 대립가설로, 이와 반대되는 것을 귀무가설로 설정하면 된다. 즉,

$$H_0: \mu \le 1500^{주)}, \qquad H_1: \mu > 1500$$ ■

예제 1)에서 귀무가설 H_0와 대립가설 H_1 중에서 어느 가설을 택할 것인지를 판단하는 기준은 표본으로부터 계산된 표본평균 $\overline{X}$의 값에 의존한다. 즉, $\overline{X}$의 값이 1500시간보다 훨씬 크면 귀무가설 H_0가 사실이라는 것을 의심하여 대립가설 H_1을 택하게 된다. 이때 표본평균 $\overline{X}$와 같이 귀무가설과 대립가설 중에 어느 하나를 택하는데 사용되는 통계량을 검정통계량(test statistic)이라 한다.

검정통계량의 값은 귀무가설 H_0를 채택($=H_1$ 기각)할 것인지 또는 H_0를 기각($=H_1$ 채택)할 것인지를 결정해 준다. 그러나 검정통계량의 값이 어느 정도이면 귀무가설 H_0를 기각할 것인지를 결정해 주는 경계점이 필요하다. 즉, 예제 1)에서 표본평균 $\overline{X}$의 값이 어떤 값 c보다 크면 귀무가설을 기각하고, 그렇지 않으면 귀무가설을 채택하게 되는 그 기준이 되는 값 c를 결정하여야 한다. 이러한 경계점 c를 임계값(critical value)이라 하며, 이때 검정통계량이 가질 수 있는 값의 영역 중에서 c값을 기준으로 귀무가설 H_0를 채택하게 되는 영역을 채택역(acceptance region), 귀무가설 H_0를 기각하게 되는 영역을 기각역(rejection region)이라 한다. 이러한 기각역의 설정은 검정통계량의 표본분포와 다음에 설명하는 유의수준의 크기를 고려하여 이루어진다.

- **가설**: 귀무가설과 대립가설이 있으며, 귀무가설은 지금까지 알려져 있는 것과 같은 가설을 말하고, 대립가설은 기존의 사실에 반대되면서 새로이 입증하고자 하는 가설을 말한다.
- **검정통계량**: 귀무가설과 대립가설 중에 어느 하나를 택하는데 사용되는 통계량을 말한다.
- **채택역과 기각역**: 검정통계량이 가질 수 있는 값의 영역 중에서 귀무가설을 채택하게 되는 영역을 채택역, 귀무가설을 기각하게 되는 영역을 기각역이라 한다.

주) 대립가설이 $H_1: \theta > \theta_0$ 또는 $H_1: \theta < \theta_0$이면 귀무가설은 $H_0: \theta \le \theta_0$ 또는 $H_0: \theta \ge \theta_0$와 같이 상반되게 하는 것이 원칙이지만, $H_0: \theta = \theta_0$로 해도 동일한 결과를 얻게 된다. 따라서 편의상 귀무가설을 $H_0: \theta = \theta_0$와 같은 형식으로 설정하는 것이 일반적이다.

표본에 의해 이루어지는 통계적 가설검정 결과에는 항상 2가지 오류의 가능성이 존재하게 된다. 실제 현상(모집단 전체를 조사할 경우)은 H_0가 참인데도 불구하고 검정 결과 H_1을 잘못 채택하여 발생하는 제1종 오류(type I error)와 실제 현상은 H_1이 참인데도 불구하고 검정 결과 H_0를 잘못 채택하여 발생하는 제2종 오류(type II error)가 있다.

<표 8.1> 제1종 오류와 제2종 오류

실제 현상 / 검정 결과	H_0 참	H_1 참
H_0 채택	옳은 결정	제2종 오류
H_1 채택	제1종 오류	옳은 결정

이 두 가지 오류의 차이점을 보다 쉽게 이해하기 위하여 법정에서의 판결에 비유해 보면 다음과 같이 말할 수 있다: 귀무가설 H_0를 피고인이 무죄, 대립가설 H_1을 피고인이 유죄라고 하자. 이때 실제로 무죄인 피고인을 판사가 유죄로 잘못 판결하는 것은 제1종 오류를 범하는 것이고, 실제로 유죄인 피고인을 판사가 무죄로 잘못 판결하는 것은 제2종 오류를 범하는 것이 된다.

가설검정에서는 이와 같은 오류를 범할 확률을 가능한한 작게 해주는 것이 바람직하다. 그러나, 일정한 표본크기 아래에서 두 가지 오류를 동시에 줄이는 것은 불가능하다. 즉, <그림 8.1>에서 보는 바와 같이 기각역을 오른쪽으로 이동하여 제1종 오류를 범할 확률을 줄이면 제2종 오류를 범할 확률이 커지게 되고, 반대로 제2종 오류를 범할 확률을 줄이기 위해 기각역을 왼쪽으로 이동하면 제1종 오류를 범할 확률이 커지게 된다.

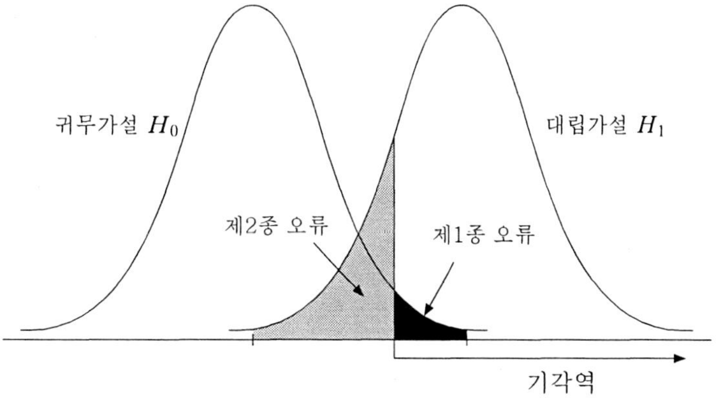

<그림 8.1> 제1종 오류와 제2종 오류의 관계

특수한 경우를 제외하고는 제1종 오류가 제2종 오류보다 더 중요한 경우가 많다. 따라서 제1종 오류를 범할 확률을 미리 지정된 확률 이하로 정한 후, 이를 만족하는 임계값을 결정하게 된다. 이때 제1종 오류를 범할 확률의 최대허용한계를 유의수준(significance level)이라 하며 α로 표기한다.[주1)]

각 오류를 범할 확률은 다음과 같이 조건부 확률로서 나타낼 수 있다.

$$\text{제1종 오류를 범할 확률} = P(H_1 \text{ 채택} \mid H_0 \text{ 참})$$

$$\text{제2종 오류를 범할 확률} = P(H_0 \text{ 채택} \mid H_1 \text{ 참})$$

유의수준 α의 선택에 따라 귀무가설 H_0의 기각역 (또는 채택역)이 정해지므로 실험에 앞서 그 크기를 먼저 결정해야 한다. 일반적으로 많이 사용되는 유의수준 α의 값은 0.10, 0.05, 0.01 등이다.[주2)] 만약 참인 귀무가설 H_0를 잘못 기각하게 됨으로서 일어나는 결과가 중대할 것 같으면 이러한 오류를 범하는 확률 α를 작게 잡아야 하고, 이와 반대로 참이 아닌 귀무가설 H_0를 반드시 기각해야 될 경우에는 α를 크게 잡아야 한다.

관측된 검정통계량의 값을 기준으로 할 때 제1종 오류를 범할 확률을 유의확률(significance probability) 또는 p값이라 부른다. 대부분의 통계 처리용 프로그램에서는 p값을 계산하여 출력하며, 이 값을 주어진 유의수준 α의 값과 비교하여 귀무가설의 채택 또는 기각 여부를 결정하게 된다. p값을 이용할 때의 가설의 선택 기준은 다음과 같다.

p값을 이용한 판정방법

p값 $\geq \alpha$일 때, 귀무가설 H_0를 채택

p값 $< \alpha$일 때, 귀무가설 H_0를 기각

주1) 예를 들어, 유의수준 $\alpha = 0.05$인 검정이란 모집단으로부터 같은 크기의 표본을 반복해서 추출하여 검정을 할 때 실제로 참인 귀무가설 H_0을 잘못 기각하는 최대 빈도가 5%이고, 귀무가설 H_0를 채택하여 옳게 판단하는 최소빈도가 95%가 된다는 것을 의미한다.

주2) 귀무가설 H_0가 기각될 때 이를 통계적으로 '유의하다'라고 하며, 그 중에서 $\alpha = 0.01$로서 기각될 경우에는 '매우 유의하다'라고 한다.

예제 2 예제 1)에서 새 전구의 수명이 정규분포 $N(\mu,\ 180^2)$을 따른다고 할 때 기각역을 정하고, 이를 이용하여 귀무가설 H_0의 기각 또는 채택 여부를 결정하여라.

풀이 모평균 μ에 대한 검정에서 귀무가설 H_0의 기각 또는 채택 여부는 $\overline{X}$의 표본분포를 이용하여 결정되며, $\overline{X}$의 표본분포는 정규분포 $N(\mu,\ 180^2/36)$을 따르게 된다. 따라서 귀무가설 $H_0: \mu=1500$(시간)이 참이라는 가정 아래에서 귀무가설 H_0를 기각하게 되는 $\overline{X}$의 범위인 기각역은 유의수준 $\alpha=0.05$에 의해 결정된다. 즉, 임계값은

$$P(\overline{X} \geq c \mid \mu=1500)=0.05$$

를 만족하는 c이다. 임계값 c를 구하기 위해 표본평균 $\overline{X}$를 표준화하면

$$P\left(\frac{\overline{X}-1500}{\sigma/\sqrt{n}} \geq \frac{c-1500}{180/6}\right)=P(Z \geq z_\alpha)=0.05$$

이고 $z_{0.05}=1.645$ 이므로,

$$\frac{c-1500}{180/6}=1.645 \text{ 에서 } c=1500+1.645\times\left(\frac{180}{6}\right)=1549.35$$

가 되어 기각역은 다음과 같이 오른쪽 방향에 있게 된다.

기각역 : $\overline{X} \geq 1549.35$, 채택역 : $\overline{X} < 1549.35$

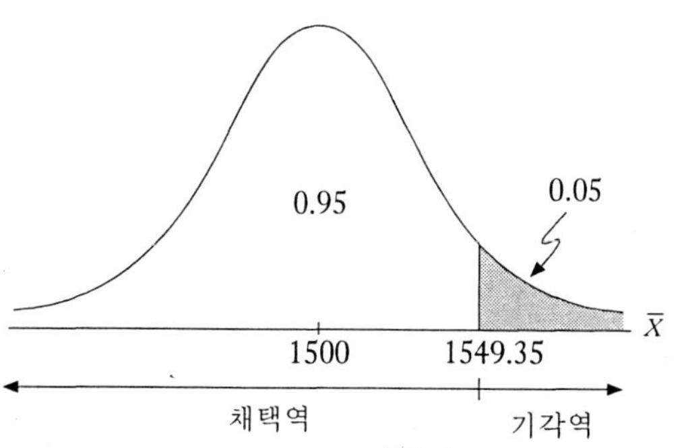

<그림 8.2> $\overline{X}$의 분포($\mu=1500$일 때)와 기각역

따라서 $\overline{X}=1550$은 기각역에 포함되므로, 귀무가설 H_0는 기각된다. 즉, 새로운 기술방식으로 생산된 전구의 평균수명이 1500시간보다 더 길다라는 회사의 주장은 옳다고 할 수 있다. ■

별해) 모평균 μ 에 대한 검정은 표본평균 $\overline{X}$를 검정통계량으로 사용하고, 앞에서와 같이 $\overline{X}$의 표본분포를 이용하여 임계값을 구한 후 귀무가설의 채택 또는 기각 여부를 결정할 수 있으나 이러한 방법은 다소 복잡하다. 따라서 $\overline{X}$를 표준화시킨 통계량

$$Z=\frac{\overline{X}-1500}{\sigma/\sqrt{n}}$$

을 검정통계량으로 사용하는 것이 일반적이다. 즉, 유의수준 $\alpha=0.05$에서의 기각역은 $Z \geq z_{0.05}=1.645$이고, 검정통계량의 값은

$$Z=\frac{\overline{X}-1500}{\sigma/\sqrt{n}}=\frac{1550-1500}{180/6}=1.67$$

이다. 이 값은 기각역에 포함되므로, 귀무가설 H_0는 기각된다. 참고적으로 p값은

$$p\text{값}=P(Z \geq 1.67)=0.0475$$

이며, 이 값은 유의수준 $\alpha=0.05$보다 작기 때문에 귀무가설 H_0는 기각되어 검정 결과는 같게 된다.

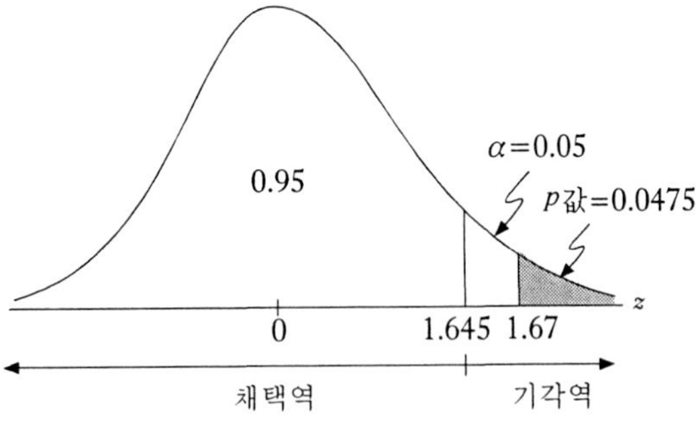

<그림 8.3> $Z=\frac{\overline{X}-1500}{\sigma/\sqrt{n}}$ 의 분포, 기각역, 그리고 p값

가설검정은 기각역의 위치에 따라 양측검정과 단측검정으로 구분된다. 즉, 기각역이 양쪽 끝방향으로 나누어져 있는 것을 양측검정(two-sided test), 한쪽 끝방향으로 있는 것을 단측검정(one-sided test)이라 한다.

양측검정은 모수 θ에 관한 귀무가설과 대립가설이

$$H_0: \theta = \theta_0 \qquad H_1: \theta \neq \theta_0$$

로 주어지고 기각역은 <그림 8.4>에서 보는 바와 같이 양쪽 끝부분에 나누어져 있다. 단측검정은 우측검정과 좌측검정으로 구분되며 우측검정은 기각역이 우측 끝부분, 좌측검정은 기각역이 좌측 끝부분에만 있는 검정이다. 즉, 우측검정은 모수 θ에 관한 귀무가설과 대립가설이

$$H_0: \theta = \theta_0 \qquad H_1: \theta > \theta_0$$

로 주어지고 기각역은 <그림 8.4>에서 보는 바와 같이 우측 끝부분에 있으며, 반면에 좌측검정은 모수 θ에 대한 귀무가설과 대립가설이

$$H_0: \theta = \theta_0, \qquad H_1: \theta < \theta_0$$

로 주어지고 기각역은 <그림 8.4>에서 보는 바와 같이 좌측 끝부분에 있다.

이상의 사실로부터, 양측검정과 단측검정(우측검정과 좌측검정)을 결정하는 것은 결국 대립가설의 형태라는 것을 알 수 있다. 따라서 주어진 연구 또는 조사에서 대립가설을 올바르게 설정하는 것이 대단히 중요하다.

대립가설 H_1의 형태에 따른 기각역

· 검정통계량 $\widehat{\theta}$, 유의수준 α일 때 귀무가설 $H_0: \theta = \theta_0$에 대하여

① $H_1: \theta > \theta_0$ (우측검정), 기각역 : $\widehat{\theta} \geq k_1$

② $H_1: \theta < \theta_0$ (좌측검정), 기각역 : $\widehat{\theta} \leq k_2$

③ $H_1: \theta \neq \theta_0$ (양측검정), 기각역 : $\widehat{\theta} \geq k_3$ 또는 $\widehat{\theta} \leq k_4$

여기서 k_1은 H_0 아래서 우측 확률이 α인 점, k_2는 좌측 확률이 α인 점, k_3와 k_4는 우측 및 좌측 확률이 각각 $\alpha/2$인 점이다(그림 8.4 참조).

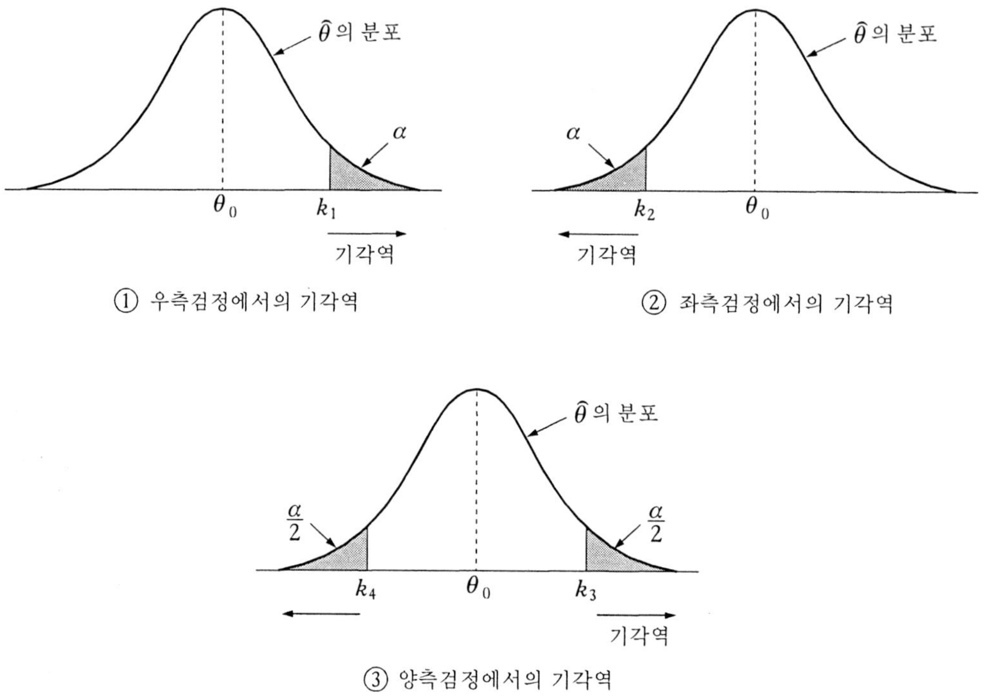

<그림 8.4> 대립가설과 기각역

일반적으로 가설검정은 다음과 같이 5단계의 절차를 통하여 이루어진다.

> **가설검정 절차**
>
> 단계 1) 귀무가설 H_0과 대립가설 H_1을 설정한다.
>
> 단계 2) 유의수준 α의 크기를 정한다.
>
> 단계 3) 검정통계량을 결정하고, 그 값을 계산한다.
>
> 단계 4) 기각역을 구한다.
>
> 단계 5) 계산된 검정통계량의 값 또는 p값으로 유의성 여부를 판정한다.

8.2 모평균의 검정

8.2.1 정규검정법

[모분산 σ^2이 알려져 있는 정규모집단]

모분산 σ^2이 알려져 있는 정규모집단에서 추출된 표본을 이용하여 모평균 μ에 대한 가설검정을 할 경우, 표본평균 $\overline{X}$를 검정통계량으로 사용한다. 여기서 $\overline{X}$가 정규분포 $N(\mu,\ \sigma^2/n)$을 따르고 이를 표준화한 통계량

$$Z = \frac{\overline{X} - \mu}{\sigma/\sqrt{n}}$$

는 표준정규분포 $N(0,\ 1)$을 따르므로, 일반적으로 표본평균 $\overline{X}$보다는 Z를 검정통계량으로 사용하여 모평균 μ에 대한 검정을 한다.

우측검정 즉, $H_0: \mu = \mu_0 \quad H_1: \mu > \mu_0$에서 μ가 μ_0보다 훨씬 크면 검정통계량 Z는 매우 큰 값이 되어 귀무가설 H_0가 기각될 가능성이 높다. 이때 기각역은 적절한 상수 c(임계값)에 대하여 $Z \geq c$인 형태로 생각할 수 있고 임계값 c는 유의수준 α를 만족하도록 결정되어야 하므로, $\alpha = P(Z \geq c) = P(Z \geq z_\alpha)$이다. 따라서 유의수준 α인 기각역은 $Z \geq z_\alpha$로 주어진다.

좌측검정 즉, $H_0: \mu = \mu_0 \quad H_1: \mu < \mu_0$일 때 우측검정과 유사하게 μ가 μ_0보다 훨씬 작으면 검정통계량 Z는 매우 작은 값이 되어 귀무가설 H_0가 기각될 가능성이 높다. 이때 기각역은 $Z \leq c$인 형태로 생각할 수 있고 임계값 c는 $\alpha = P(Z \leq c) = P(Z \leq -z_\alpha)$를 만족하도록 결정되어야 하므로, 유의수준 α인 기각역은 $Z \leq -z_\alpha$로 주어진다.

양측검정 즉, $H_0: \mu = \mu_0 \quad H_1: \mu \neq \mu_0$일 때 검정통계량 Z가 매우 큰 값이거나 작은 값이면 귀무가설 H_0가 기각될 가능성이 높다. 따라서 기각역은 $|Z| \geq c$인 형태로 생각할 수 있으며, $\alpha = P(|Z| \geq c) = P(|Z| \geq z_{\alpha/2})$이므로 유의수준 α인 기각역은 $|Z| \geq z_{\alpha/2}$로 주어진다.

이와 같이 표준정규분포 $N(0,\ 1)$를 사용하여 모평균 μ에 관한 가설검정을 하는 방법을 정규검정법(normal test)이라 한다.

정규검정법

· 검정통계량 $\quad Z = \dfrac{\overline{X} - \mu_0}{\sigma/\sqrt{n}}$

· 유의수준 α일 때

① 우측검정 $\quad H_0: \mu = \mu_0 \quad H_1: \mu > \mu_0$, $\quad$ 기각역 : $Z \geq z_\alpha$

② 좌측검정 $\quad H_0: \mu = \mu_0 \quad H_1: \mu < \mu_0$, $\quad$ 기각역 : $Z \leq -z_\alpha$

③ 양측검정 $\quad H_0: \mu = \mu_0 \quad H_1: \mu \neq \mu_0$, $\quad$ 기각역 : $|Z| \geq z_{\alpha/2}$

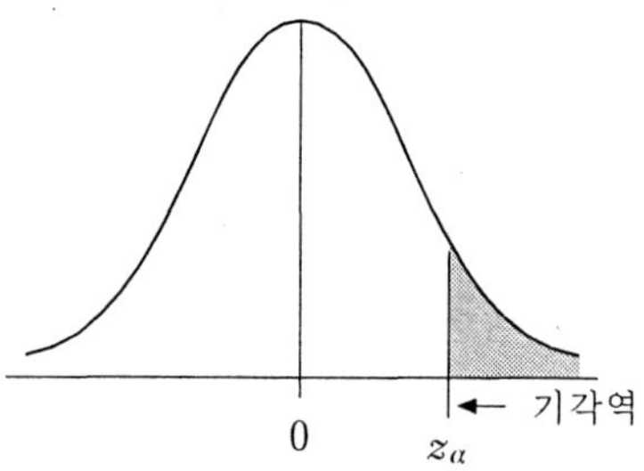

① 우측검정에서의 기각역

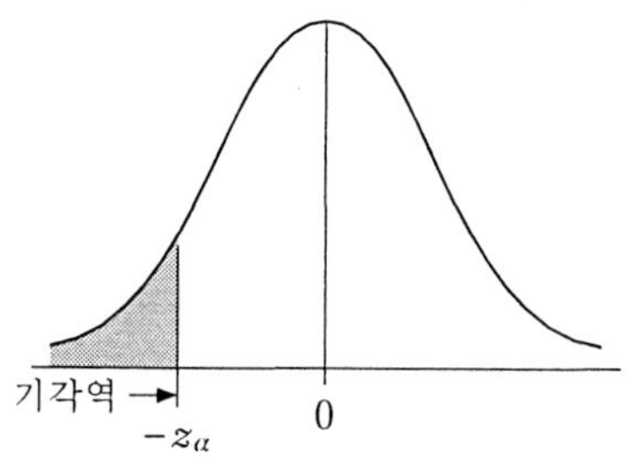

② 좌측검정에서의 기각역

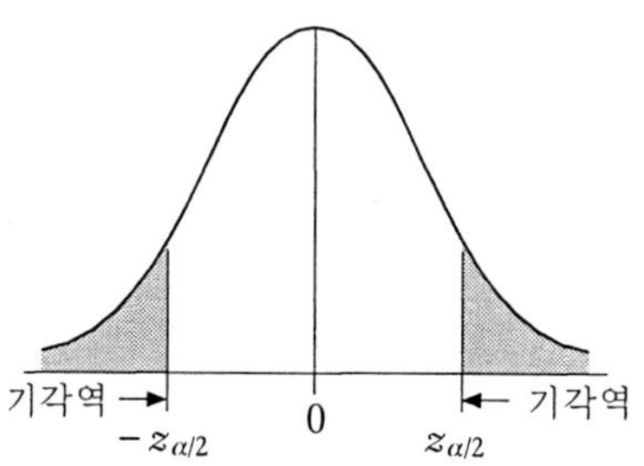

③ 양측검정에서의 기각역

<그림 8.5> 단측검정과 양측검정의 기각역

예제 3 어떤 도시에서 보건소를 이용하는 환자들은 진료를 받기 위해 대기하는 시간이 1시간보다 더 걸린다고 시청에 항의를 하였다. 이를 확인하기 위해 시청에서는 보건소를 방문하는 100명의 환자를 랜덤으로 추출하여 대기시간을 측정한 결과

평균 $\overline{X}=63$분, 표준편차 $S=10$분이었다. 이 자료로부터 대기시간이 1시간보다 더 걸린다는 환자들의 주장이 타당한지를 유의수준 $\alpha=0.05$로 검정하여라. 단 환자들의 대기시간은 $\sigma=10$분인 정규분포를 따른다고 가정하자.

풀이 보건소를 이용하는 전체 환자들(모집단)의 평균 대기시간을 μ(분)라고 하면 환자들의 주장에 대한 검정은 우측검정에 해당되며, 다음과 같이 5단계의 절차에 따라 이루어진다.

① 가설 $H_0: \mu=60 \quad H_1: \mu>60$

② 유의수준 $\alpha=0.05$

③ 검정통계량

$$Z=\frac{\overline{X}-\mu_0}{\sigma/\sqrt{n}}=\frac{63-60}{10/10}=3$$

④ 기각역 $Z \geq z_{0.05}=1.645$

⑤ 검정통계량의 값 $Z=3>z_{0.05}=1.645$이므로 귀무가설 H_0를 기각한다. 즉, 보건소에서 진료를 받기 위해 대기하는 시간이 1시간보다 더 걸린다는 환자들의 주장이 타당하다고 할 수 있다. ■

[모분산 σ^2이 알려져 있는 비정규모집단]

모분산 σ^2이 알려져 있는 비정규모집단에서의 가설검정은 표본크기 n에 따라 달라진다. n이 작으면 검정통계량 Z는 표준정규분포를 따르지 않기 때문에 모평균에 대한 검정은 용이하지 않다. 그러나 n이 충분히 클 경우에는 중심극한정리에 의해 Z가 근사적으로 표준정규분포 $N(0, 1)$을 따르게 되므로, 정규검정법을 그대로 적용하면 된다.

예제 4 전매청에서는 이번에 새로 시판한 담배의 한 개피당 니코틴의 함유량이 평균은 0.6㎎미만, 표준편차는 0.1㎎이라 주장한다. 소비자 보호단체에서는 이를 확인하기 위해 100개피를 랜덤으로 추출하여 조사한 결과 니코틴의 평균 함유량은 0.59㎎이었다. 전매청의 주장이 맞는지를 유의수준 $\alpha=0.05$로 검정하여라.

풀이 담배의 한 개피당 니코틴의 평균 함유량을 μ라고 할 때,

① 가설 $H_0: \mu=0.6 \quad H_1: \mu<0.6$

② 유의수준 $\alpha = 0.05$

③ 검정통계량

$$Z = \frac{\overline{X} - \mu_0}{\sigma/\sqrt{n}} = \frac{0.59 - 0.6}{0.1/\sqrt{100}} = -1.0$$

④ 기각역 $Z \le -z_{0.05} = -1.645$

⑤ 검정통계량의 값 $Z = -1.0 > -z_{0.05} = -1.645$ 이므로, 귀무가설 H_0를 채택한다. 즉, 새 담배의 한 개피당 니코틴의 평균 함유량이 0.6미만이라는 전매청의 주장이 맞다고 할 수 없다. ■

8.2.2 t 검정법

[모분산 σ^2이 알려져 있지 않은 정규모집단]

정규검정법에서는 모집단의 분산 σ^2이 알려진 것으로 가정하였다. 그러나 실제 문제에서 σ^2을 알고 있는 경우는 그다지 많지 않다. 앞에서 소개된 정규검정법의 검정통계량에서 σ대신에 S를 사용한 통계량

$$T = \frac{\overline{X} - \mu}{S/\sqrt{n}}$$

가 자유도 $n-1$인 t분포를 따르는 것을 6장에서 공부하였다. 따라서 모분산 σ^2이 알려져 있지 않은 정규모집단에서 모평균 μ에 대한 가설검정은 T를 검정통계량으로 사용하며, 이러한 검정법을 t검정법(t-test)이라 한다.

> t검정법
>
> · 검정통계량 $T = \dfrac{\overline{X} - \mu_0}{S/\sqrt{n}}$
>
> · 유의수준 α일 때
>
> ① 우측검정 $H_0: \mu = \mu_0$ $H_1: \mu > \mu_0$, 기각역: $T \ge t(n-1, \alpha)$
>
> ② 좌측검정 $H_0: \mu = \mu_0$ $H_1: \mu < \mu_0$, 기각역: $T \le -t(n-1, \alpha)$
>
> ③ 양측검정 $H_0: \mu = \mu_0$ $H_1: \mu \ne \mu_0$, 기각역: $|T| \ge t(n-1, \alpha/2)$

예제 5 진돗개의 평균수명은 15년으로 알려져 있다. 이러한 사실을 확인하기 위해 과거의 기록으로부터 진돗개 25마리의 수명을 조사한 결과 $\overline{X}=14.2$년, $S=2.5$년을 얻었다. 진돗개의 수명이 정규분포를 따른다고 가정하고, 유의수준 $\alpha=0.01$로 진돗개의 평균수명을 15년이라고 할 수 있는지를 검정하여라.

풀이 진돗개의 평균 수명을 μ라고 할 때,

① 가설 $H_0: \mu = 15 \quad H_1: \mu \neq 15$

② 유의수준 $\alpha=0.01$

③ 검정통계량

$$|T| = \left| \frac{\overline{X}-\mu_0}{S/\sqrt{n}} \right| = \left| \frac{14.2-15}{2.5/\sqrt{25}} \right| = 1.6$$

④ 기각역 $|T| \geq t(24,\ 0.005)=2.797$

⑤ 검정통계량의 값 $|T| = 1.6 < t(24,\ 0.005)=2.797$ 이므로, 귀무가설 H_0를 기각할 수 없다. 즉, 진돗개의 평균 수명은 15년이라고 할 수 있다. ■

[모분산 σ^2이 알려져 있지 않은 비정규모집단]

모분산 σ^2이 알려져 있지 않은 비정규모집단인 경우, n이 충분히 크면 검정통계량 T는 근사적으로 표준정규분포 $N(0,\ 1)$을 따르게 된다. 따라서

$$Z=\frac{\overline{X}-\mu_0}{S/\sqrt{n}}$$

를 검정통계량으로 사용하여 정규검정법을 적용하면 된다.

8.3 모분산의 검정

정규분포 $N(\mu,\ \sigma^2)$을 따르는 모집단으로부터 크기 n인 확률표본을 추출할 때, 통계량

$$V=\frac{(n-1)S^2}{\sigma^2}$$

이 자유도 $n-1$인 카이제곱분포를 따른다는 사실을 6장에서 공부하였다. 이러한 사실

을 이용하여 모분산 σ^2에 대한 가설검정을 하며, 이때 검정통계량으로 V를 사용한다.

우측검정 즉, $H_0: \sigma^2 = \sigma_0^2 \quad H_1: \sigma^2 > \sigma_0^2$에서 σ^2이 σ_0^2보다 훨씬 크면 검정통계량 V는 매우 큰 값이 되어 귀무가설 H_0를 기각할 가능성이 높다. 따라서 기각역은 임계값 c에 대하여 $V \geq c$인 형태로 생각할 수 있다. 여기서 c는 유의수준 α를 만족하도록 결정되어야 하므로, $\alpha = P(V \geq c) = P[V \geq \chi^2(n-1, \alpha)]$이다. 따라서 유의수준 α인 기각역은 $V \geq \chi^2(n-1, \alpha)$로 주어진다.

좌측검정 즉, $H_0: \sigma^2 = \sigma_0^2 \quad H_1: \sigma^2 < \sigma_0^2$일 때 σ^2이 σ_0^2보다 훨씬 작으면 검정통계량 V는 매우 작은 값이 되어 귀무가설 H_0가 기각될 가능성이 높다. 이때 기각역은 $V \leq c$인 형태이며, 유의수준 α인 기각역은 $V \leq \chi^2(n-1, 1-\alpha)$로 주어진다.

양측검정 즉, $H_0: \sigma^2 = \sigma_0^2 \quad H_1: \sigma^2 \neq \sigma_0^2$에서 검정통계량 V가 매우 큰 값이거나 작은 값이면 귀무가설 H_0가 기각될 가능성이 높다. 따라서 기각역은 $V \geq c_1$ 또는 $V \leq c_2$인 형태이며, 유의수준 α인 기각역은 $V \leq \chi^2(n-1, 1-\alpha/2)$ 또는 $V \geq \chi^2(n-1, \alpha/2)$로 주어진다.

이와 같이 카이제곱분포를 사용하여 모분산 σ^2에 관한 가설검정을 하는 방법을 카이제곱검정법(χ^2-test)이라 한다.

카이제곱검정법

- 검정통계량 $$V = \frac{(n-1)S^2}{\sigma_0^2}$$
- 유의수준 α일 때
  - ① 우측검정 $H_0: \sigma^2 = \sigma_0^2 \quad H_1: \sigma^2 > \sigma_0^2$, 기각역: $V \geq \chi^2(n-1, \alpha)$
  - ② 좌측검정 $H_0: \sigma^2 = \sigma_0^2 \quad H_1: \sigma^2 < \sigma_0^2$, 기각역: $V \leq \chi^2(n-1, 1-\alpha)$
  - ③ 양측검정 $H_0: \sigma^2 = \sigma_0^2 \quad H_1: \sigma^2 \neq \sigma_0^2$,
    기각역: $V \leq \chi^2(n-1, 1-\alpha/2)$ 또는 $V \geq \chi^2(n-1, \alpha/2)$

예제 6 어느 제조회사에서 재료를 납품받기 위해서는 그 장력의 분산이 5 이내이어야 한다. 이번에 납품받은 재료 중에 25개를 랜덤으로 추출하여 측정한 결과 표본분산은 7이었다. 재료의 장력이 정규분포를 따른다고 가정하고, 납품받은 재료가 이상이 있는지를 유의수준 $\alpha=0.05$ 로 검정하여라.

풀이 장력의 분산을 σ^2 이라 할 때

① 가설 $H_0: \sigma^2=5 \quad H_1: \sigma^2>5$

② 유의수준 $\alpha=0.05$

③ 검정통계량

$$V=\frac{(n-1)S^2}{\sigma_0^2}=\frac{(25-1)(7)}{5}=33.6$$

④ 기각역 $V\geq\chi^2(24,\ 0.05)=36.42$

⑤ 검정통계량의 값은 $V=33.6<\chi^2(24,\ 0.05)=36.42$ 이므로, 귀무가설 H_0 를 기각할 수 없다. 즉, 재료 장력의 분산이 5 이내라고 할 수 있다. ■

8.4 모비율의 검정

모비율 p 인 베르누이분포를 따르는 모집단으로부터 크기 n 인 확률표본을 추출할 때, 표본비율 $\hat{p}$ 은 n 이 클 때 중심극한정리에 의해 근사적으로 평균이 p, 분산이 $p(1-p)/n$ 인 정규분포를 따르게 된다. 따라서 모비율 p 에 대한 검정은 이를 표준화한 통계량

$$Z=\frac{\hat{p}-p}{\sqrt{p(1-p)/n}}$$

가 표준정규분포 $N(0,\ 1)$ 을 따른다는 사실을 이용할 수 있다.

정규검정법

· 검정통계량 $$Z=\frac{\hat{p}-p_0}{\sqrt{p_0(1-p_0)/n}}$$

· 유의수준 α 일 때

① 우측검정 $H_0: p=p_0 \quad H_1: p>p_0$, 기각역 : $Z\geq z_\alpha$

② 좌측검정 $H_0: p=p_0 \quad H_1: p<p_0$, 기각역 : $Z\leq -z_\alpha$

③ 양측검정 $H_0: p=p_0 \quad H_1: p\neq p_0$, 기각역 : $|Z|\geq z_{\alpha/2}$

예제 7 어떤 제약회사에서는 무좀약을 새로 개발하여 일주일만 치료하면 완치율이 70%보다 높다고 주장한다. 소비자보호협회에서는 이를 확인하기 위해 30명의 무좀환자를 랜덤으로 추출하여 이 약을 사용하게 한 결과 이 중 27명이 일주일만에 완치되었다. 이 제약회사의 주장이 옳은지를 유의수준 $\alpha=0.05$로 검정하여라.

풀이 표본의 크기가 $n=30$이므로, 정규검정법을 적용하여 완치율 p에 대한 검정을 할 수 있다. 확률변수 X를 완치된 환자수라고 할 때 표본비율은 $\hat{p}=27/30=0.9$이며, 이를 이용한 검정 절차는 다음과 같다.

① 가설 $H_0: p=0.7 \quad H_1: p>0.7$

② 유의수준 $\alpha=0.05$

③ 검정통계량

$$Z=\frac{\hat{p}-p_0}{\sqrt{p_0(1-p_0)/n}}=\frac{0.9-0.7}{\sqrt{0.7(1-0.7)/30}}=2.39$$

④ 기각역 $Z \geq z_{0.05}=1.645$

⑤ 검정통계량의 값 $Z=2.39>z_{0.05}=1.645$이므로, 귀무가설 H_0를 기각한다. 즉, 제약회사의 주장이 옳다고 할 수 있다. ■

EXCEL 실습

모평균의 검정

[σ^2 이 알려져 있는 정규모집단에서의 p값 계산]

정규분포의 누적확률을 계산하는 통계함수 [NORMDIST]를 이용한 p값 계산

· 좌측검정일 경우

① [함수 마법사] 대화상자에서 통계함수 [NORMDIST]를 선택한다.

② [NORMDIST] 대화상자에서

- X : 계산된 표본평균
- Mean : 귀무가설에서 설정된 모평균
- Standard_dev : 표본평균의 표준편차 $\sigma/\sqrt{n}$값
- Cumulative : 누적분포함수값의 계산이므로 1을 지정

을 입력한 후 "확인"을 누르면 좌측 검정에서의 누적확률 즉, p값이 계산된다.

· 우측검정일 경우

위의 절차로부터 계산된 값을 1에서 빼준다. 즉, p값 = 1-(누적확률)

· 양측검정일 경우

[NORMDIST] 함수는 정규분포의 누적확률을 계산한다. 따라서 양측검정이면 단측검정에서 계산된 p값을 2배해 주면 된다.

[실습-예제 3]

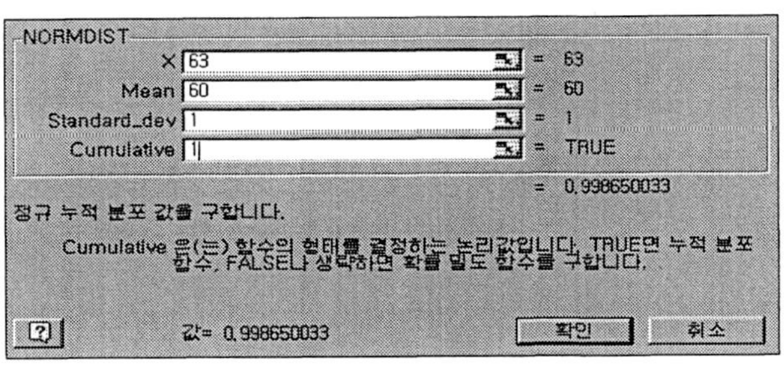

<그림 8.6> [NORMDIST] 함수를 이용한 p값 계산

풀이) 우측검정이므로, EXCEL로부터 계산된 p값을 1에서 빼주어야 한다. 따라서 <그림 8.6>에서 계산된 확률은 누적확률 0.9986을 나타내며, 이 값을 1에서 빼면 p값 $=1-0.9986=0.0014$ 이다. p 값은 유의수준 $\alpha=0.05$보다 작으므로, 귀무가설 H_0를 기각한다.

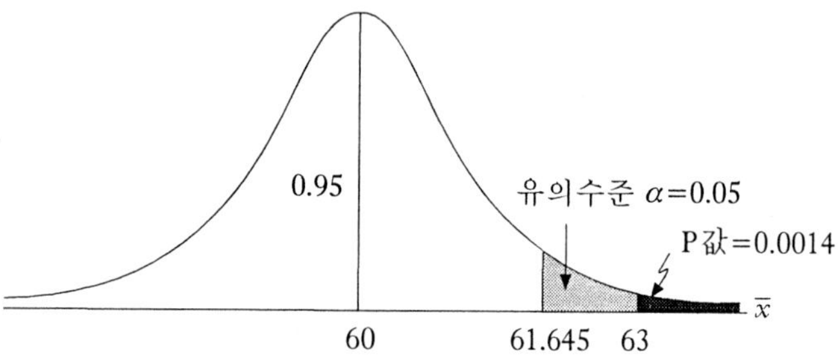

<그림 8.7> 유의수준과 p값의 비교

[σ^2이 알려져 있지 않은 정규모집단에서의 p값 계산]

t분포의 확률을 계산하는 통계함수 [TDIST]를 이용한 p값 계산

① [함수 마법사] 대화상자에서 통계함수 [TDIST]를 선택한다.

② [TDIST] 대화상자에서

- X : 표본으로부터 계산된 검정통계량의 값
- Deg_freedom : 자유도
- Tails : 단측검정이면 1, 양측검정이면 2를 지정

※ [TDIST] 함수 사용시 X값에는 반드시 절대값을 입력하여야 한다. 따라서 계산된 값은 우측확률을 나타내게 된다.

[실습-예제 5]

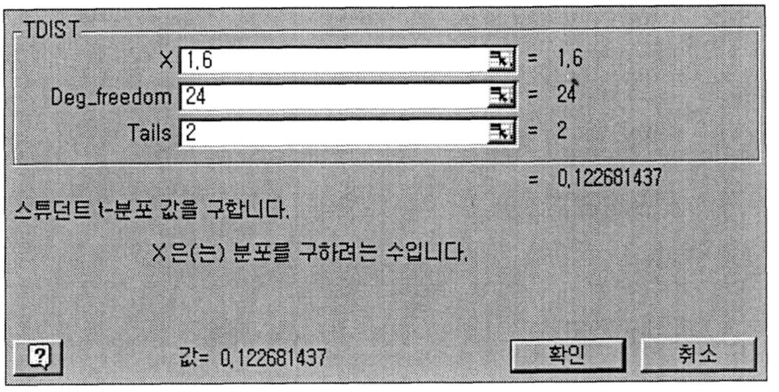

<그림 8.8> [TDIST] 함수를 이용한 p값 계산

풀이) <그림 8.8>에서와 같이 X=1.6, 자유도=24, 그리고 양측검정이므로, Tails=2를 입력하면 p값 $=0.122$를 얻게 된다. 이 값은 유의수준 $\alpha=0.01$보다 크므로, 귀무가설 H_0를 채택한다.

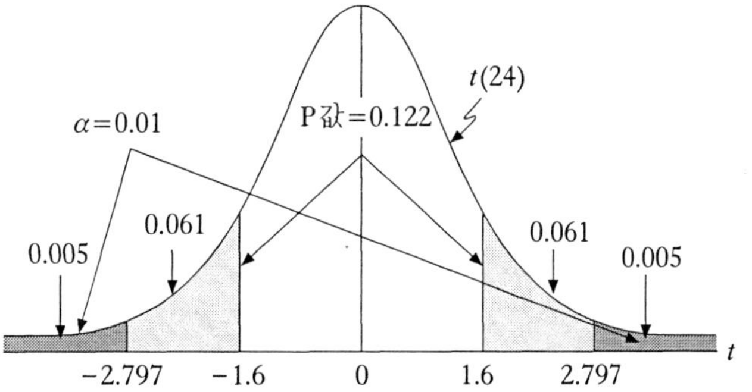

<그림 8.9> 유의수준과 p값의 비교

[σ^2이 알려져 있지 않은 비정규모집단에서의 p값 계산]

표준정규분포의 누적확률을 계산하는 통계함수 [NORMSDIST]를 이용한 p값 계산

[실습] 다음은 올해 어떤 대학에 입학한 학생들 중 40명을 랜덤으로 추출하여 수능성적을 조사한 자료이다. 올해 이 대학에 입학한 학생들의 수능성적 평균이 300점이

라고 할 수 있는지를 유의수준 $\alpha = 0.05$ 로 EXCEL을 이용하여 검정하여라.

262	271	338	245	244	326	245	262	272	278
267	298	261	252	282	336	365	237	333	283
284	296	315	315	295	300	319	244	276	335
294	347	287	297	362	281	306	357	284	305

풀이) 모집단의 분포와 모분산에 관한 정보가 주어지지 않았지만 표본의 크기 $n = 40$ 은 충분히 크므로, 중심극한정리에 의하여 정규검정법을 적용할 수 있다. 따라서 올해 이 대학에 입학한 학생들의 수능성적 평균을 μ 라고 할 때, 검정은 다음과 같이 5단계의 절차에 따라 이루어진다.

① 가설 $H_0: \mu = 300$, $H_1: \mu \neq 300$

② 유의수준 $\alpha = 0.05$

③ 검정통계량

$$| Z | = \left| \frac{\overline{X} - \mu_0}{S/\sqrt{n}} \right|$$

의 값은 EXCEL에서 다음과 같이 구해진다:

※ 워크시트에 자료를 A1에서 J4까지 입력한 후 표본평균, 표본분산, 검정통계량의 값을 [수식 입력줄]을 사용하여 계산한다.

- 표본평균: 셀 C6에 [=AVERAGE(A1:J4)]
- 표본분산: 셀 C7에 [=VAR(A1:J4)]
- 검정통계량: 셀 C8에 [(=C6-300)/(SQRT(C7/40))]

④ 셀 C9에 [=NORMSDIST(C8)*2]와 같이 입력하여 p 값을 계산한다.

※ 양측검정이기 때문에 [NORMSDIST] 함수로부터 계산된 p 값을 2배해 주어야 한다.

⑤ p 값 $= 0.2672$ 는 유의수준 $\alpha = 0.05$ 보다 크므로, 귀무가설 H_0 를 채택한다. 즉, 올해 이 대학에 입학한 학생들의 수능성적 평균이 300점이라고 할 수 있다.

Book1

	A	B	C	D	E	F
1	262	271	338	245	244	
2	267	298	261	252	282	
3	284	296	315	315	295	
4	294	347	287	297	362	
5						
6		표본평균	293.9			
7		표본분산	1209.323			
8		검정통계량	-1.1094			
9		p값	0.267257			
10						
11						
12						
13						

<그림 8.10> NORMSDIST 함수를 이용한 p값 계산

모분산의 검정

p값 계산은 카이제곱분포의 확률을 계산하는 통계함수 [CHIDIST]를 이용한다.

[실습-예제 6]

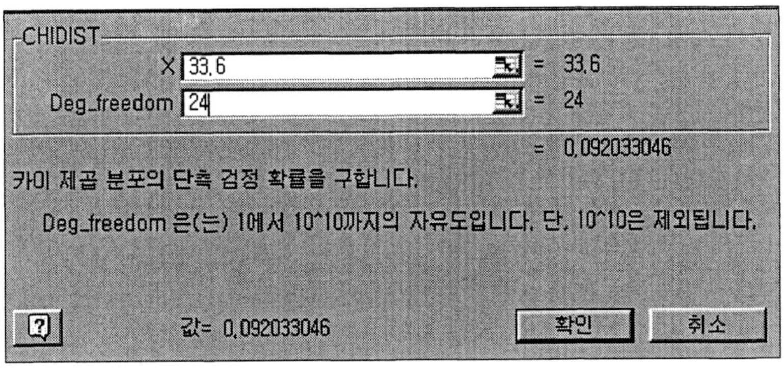

<그림 8.11> 통계함수 CHIDIST를 이용한 p값 계산

풀이) [CHIDIST] 대화상자에서 X에는 계산된 검정통계량의 값 33.6, Deg_freedom에는 자유도 24를 입력하면 $\chi^2(24)$ 분포로부터 33.6보다 큰 확률인 p값 $=0.0920$을 얻게 된다. 따라서 이 값은 유의수준 $\alpha=0.05$보다 크므로 귀무가설 H_0를 채택한다.

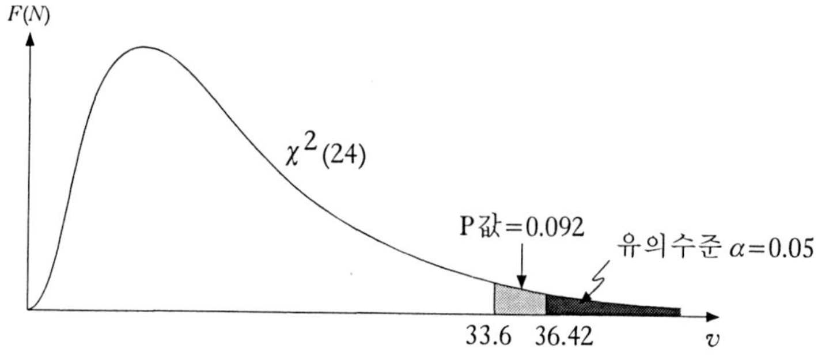

<그림 8.12> 유의수준과 p값의 비교

모비율의 검정

모비율 p에 대한 검정은 표본의 크기 n이 클 경우 정규검정법을 적용할 수 있으므로, 통계함수 [NORMSDIST]를 이용하여 p값을 계산한다.

[실습-예제 7]

풀이) ① 귀무가설에서 모비율을 $p=0.7$로 설정하고, 표본비율이 $\hat{p}=0.9$이므로 [수식 입력줄]에

[=(0.9-0.7)/SQRT(((0.7*(1-0.7))/30)]

와 같이 입력하여 검정통계량의 값 2.3905를 계산한다.

② 표준정규분포의 누적확률을 계산하는 통계함수 [NORMSDIST]를 이용하여 [수식 입력줄]에 [=(1-NORMSDIST(2.3905))]를 입력하면 p값 $=0.0084$를 얻게 된다. 이 값은 유의수준 $\alpha=0.05$보다 작으므로, 귀무가설 H_0를 기각한다.

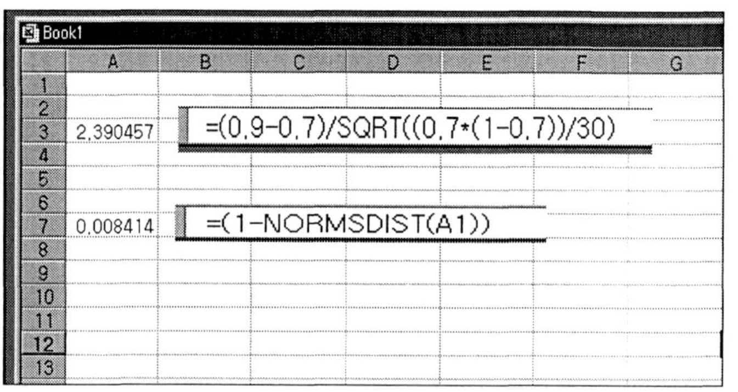

<그림 8.13> 모비율에 대한 검정시 p값 계산

연습문제

1. 어떤 질병에 대한 기존 치료법의 치료기간은 평균 15일, 표준편차 3일인 정규분포를 따른다고 알려져 있다. 이 질병에 대한 새로운 치료법을 개발한 의료진들은 이 치료법이 치료기간을 단축시킨다고 주장한다. 이를 확인하기 위해 9명의 환자를 랜덤으로 추출하여 치료기간을 조사한 결과 표본평균 $\overline{X}=13$을 얻었다. 새로운 치료법에 의한 치료기간도 표준편차가 3일인 정규분포를 따른다고 가정하고, 유의수준 $\alpha=0.05$로 의료진들의 주장을 검정하여라.

2. 소비자 보호단체에서는 무게가 4kg으로 표시된 설탕제품 중에 36개를 랜덤으로 추출하여 그 무게를 측정해 본 결과 평균이 3.9kg, 표준편차가 0.4kg이었다. 유의수준 $\alpha=0.05$로 설탕제품의 함량 미달 여부를 검정하여라.

3. 제철소의 철판 제조 공정에서 생산되는 철판의 두께가 모두 정확하게 같을 수는 없다. 그러나 두께의 표준편차가 1.5㎜를 상회하면 생산 공정에 이상이 있는 것으로 판정하고, 생산되는 철판 중 10개를 랜덤으로 추출하여 그 두께를 측정한 결과 다음의 자료를 얻었다.

   226 228 226 225 232 228 227 229 225 230

   철판의 두께가 정규분포를 따른다고 가정하고, 생산 공정에 이상이 있는지를 유의수준 $\alpha=0.05$로 검정하여라.

4. 어느 시의 시장은 기자회견에서 시 자체 조사 결과 시민의 20%만이 공해규제안의 입법 추진에 찬성을 보였기 때문에 그 입법 추진에 반대의사를 표시하였다. 환경 되살리기 시민모임에서는 이를 확인하기 위해 81명의 시민을 랜덤으로 추출하여 설문 조사한 결과 찬성자의 수는 33명이었다. 유의수준 $\alpha=0.01$로 공해규제안의 입법 추진에 대한 찬성률이 20%보다 높은지를 검정하여라.

5. 학생회의 후생 복지부장은 전체 학생들의 80% 이상이 학교식당의 음식수준에 만족하지 못하고 있다고 주장한다. 64명의 학생을 랜덤으로 추출하여 설문 조사한 결과 이

중 10명의 학생이 만족한다고 응답하였다. 유의수준 $\alpha=0.05$로 후생복지부장의 주장을 검정하여라.

6. 어떤 실험실에서 실험용 쥐를 사육한 결과 100마리 중에 수놈이 45, 암놈이 55마리이었다. 암놈과 수놈의 비를 1:1이라고 할 수 있는지를 유의수준 $\alpha=0.1$로 검정하여라.

7. 70%의 적중률을 가진 것으로 알려진 신무기의 정확도를 검증하기 위해 50발을 시험발사한 결과 이 중에서 30발이 목표물에 명중하였다. 이 무기가 70%의 적중률을 가지고 있다고 할 수 있는지를 유의수준 $\alpha=0.05$로 검정하여라.

제 4 부 추정과 가설검정

제 9 장

두 모집단에 대한 추론

9.1 서 론

지금까지는 한 개의 모집단으로부터 확률표본을 추출하여 그 모집단의 평균, 분산, 그리고 비율 등에 관한 추정 및 검정법에 대해 살펴보았다. 그러나 실제적인 사회현상이나 과학적인 현상에서 요구되는 통계적 실험에서는 둘 또는 그 이상의 모집단에 대한 모수의 비교가 관심의 대상이 되는 경우가 종종 발생하게 된다. 예를 들면, 두 개의 전구회사에서 생산되는 전구의 수명을 비교한다든지, 남, 녀 유권자에 따른 특정 후보에 대한 지지율을 비교한다든지, 또는 두 제약회사에서 생산되는 특정 질병에 대한 치료약의 효능을 비교하는 문제 등을 생각해 볼 수 있다. 이 장에서는 모집단이 두 개일 경우의 모수에 관한 추론에 대하여 살펴보도록 하자.

9.2 두 모평균의 비교

9.2.1 독립적으로 표본을 추출하는 경우

두 모집단의 평균에 대한 추론을 하기 위해 두 정규모집단에서 각각 크기가 n_1, n_2인 확률표본을 랜덤으로 추출하는 문제를 생각해 보자. 즉, 정규분포 $N(\mu_1, \sigma_1^2)$을 하는 모집단으로부터 n_1개의 확률표본 $X_1, \cdots, X_{n_1}$를, 정규분포 $N(\mu_2, \sigma_2^2)$을 하는 모집단으로부터 n_2개의 확률표본 $Y_1, \cdots, Y_{n_2}$을 서로 독립적으로 추출한다고 하자. 이때 표본평균과 표본분산은 각각 다음과 같이 계산된다.

$$\overline{X} = \frac{1}{n_1}\sum_{i=1}^{n_1} X_i, \qquad S_1^2 = \frac{1}{n_1 - 1}\sum_{i=1}^{n_1}(X_i - \overline{X})^2$$

$$\overline{Y} = \frac{1}{n_2}\sum_{i=1}^{n_2} Y_i, \qquad S_2^2 = \frac{1}{n_2 - 1}\sum_{i=1}^{n_2}(Y_i - \overline{Y})^2$$

두 모평균의 차에 대한 추정과 검정은 모집단이 하나인 경우와 마찬가지로 모분산 σ_1^2과 σ_2^2을 알고 있는지의 여부에 따라 틀리게 된다. 즉, 6장과 7장에서 공부한 바와 같이 두 모분산이 알려져 있는 경우에는 표준정규분포, 두 모분산이 알려져 있지 않은 경우에는 t분포를 이용하여 추정과 검정을 실시한다.

[σ_1^2과 σ_2^2이 알려져 있는 경우]

· 두 모집단의 분포가 정규분포인 경우

정규분포를 따르는 두 모집단에서 각각의 분산 σ_1^2과 σ_2^2이 알려져 있는 경우, 두 모평균의 차 $\mu_1-\mu_2$에 대한 점추정량은 두 표본평균의 차 $\overline{X}-\overline{Y}$이다. 이때 통계량 $\overline{X}-\overline{Y}$는 정규분포를 따르며, 평균과 분산은 각각 다음과 같다.

$$E(\overline{X}-\overline{Y})=E(\overline{X})-E(\overline{Y})=\mu_1-\mu_2$$

$$V(\overline{X}-\overline{Y})=V(\overline{X})+V(\overline{Y})=\frac{\sigma_1^2}{n_1}+\frac{\sigma_2^2}{n_2}$$

따라서, 통계량 $\overline{X}-\overline{Y}$를 표준화한 확률변수

$$Z=\frac{(\overline{X}-\overline{Y})-(\mu_1-\mu_2)}{\sqrt{\sigma_1^2/n_1+\sigma_2^2/n_2}}$$

는 표준정규분포 $N(0,\ 1)$을 따른다. 이러한 사실을 이용하여, 6장과 7장에서와 같은 동일한 요령으로 두 모평균의 차 $\mu_1-\mu_2$에 관한 추론을 할 수 있다. 즉,

$$\begin{aligned}1-\alpha&=P\left[-z_{\alpha/2}\le\frac{(\overline{X}-\overline{Y})-(\mu_1-\mu_2)}{\sqrt{\sigma_1^2/n_1+\sigma_2^2/n_2}}\le z_{\alpha/2}\right]\\&=P\left[(\overline{X}-\overline{Y})-z_{\alpha/2}\sqrt{\frac{\sigma_1^2}{n_1}+\frac{\sigma_2^2}{n_2}}\le\mu_1-\mu_2\le(\overline{X}-\overline{Y})+z_{\alpha/2}\sqrt{\frac{\sigma_1^2}{n_1}+\frac{\sigma_2^2}{n_2}}\right]\end{aligned}$$

이므로, $\mu_1-\mu_2$에 대한 $100(1-\alpha)\%$ 신뢰구간은

$$(\overline{X}-\overline{Y})\pm z_{\alpha/2}\sqrt{\frac{\sigma_1^2}{n_1}+\frac{\sigma_2^2}{n_2}}$$

으로 주어진다.

> **두 모평균의 차 $\mu_1 - \mu_2$에 대한 추정**
>
> · 점추정량 : $\overline{X} - \overline{Y}$
>
> · $100(1-\alpha)\%$ 신뢰구간 : $(\overline{X} - \overline{Y}) \pm z_{\alpha/2}\sqrt{\dfrac{\sigma_1^2}{n_1} + \dfrac{\sigma_2^2}{n_2}}$

두 모평균의 차 $\mu_1 - \mu_2$에 대한 가설검정은 검정통계량

$$Z = \frac{(\overline{X} - \overline{Y})}{\sqrt{\sigma_1^2/n_1 + \sigma_2^2/n_2}}$$

를 사용하며, 유의수준 α일 때의 기각역은 다음과 같다.

> **두 모평균의 차 $\mu_1 - \mu_2$에 대한 가설검정**
>
> · 검정통계량 $Z = \dfrac{(\overline{X} - \overline{Y})}{\sqrt{\sigma_1^2/n_1 + \sigma_2^2/n_2}}$
>
> · 유의수준 α일 때
>
> ① 우측검정 $H_0: \mu_1 = \mu_2$ $H_1: \mu_1 > \mu_2$, 기각역 : $Z \geq z_\alpha$
>
> ② 좌측검정 $H_0: \mu_1 = \mu_2$ $H_1: \mu_1 < \mu_2$, 기각역 : $Z \leq -z_\alpha$
>
> ③ 양측검정 $H_0: \mu_1 = \mu_2$ $H_1: \mu_1 \neq \mu_2$, 기각역 : $|Z| \geq z_{\alpha/2}$

예제 1 시중의 약국에서 판매되고 있는 X, Y 두 종류의 지혈제 효과를 비교하기 위하여 실험용 쥐들에게 작은 상처를 내어 피가 나오게 한 후, 지혈제를 투여하여 완전히 지혈될 때 까지의 시간(단위: 분)을 측정한 결과 다음과 같은 자료를 얻었다(단, 지혈제 X의 지혈시간은 $N(\mu_1, 0.58)$, 지혈제 Y의 지혈시간은 $N(\mu_2, 0.81)$을 따른다고 가정한다).

지혈제 X	8.8	8.4	7.9	8.7	9.1	9.6	
지혈제 Y	9.9	9.0	11.1	9.6	8.7	10.4	9.5

1) 두 평균 지혈시간의 차에 대한 95% 신뢰구간을 구하여라.

2) 두 평균 지혈시간에 차이가 있는지를 유의수준 $\alpha=0.05$로 검정하여라.

풀이 1) 두 평균 지혈시간의 차 $\mu_1-\mu_2$에 대한 95% 신뢰구간:

$$(\overline{X}-\overline{Y}) \pm z_{\alpha/2}\sqrt{\frac{\sigma_1^2}{n_1}+\frac{\sigma_2^2}{n_2}} = (8.75-9.74) \pm 1.96\sqrt{\frac{0.58}{6}+\frac{0.81}{7}}$$

$$= -0.99 \pm 0.902 \text{ 또는 } (-1.892,\ -0.088)$$

2) 두 평균지혈시간의 차 $\mu_1-\mu_2$에 대한 검정:

① 가설 $H_0: \mu_1=\mu_2 \quad H_1: \mu_1 \neq \mu_2$

② 유의수준 $\alpha=0.05$

③ 검정통계량

$$|Z| = \left|\frac{(\overline{X}-\overline{Y})}{\sqrt{\sigma_1^2/n_1+\sigma_2^2/n_2}}\right| = \left|\frac{8.75-9.74}{\sqrt{0.58/6+0.81/7}}\right| = 2.15$$

④ 기각역 $|Z| \geq z_{0.025}=1.96$

⑤ 검정통계량의 값 $|Z|=2.15 > z_{0.025}=1.96$이므로, 귀무가설 H_0는 기각된다. 즉, 두 지혈제의 평균지혈시간 간에는 차이가 있다고 할 수 있다. ■

· 두 모집단의 분포가 정규분포가 아닌 경우

앞의 추론문제에서 두 모집단의 분포가 정규분포가 아닌 경우, 두 표본평균의 차 $\overline{X}-\overline{Y}$는 표본의 크기 n_1과 n_2가 충분히 클 때 중심극한정리에 의하여 근사적으로 정규분포 $N(\mu_1-\mu_2,\ \sigma_1^2/n_1+\sigma_2^2/n_2)$를 따른다. 따라서, 표준화된 확률변수

$$Z=\frac{(\overline{X}-\overline{Y})-(\mu_1-\mu_2)}{\sqrt{\sigma_1^2/n_1+\sigma_2^2/n_2}}$$

는 근사적으로 표준정규분포 $N(0,\ 1)$를 따르므로, 두 모평균의 차 $\mu_1-\mu_2$에 관한 추론은 앞에서와 같이 동일한 요령으로 실시하면 된다.

[σ_1^2과 σ_2^2이 알려져 있지 않은 경우]

t분포를 이용한 두 모평균의 차 $\mu_1-\mu_2$에 관한 추론에서는 두 모분산이 서로 같은

지 또는 다른지에 따라 검정방법이 틀리게 된다.[주)]

· 두 모분산 σ_1^2 과 σ_2^2 이 서로 같을 경우

정규분포를 따르는 두 모집단에서 각각의 분산 σ_1^2 과 σ_2^2 이 알려져 있지 않은 경우, 두 모분산이 같다는 가정 즉, $\sigma_1^2 = \sigma_2^2 = \sigma^2$ 이라는 가정이 필요하다. 이때 두 표본평균의 차 $\overline{X} - \overline{Y}$ 는 평균과 분산이 각각

$$E(\overline{X} - \overline{Y}) = \mu_1 - \mu_2, \quad V(\overline{X} - \overline{Y}) = \sigma^2\left(\frac{1}{n_1} + \frac{1}{n_2}\right)$$

인 정규분포를 따르게 된다. 여기서 표준화된 확률변수

$$Z = \frac{(\overline{X} - \overline{Y}) - (\mu_1 - \mu_2)}{\sigma\sqrt{1/n_1 + 1/n_2}}$$

는 표준정규분포 $N(0, 1)$ 을 따르며, $\dfrac{(n_1 + n_2 - 2)S_p{}^2}{\sigma^2}$ 은 자유도 $n_1 + n_2 - 2$ 인 카이제곱분포를 따른다. 여기서

$$S_p^2 = \frac{(n_1 - 1)S_1^2 + (n_2 - 1)S_2^2}{n_1 + n_2 - 2}$$

은 공통분산 σ^2 의 추정량으로서 두 표본분산을 합한 합동추정량(pooled estimator)이라 한다. 따라서, t 분포의 정의로부터 확률변수

$$T = \frac{(\overline{X} - \overline{Y}) - (\mu_1 - \mu_2)}{S_p\sqrt{1/n_1 + 1/n_2}}$$

는 자유도 $n_1 + n_2 - 2$ 인 t 분포를 따르게 된다. 이로부터 $\mu_1 - \mu_2$ 에 관한 신뢰구간 및 가설검정을 할 수 있다.

주) 두 모평균의 차이에 대한 검정 시 분산의 동일성 여부에 따라 검정방법이 다르므로, 두 모분산의 동일성 여부에 대한 검정을 먼저 실시한 후 그 결과에 따라 적절한 검정방법을 택해야 한다.

두 모평균의 차 $\mu_1 - \mu_2$에 대한 추정

· 점추정량 : $\overline{X} - \overline{Y}$

· $100(1-\alpha)\%$ 신뢰구간 : $(\overline{X} - \overline{Y}) \pm t(n_1 + n_2 - 2, \alpha/2) S_p \sqrt{\dfrac{1}{n_1} + \dfrac{1}{n_2}}$

두 모평균의 차 $\mu_1 - \mu_2$에 대한 가설검정

· 검정통계량　$T = \dfrac{\overline{X} - \overline{Y}}{S_p \sqrt{1/n_1 + 1/n_2}}$

· 유의수준 α일 때

① 우측검정 $H_0: \mu_1 = \mu_2$　$H_1: \mu_1 > \mu_2$, 기각역: $T \geq t(n_1 + n_2 - 2, \alpha)$

② 좌측검정 $H_0: \mu_1 = \mu_2$　$H_1: \mu_1 < \mu_2$, 기각역: $T \leq -t(n_1 + n_2 - 2, \alpha)$

③ 양측검정 $H_0: \mu_1 = \mu_2$　$H_1: \mu_1 \neq \mu_2$, 기각역: $|T| \geq t(n_1 + n_2 - 2, \alpha/2)$

예제 2　두 종류의 사료가 젖소의 우유생산량에 미치는 영향의 차이를 조사하고자 한다. 젖소 16마리를 랜덤으로 추출하여 8마리씩 두 그룹으로 나눈 후, 한 그룹에는 사료 X를, 다른 그룹에는 사료 Y를 먹여 3주 동안 우유생산량을 조사한 결과 다음과 같은 자료를 얻었다(단, 두 모집단은 각각 $N(\mu_1, \sigma^2)$, $N(\mu_2, \sigma^2)$를 따른다고 가정한다).

사료 X	54	60	66	53	62	61	42	50
사료 Y	65	70	62	67	59	45	60	52

두 종류의 사료에 따라 우유생산량이 다르다고 할 수 있는지를 유의수준 $\alpha = 0.05$로 검정하여라.

풀이　두 사료에 관한 표본크기, 평균, 그리고 표준편차는 각각

$$n_1 = 8, \quad \overline{X} = 56, \quad S_1 = 7.76$$

$$n_2 = 8, \quad \overline{Y} = 60, \quad S_2 = 8.18$$

이며, 공통분산 σ^2의 합동추정값

$$S_p^2 = \frac{(n_1-1)S_1^2 + (n_2-1)S_2^2}{n_1+n_2-2}$$

$$= \frac{(8-1)\cdot(7.76)^2 + (8-1)\cdot(8.18)^2}{8+8-2} = 63.57$$

이다. 따라서 우유생산량의 차이에 대한 검정은 다음과 같은 절차에 따라 이루어진다.

① 가설 $H_0: \mu_1 = \mu_2 \qquad H_1: \mu_1 \neq \mu_2$

② 유의수준 $\alpha = 0.05$

③ 검정통계량

$$|T| = \left| \frac{(\overline{X}-\overline{Y})-(\mu_1-\mu_2)}{\sqrt{S_p^2\left(\frac{1}{n_1}+\frac{1}{n_2}\right)}} \right| = \left| \frac{56-60}{\sqrt{63.57\left(\frac{1}{8}+\frac{1}{8}\right)}} \right| = 1.00$$

④ 기각역 $|T| \geq t(14,\ 0.025) = 2.145$

⑤ 검정통계량의 값 $|T| = 1.00 < t(14,\ 0.025) = 2.145$이므로, 귀무가설 H_0를 기각할 수 없다. 즉, 두 종류의 사료에 따라 우유생산량이 다르다고 할 수 없다. ■

· 두 모분산 σ_1^2과 σ_2^2이 서로 다를 경우

표본의 크기가 작고 두 모집단의 분산 σ_1^2과 σ_2^2이 서로 다를 경우, 모집단이 정규분포를 따른다고 하더라도 일반적으로 통계량

$$T^* = \frac{(\overline{X}-\overline{Y})-(\mu_1-\mu_2)}{\sqrt{S_1^2/n_1 + S_2^2/n_2}}$$

는 t분포를 따르지 않는다. 이러한 경우에는 Satterthwaite에 의한 근사적인 방법 즉, 검정통계량 T^*가 근사적으로 다음과 같은 자유도 ϕ를 가지는 t분포를 따른다는 사실을 이용하면 된다.

$$\phi = \frac{(S_1^2/n_1 + S_2^2/n_2)^2}{(S_1^2/n_1)^2/(n_1-1) + (S_2^2/n_2)^2/(n_2-1)}$$

예제 3 부모와 같이 살고 있는 아이와 이혼한 부모 밑에서 자란 아이에 대해 심리검사를 한 결과 다음과 같은 자료를 얻었다(단, 두 모집단의 분포는 각각 정규분포이며, 두 모분산은 같지 않다고 가정한다).

부모와 같이 사는 아이	75 85 90 88 96 78 82 84
부모가 이혼한 아이	65 70 68 74 80 84 70 75 64 60

부모와 같이 살고 있는 아이의 심리검사 점수가 이혼한 부모 밑에서 자란 아이의 점수보다 높다고 할 수 있는지를 유의수준 $\alpha=0.05$로 검정하여라.

풀이 부모와 같이 사는 아이의 심리검사 평균점수를 μ_1, 이혼한 부모 밑에서 자란 아이의 심리검사 평균점수를 μ_2라고 하자.

주어진 표본으로부터 계산된 두 집단의 평균과 분산은 각각 다음과 같으며,

$$\overline{X}=84.75,\quad S_1^2=44.78,\quad \overline{Y}=71.0,\quad S_2^2=54.67$$

이 때 자유도 ϕ는 공식에 따라 계산하면 15.7015가 된다. 따라서 검정통계량

$$T^*=\frac{(\overline{X}-\overline{Y})-(\mu_1-\mu_2)}{\sqrt{S_1^2/n_1+S_2^2/n_2}}$$

는 근사적으로 자유도 15.7015인 t분포를 따른다.

두 모평균의 차이에 대한 검정은 다음과 같은 절차에 따라 이루어진다.

① 가설 $H_0: \mu_1=\mu_2 \qquad H_1: \mu_1>\mu_2$

② 유의수준 $\alpha=0.05$

③ 검정통계량

$$T^*=\frac{\overline{X}-\overline{Y}}{\sqrt{S_1^2/n_1+S_2^2/n_2}}=\frac{84.75-71.0}{\sqrt{44.78/8+54.67/10}}=4.134$$

④ 기각역 $T^*\geq t(15.7015,\ 0.05)=1.7479$

⑤ 검정통계량의 값 $T^*=4.134>t(15.7015,\ 0.05)=1.7479$이므로, 귀무가설 H_0를 기각한다. 즉, 부모와 같이 살고 있는 아이의 심리검사 점수가 이혼한 부모 밑에서 자란 아이의 점수보다 높다고 할 수 있다. ■

앞의 추론문제에서 주어진 두 모집단의 분포가 정규분포가 아닌 경우, 표본의 크기 n_1, n_2가 충분히 크면 표본분산 S_1^2과 S_2^2은 모분산 σ_1^2과 σ_2^2에 각각 접근하므로, 중심극한정리에 의하여 통계량

$$Z = \frac{(\overline{X} - \overline{Y}) - (\mu_1 - \mu_2)}{\sqrt{S_1^2/n_1 + S_2^2/n_2}}$$

는 근사적으로 표준정규분포 $N(0,\ 1)$을 따르게 된다. 이러한 사실을 이용하여 두 모평균의 차 $\mu_1 - \mu_2$에 관한 추론을 할 수 있다. 따라서 두 모평균의 차 $\mu_1 - \mu_2$에 대한 $100(1-\alpha)\%$ 신뢰구간은

$$(\overline{X} - \overline{Y}) \pm z_{\alpha/2}\sqrt{\frac{S_1^2}{n_1} + \frac{S_2^2}{n_2}}$$

으로 주어지고, 두 모평균의 차 $\mu_1 - \mu_2$에 대한 가설검정은 검정통계량

$$Z = \frac{\overline{X} - \overline{Y}}{\sqrt{S_1^2/n_1 + S_2^2/n_2}}$$

를 사용하여 정규검정법을 적용하면 된다.

예제 4 도시와 지방학생 간의 학력을 비교하기 위해 도시의 학생 40명과 지방의 학생 30명을 랜덤으로 추출하여 시험을 실시한 결과 다음과 같은 자료를 얻었다.

도시 : $\overline{X} = 81$, $S_1^2 = 25$

지방 : $\overline{Y} = 77$, $S_2^2 = 36$

1) 두 평균점수의 차 $\mu_1 - \mu_2$에 대한 95% 신뢰구간을 구하여라.

2) 도시학생의 평균점수 μ_1이 지방학생의 평균점수 μ_2보다 높은지를 유의수준 $\alpha = 0.01$로 검정하여라.

풀이 표본의 크기 $n_1 = 40$, $n_2 = 30$은 크므로, 두 모평균의 차 $\mu_1 - \mu_2$에 관한 추론을 다음과 같이 할 수 있다.

1) 두 모평균의 차 $\mu_1 - \mu_2$에 대한 95% 신뢰구간 :

$$(\overline{X}-\overline{Y}) \pm z_{\alpha/2}\sqrt{\frac{S_1^2}{n_1}+\frac{S_2^2}{n_2}} = (81-77) \pm 1.96\sqrt{\frac{25}{40}+\frac{36}{30}}$$

$$= 4 \pm 2.647 \text{ 또는 } (1.353,\ 6.647)$$

2) 두 모평균의 차 $\mu_1 - \mu_2$ 에 대한 검정 :

① 가설 $H_0 : \mu_1 = \mu_2, \quad H_1 : \mu_1 > \mu_2$

② 유의수준 $\alpha = 0.01$

③ 검정통계량

$$Z = \frac{\overline{X}-\overline{Y}}{\sqrt{S_1^2/n_1 + S_2^2/n_2}} = \frac{81-77}{\sqrt{25/40 + 36/30}} = 2.961$$

④ 기각역 $Z \geq z_{0.01} = 2.326$

⑤ 검정통계량의 값 $Z = 2.961 > z_{0.01} = 2.326$ 이므로, 귀무가설 H_0 를 기각한다. 즉, 도시학생의 평균점수가 지방학생의 평균점수보다 높다고 할 수 있다. ■

9.2.2 대응비교

앞 절에서 두 모평균을 비교하는 가설검정을 할 때 두 확률표본이 서로 독립적으로 추출된 경우를 다루었다. 그러나 어떤 경우에는 두 표본이 독립적으로 추출된다 해도 각 표본개체의 특성 차이가 심해 그 결과의 분석이 무의미할 때가 있다.

예를 들면, 두 종류의 사료의 효능을 비교하기 위해 일정한 수의 젖소를 두 그룹으로 나누어 사료 1과 사료 2를 줄 때, 젖소의 영양상태나 나이 등의 이유로 우유 생산량에 변동이 심할 경우에 실제로는 차이가 있음에도 불구하고 분산 S_p^2 의 값이 커짐으로 인해 이러한 차이를 판별할 수 없게 된다.

이와 같은 문제점을 해결하기 위하여 대응의 개념을 이용한다. 즉, 실험단위를 동질적인 쌍으로 묶어 각 쌍을 랜덤으로 추출한 후 두 처리를 적용한다.

다음에, 각 쌍에서 두 관측값의 차이를 계산하여 두 모집단의 평균을 비교하는 추론을 하게 된다. 이러한 방법을 대응비교(paired comparison)라고 한다.

구 분	1	2	……	n
표본 1 표본 2	X_1 Y_1	X_2 Y_2	…… ……	X_n Y_n
차 이 $(D_i = X_i - Y_i)$	D_1	D_2	……	D_n

대응비교를 할 경우에는 대응하는 두 관측값의 차 $D_i = X_i - Y_i$에 근거를 두고 추론을 한다. 이때 사용되는 통계량들은 두 관측값의 차에 대한 평균 $\overline{D} = \sum D_i / n$와 분산 $S_D^2 = \sum (D_i - \overline{D})^2 / n-1$이다. 따라서 $D_1, \cdots, D_n$을 정규분포를 따르는 모집단으로부터의 크기 n인 확률표본이라 하면, 통계량

$$T = \frac{\overline{D} - (\mu_1 - \mu_2)}{S_D / \sqrt{n}}$$

는 자유도 $n-1$인 t분포를 따르게 된다. 이러한 사실을 이용하여 두 모평균의 차 $\mu_1 - \mu_2$에 관한 신뢰구간과 가설검정을 할 수 있다.[주)] 즉, $\mu_1 - \mu_2$에 대한 $100(1-\alpha)\%$ 신뢰구간은

$$\overline{D} \pm t(n-1,\ \alpha/2) \frac{S_D}{\sqrt{n}}$$

로 주어지고, 검정통계량

$$T = \frac{\overline{D}}{S_D / \sqrt{n}}$$

에 대하여 각 검정형태에 따른 유의수준 α에서의 기각역은 다음과 같다.

두 모평균의 차 $\mu_1 - \mu_2$에 대한 추정

- 점추정량: $\overline{D} = \overline{X} - \overline{Y}$
- $100(1-\alpha)\%$ 신뢰구간: $\overline{D} \pm t(n-1,\ \alpha/2) \dfrac{S_D}{\sqrt{n}}$

주) 대응비교에서는 두 관측값의 차이 D를 이용하여 추론을 하게 되므로, 결과적으로 모집단이 하나인 경우의 모평균 μ에 관한 추론과 동일하게 된다.

두 모평균의 차 $\mu_1 - \mu_2$에 대한 가설검정

· 검정통계량 $T = \dfrac{\overline{D}}{S_D/\sqrt{n}}$

· 유의수준 α일 때

① 우측검정 $H_0: \mu_1 = \mu_2$ $H_1: \mu_1 > \mu_2$, 기각역: $T \geq t(n-1, \alpha)$

② 좌측검정 $H_0: \mu_1 = \mu_2$ $H_1: \mu_1 < \mu_2$, 기각역: $T \leq -t(n-1, \alpha)$

③ 양측검정 $H_0: \mu_1 = \mu_2$ $H_1: \mu_1 \neq \mu_2$, 기각역: $|T| \geq t(n-1, \alpha/2)$

예제 5 예제 2)에서 16마리의 젖소를 영양상태와 나이가 비슷한 8쌍으로 나누고, 각 쌍에 사료 X와 사료 Y를 먹여 3주 동안 우유생산량을 조사한 결과 다음과 같은 자료를 얻었다(단, 우유생산량은 정규분포를 따른다고 가정한다).

번호	사료 X	사료 Y	차 $(D_i = X_i - Y_i)$
1	52	58	-6
2	60	62	-2
3	63	62	1
4	43	48	-5
5	46	50	-4
6	56	55	1
7	62	68	-6
8	50	57	-7

1) 두 평균 우유생산량의 차에 대한 95% 신뢰구간을 구하여라.

2) 두 평균 우유생산량에 차이가 있는지를 유의수준 $\alpha = 0.05$로 검정하여라.

풀이 주어진 자료로부터 우유생산량의 차 D_i의 평균과 표준편차를 계산하면 다음과 같다.

$$\overline{D} = \frac{1}{8}\sum D_i = -3.5, \quad S_D = \sqrt{\frac{1}{7}\sum (D_i - \overline{D})^2} = 3.16$$

따라서 두 모평균의 차 $\mu_1 - \mu_2$에 관한 추론은 다음과 같이 할 수 있다.

1) 두 모평균의 차 $\mu_1 - \mu_2$에 대한 95% 신뢰구간 :

$$\overline{D} \pm t(n-1,\ \alpha/2)\frac{S_D}{\sqrt{n}} = -3.5 \pm 2.365 \times \frac{3.16}{\sqrt{8}}$$

$$= -3.5 \pm 2.644 \text{ 또는 } (-6.144,\ -0.856)$$

2) 두 모평균의 차 $\mu_1 - \mu_2$에 대한 검정:

① 가설 $H_0: \mu_1 = \mu_2 \quad H_1: \mu_1 \neq \mu_2$

② 유의수준 $\alpha = 0.05$

③ 검정통계량

$$|T| = \left| \frac{\overline{D}}{S_D/\sqrt{n}} \right| = \left| \frac{-3.5}{3.16/\sqrt{8}} \right| = 3.132$$

④ 기각역 $|T| \geq t(7,\ 0.025) = 2.365$

⑤ 검정통계량의 값 $|T| = 3.132 > t(7,\ 0.025) = 2.365$ 이므로, 귀무가설 H_0를 기각한다. 즉, 두 사료의 우유생산량에 차이가 있다고 할 수 있다. ■

표본의 크기가 큰 경우($n > 30$)에는 모집단의 분포가 정규분포가 아니라 하더라도 중심극한정리에 의해 통계량

$$Z = \frac{\overline{D}}{S_D/\sqrt{n}}$$

가 근사적으로 표준정규분포 $N(0,\ 1)$을 따른다는 사실을 이용하여, 두 모평균의 차 $\mu_1 - \mu_2$에 관한 추론을 할 수 있다.

9.3 두 모분산의 비교

두 모분산의 비교는 두 모평균의 차에 관한 추론 문제에서 두 모분산이 같은지의 여부를 판단하고자 할 때 필요하다. 또한, 일반적으로 크게 관심의 대상이 되는 분야는 아니지만, 때때로 두 모집단의 산포 정도에 대한 비교를 해야 할 경우도 있다. 예를 들면, 생쥐를 대상으로 두 가지 방법을 사용하여 반응을 보이는데 걸리는 시간을 측정한 결과 평균반응시간이 서로 비슷하다고 하자. 그러나 한 방법에 의한 실험 결과가 다른 방법에

의한 실험 결과보다 반응시간의 변화가 더 심하다는 의심이 생길 경우, 이것이 사실인지를 검사해 볼 필요가 있다. 또 다른 예로서, 공기 중에 있는 수은의 농도를 측정하는 두 기기가 있을 경우, 어느 기기가 정확도에서 더 우수한 지를 검사하고자 할 때 두 모분산의 비교가 필요하다.

두 모집단의 분산을 비교하고자 하는 경우에는 분산의 차 $\sigma_1^2 - \sigma_2^2$ 대신에 분산의 비 σ_1^2/σ_2^2를 사용하게 된다. 분산의 비가 1 보다 큰지, 작은지, 또는 같은지는 바로 σ_1^2이 σ_2^2보다 큰지, 작은지, 또는 같은지를 비교하는 것과 동일하며,[주)] 분산의 차 대신에 분산의 비를 사용하는 이유는 F 분포의 정의로부터 표본분산의 비에 대한 분포를 수학적으로 유도할 수 있기 때문이다.

F 분포는 R. A. Fisher에 의해 개발된 분포로서 다음과 같이 정의된다.

> **F 분포**
>
> 서로 독립인 두 확률변수 V_1과 V_2가 각각 자유도 n_1과 n_2인 카이제곱분포를 할 때, 확률변수
>
> $$F = \frac{V_1/n_1}{V_2/n_2}$$
>
> 는 '자유도 $(n_1,\ n_2)$인 F 분포를 따른다'고 하며, 이 분포를 $F(n_1,\ n_2)$로 표기한다.

F 분포는 두 모수 즉, 자유도 n_1과 n_2에 의해 분포의 모양이 결정되며, 카이제곱분포와 같이 자유도에 따라 그 모양이 변하지만 대체로 왼쪽으로 치우쳐 있다. 그러나 두 자유도 모두 또는 둘 중 하나의 자유도가 증가함에 따라 분포의 모양은 점점 대칭을 띠게 된다. 이러한 관계가 <그림 9.1>에 잘 나타나 있다.

주) 분산의 비

$$\frac{\sigma_1^2}{\sigma_2^2} > 1 \text{은 } \sigma_1^2 > \sigma_2^2, \quad \frac{\sigma_1^2}{\sigma_2^2} < 1 \text{은 } \sigma_1^2 < \sigma_2^2, \quad \frac{\sigma_1^2}{\sigma_2^2} = 1 \text{은 } \sigma_1^2 = \sigma_2^2$$

과 각각 동일하다.

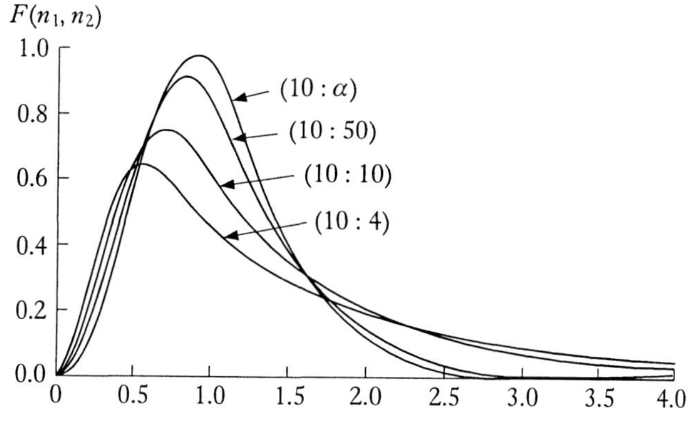

<그림 9.1> 여러 가지 자유도에 따른 F 분포

<부록표 7>에는 여러 가지 자유도에 대하여 $P(F \geq x) = 0.10$, $P(F \geq x) = 0.05$, 그리고 $P(F \geq x) = 0.025$ 가 되는 x 값들이 주어져 있다.

자유도 (n_1, n_2) 인 F 분포에서는 n_1, n_2 의 순서가 중요하다. $n_1 \neq n_2$ 이면, 분포 $F(n_1, n_2)$ 와 분포 $F(n_2, n_1)$ 은 서로 다른 분포가 된다. 실제적으로 두 분포는 다음과 같은 관계를 가지고 있다.

$$F(n_1, n_2) = \frac{1}{F(n_2, n_1)}$$

위의 관계로부터 $P(F \geq x) = 0.90$, $P(F \geq x) = 0.95$, 그리고 $P(F \geq x) = 0.975$ 에 관한 x 값들도 <부록표 7>을 사용하여 구해질 수 있다.

확률변수 F가 자유도 (n_1, n_2)인 F 분포를 따를 때 $P(F > x) = \alpha$를 만족하는 x의 값을 자유도 (n_1, n_2) 인 F 분포의 상위 $100\alpha\%$ 백분위수라고 하며, 일반적으로 $F(n_1, n_2; \alpha)$로 나타낸다(<그림 9.2> 참조). 예를 들면, $F(4, 9; 0.025) = 4.72$, $F(4, 9; 0.05) = 3.63$이다.

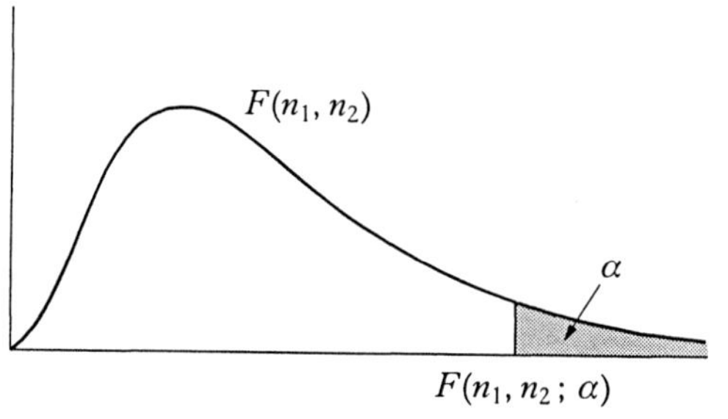

<그림 9.2> F 분포의 상위 $100\alpha\%$ 백분위수

예제 6 확률변수 F가 자유도 (6, 12)인 F 분포를 따른다고 할 때, $P(F < x) = 0.05$ 가 되는 x의 값을 구하여라.

풀이 $G=1/F$로 두면, 확률변수 G는 $F(12, 6)$인 F 분포를 따른다. 따라서

$$P(F < x) = P\left(G > \frac{1}{x}\right) = 0.05$$

가 성립한다. 그러므로 <부록표 7>에서 $n_1 = 12$, $n_2 = 6$일 때의 값 4는 $1/x$의 값이므로 $x \simeq 0.25$를 얻을 수 있다. ■

$X_1, \cdots, X_{n_1}$과 $Y_1, \cdots, Y_{n_2}$를 각각 정규분포 $N(\mu_1, \sigma_1^2)$과 $N(\mu_2, \sigma_2^2)$을 하는 두 모집단으로부터의 서로 독립적인 확률표본이라 할 때, 카이제곱분포의 성질로부터

$$\frac{(n_1-1)\,S_1^2}{\sigma_1^2} \sim \chi^2(n_1-1), \qquad \frac{(n_2-1)\,S_2^2}{\sigma_2^2} \sim \chi^2(n_2-1)$$

이고 이들은 서로 독립이다. 따라서, F 분포의 정의로부터 확률변수

$$F = \frac{\dfrac{(n_1-1)\,S_1^2}{\sigma_1^2}\Big/(n_1-1)}{\dfrac{(n_2-1)\,S_2^2}{\sigma_2^2}\Big/(n_2-1)} = \frac{\sigma_2^2}{\sigma_1^2}\cdot\frac{S_1^2}{S_2^2}$$

는 자유도 $(n_1-1,\ n_2-1)$인 F 분포를 따르게 된다. 위의 확률변수 F에서 두 모집단의 분산이 같다($\sigma_1^2 = \sigma_2^2$)고 가정하면, F는 두 표본분산의 비 S_1^2/S_2^2가 되고, 이러한 사실을 이용하여 두 모분산의 비 σ_1^2/σ_2^2에 관한 추론을 할 수 있다.

두 모분산의 비 σ_1^2/σ_2^2에 대한 추정

· 점추정량: S_1^2/S_2^2

· $100(1-\alpha)\%$ 신뢰구간:

$$\left(\frac{S_1^2}{S_2^2}\times\frac{1}{F(n_1-1,\ n_2-1;\ \alpha/2)},\ \ \frac{S_1^2}{S_2^2}\times F(n_2-1,\ n_1-1;\ \alpha/2)\right)$$

두 모분산의 비 σ_1^2/σ_2^2에 대한 가설검정

· 검정통계량 $F=\dfrac{S_1^2}{S_2^2}$

· 유의수준 α일 때

① 우측검정 $H_0: \dfrac{\sigma_1^2}{\sigma_2^2}=1$ $H_1: \dfrac{\sigma_1^2}{\sigma_2^2}>1$, 기각역: $F\geq F(n_1-1,\ n_2-1;\ \alpha)$

② 좌측검정 $H_0: \dfrac{\sigma_1^2}{\sigma_2^2}=1$ $H_1: \dfrac{\sigma_1^2}{\sigma_2^2}<1$, 기각역: $F\leq F(n_1-1,\ n_2-1;\ 1-\alpha)$

③ 양측검정 $H_0: \dfrac{\sigma_1^2}{\sigma_2^2}=1$ $H_1: \dfrac{\sigma_1^2}{\sigma_2^2}\neq1$, 기각역: $F\geq F(n_1-1,\ n_2-1;\ \alpha/2)$

또는 $F\leq F(n_1-1,\ n_2-1:\ 1-\alpha/2)$

예제 7 예제 2)에서 사료 X와 사료 Y의 우유생산량의 분산을 각각 σ_1^2, σ_2^2이라 할 때

1) 두 모분산의 비에 대한 95% 신뢰구간을 구하여라.

2) 두 모분산이 같은지를 유의수준 $\alpha=0.05$로 검정하여라.

풀이 1) 두 모분산의 비 σ_1^2/σ_2^2에 대한 95% 신뢰구간:

$$\left(\frac{S_1^2}{S_2^2}\times\frac{1}{F(n_1-1,\ n_2-1;\ \alpha/2)},\ \ \frac{S_1^2}{S_2^2}\times F(n_2-1,\ n_1-1;\ \alpha/2)\right)$$

$$=\left(\frac{7.76}{8.18}\times\frac{1}{4.99},\ \ \frac{7.76}{8.18}\times4.99\right)=(0.190,\ 4.734)$$

2) 두 모분산의 동일성 여부에 대한 검정:

① 가설 $H_0: \dfrac{\sigma_1^2}{\sigma_2^2} = 1$ $H_1: \dfrac{\sigma_1^2}{\sigma_2^2} \neq 1$

② 유의수준 $\alpha = 0.05$

③ 검정통계량

$$F = \frac{S_1^2}{S_2^2} = \frac{7.76}{8.18} = 0.949$$

④ 기각역

$$F \geq F(7,7;0.025) = 4.99 \text{ 또는 } F \leq F(7,7;0.975) = 0.20$$

⑤ 검정통계량의 값은 $F(7, 7{:}0.025) > F = 0.949 > F(7, 7{:}0.975)$ 이므로, 귀무가설 H_0를 기각할 수 없다. 즉, 사료 X와 사료 Y의 우유생산량의 두 모분산이 같다고 할 수 있다. ■

9.4 두 모비율의 비교

두 모비율의 차 $p_1 - p_2$ 에 관한 추론은 표본비율의 차 $\widehat{p_1} - \widehat{p_2}$ 에 근거를 두고 있다. 확률변수 X를 성공률 p_1인 베르누이분포를 따르는 모집단으로부터의 크기 n_1인 확률표본에서의 성공 횟수, 확률변수 Y를 성공률이 p_2인 베르누이분포를 따르는 모집단으로부터의 크기 n_2인 확률표본에서의 성공의 횟수라고 하자. 이때 두 표본비율은 각각

$$\widehat{p_1} = \frac{X}{n_1}, \qquad \widehat{p_2} = \frac{Y}{n_2}$$

이고, 이들의 평균은 각각 p_1, p_2, 분산은 각각 $p_1(1-p_1)/n_1$, $p_2(1-p_2)/n_2$ 가 된다.

두 표본비율 $\widehat{p_1}$ 과 $\widehat{p_2}$ 은 각각 p_1 과 p_2 의 추정량이므로, 두 모비율의 차 $p_1 - p_2$의 추정량으로 두 표본비율의 차 $\widehat{p_1} - \widehat{p_2}$ 가 사용된다.

두 표본비율 $\widehat{p_1}$ 과 $\widehat{p_2}$ 은 서로 독립이므로, 이들의 차 $\widehat{p_1} - \widehat{p_2}$ 의 평균과 분산은 각각 다음과 같다.

$$E(\widehat{p_1}-\widehat{p_2})=p_1-p_2$$

$$V(\widehat{p_1}-\widehat{p_2})=\frac{p_1(1-p_1)}{n_1}+\frac{p_2(1-p_2)}{n_2}$$

따라서 두 표본의 크기 n_1, n_2가 큰 경우에 $\widehat{p_1}-\widehat{p_2}$을 표준화한 통계량

$$Z=\frac{(\widehat{p_1}-\widehat{p_2})-(p_1-p_2)}{\sqrt{p_1(1-p_1)/n_1+p_2(1-p_2)/n_2}}$$

는 중심극한정리에 의하여 근사적으로 표준정규분포 $N(0, 1)$을 따르게 되고, 여기서 p_1, p_2 대신 $\widehat{p_1}, \widehat{p_2}$을 사용하여 두 표본비율의 차 p_1-p_2에 대한 추정을 할 수 있다.

> **두 모비율의 차 p_1-p_2에 대한 추정**
>
> · 점추정량: $\widehat{p_1}-\widehat{p_2}$
>
> · $100(1-\alpha)\%$ 신뢰구간: $(\widehat{p_1}-\widehat{p_2})\pm z_{\alpha/2}\sqrt{\dfrac{\widehat{p_1}(1-\widehat{p_1})}{n_1}+\dfrac{\widehat{p_2}(1-\widehat{p_2})}{n_2}}$

이제 두 모비율의 차 p_1-p_2에 대한 검정에 관해 알아 보도록 하자. 귀무가설 $H_0: p_1=p_2(=p)$가 성립한다고 가정하면, 두 표본비율의 차 $\widehat{p_1}-\widehat{p_2}$의 평균과 분산은 각각 다음과 같다.

$$E(\widehat{p_1}-\widehat{p_2})=p_1-p_2=p-p=0$$

$$V(\widehat{p_1}-\widehat{p_2})=\frac{p(1-p)}{n_1}+\frac{p(1-p)}{n_2}=p(1-p)\cdot\left(\frac{1}{n_1}+\frac{1}{n_2}\right)$$

여기서 p는 알려져 있지 않은 공통의 모비율이기 때문에 그 합동추정량으로서

$$\hat{p}=\frac{n_1\widehat{p_1}+n_2\widehat{p_2}}{n_1+n_2}$$

을 사용한다. 따라서 표본의 크기 n_1, n_2가 충분히 클 때, 통계량

$$Z = \frac{\widehat{p_1} - \widehat{p_2}}{\sqrt{\hat{p}(1-\hat{p}) \cdot (1/n_1 + 1/n_2)}}$$

은 근사적으로 표준정규분포 $N(0, 1)$를 따르게 되고, 이러한 사실을 이용하여 두 표본비율의 차 $p_1 - p_2$에 대한 검정을 할 수 있다.

> **두 모비율의 차 $p_1 - p_2$ 에 대한 가설검정**
>
> · 검정통계량 $Z = \frac{\widehat{p_1} - \widehat{p_2}}{\sqrt{\hat{p}(1-\hat{p}) \cdot (1/n_1 + 1/n_2)}}$
>
> · 유의수준 α일 때
>
> ① 우측검정 $H_0: p_1 - p_2 = 0$ $H_1: p_1 - p_2 > 0$, 기각역 : $Z \geq z_\alpha$
>
> ② 좌측검정 $H_0: p_1 - p_2 = 0$ $H_1: p_1 - p_2 < 0$, 기각역 : $Z \leq -z_\alpha$
>
> ③ 양측검정 $H_0: p_1 - p_2 = 0$ $H_1: p_1 - p_2 \neq 0$, 기각역 : $|Z| \geq z_{\alpha/2}$

예제 8 폐렴의 치료에 사용되는 항생제가 신장이 정상인 사람과 이상이 있는 사람에게 어떠한 영향을 미치는지를 알아보기 위하여, 두 모집단으로부터 각각 100명씩 표본을 랜덤으로 추출하여 항생제를 주사한 결과 신장이 정상적인 사람 21명, 신장에 이상이 있는 사람 38명이 알레르기성 반응을 나타내었다.
신장이 정상인 사람과 이상이 있는 사람이 알레르기성 반응을 나타낼 비율을 각각 p_1, p_2라고 할 때

1) 두 모비율의 차 $p_1 - p_2$에 대한 95% 신뢰구간을 구하여라.
2) 신장에 이상이 있는 사람에게 알레르기성 반응이 나타날 비율이 더 높다고 할 수 있는지를 유의수준 $\alpha = 0.05$로 검정하여라.

풀이 두 표본비율은 $\widehat{p_1} = \frac{21}{100} = 0.21$, $\widehat{p_2} = \frac{38}{100} = 0.38$이므로, 공통의 모비율 p의 합동추정값은

$$\hat{p} = \frac{21 + 38}{100 + 100} = 0.295$$

가 된다. 따라서 두 모비율의 차 p_1-p_2 에 관한 추론을 다음과 같이 할 수 있다.

1) 두 모비율의 차 p_1-p_2 에 대한 95% 신뢰구간:

$$(\widehat{p_1}-\widehat{p_2}) \pm z_{\alpha/2}\sqrt{\frac{\widehat{p_1}(1-\widehat{p_1})}{n_1}+\frac{\widehat{p_2}(1-\widehat{p_2})}{n_2}}$$

$$=(0.21-0.38)\pm 1.96\sqrt{\frac{0.21\times 0.79}{100}+\frac{0.38\times 0.62}{100}}$$

$$=-0.17\pm 0.124 \text{ 또는 } (-0.294,\ 0.046)$$

2) 두 모비율의 차 p_1-p_2 에 대한 검정:

① 가설 $H_0: p_1=p_2$ $H_1: p_1<p_2$

② 유의수준 $\alpha=0.05$

③ 검정통계량

$$Z=\frac{\widehat{p_1}-\widehat{p_2}}{\sqrt{\hat{p}(1-\hat{p})\cdot\left(\frac{1}{n_1}+\frac{1}{n_2}\right)}}$$

$$=\frac{0.21-0.38}{\sqrt{(0.295\times 0.705)\cdot\left(\frac{1}{100}+\frac{1}{100}\right)}}=-2.484$$

④ 기각역 $Z < -z_{0.05}=-1.645$

⑤ 검정통계량의 값 $Z=-2.484 < z_{0.05}=-1.645$ 이므로, 귀무가설 H_0 를 기각한다. 즉, 신장에 이상이 있는 사람에게 알레르기성 반응이 나타날 비율이 더 높다고 할 수 있다. ■

EXCEL 실습

두 모평균의 차에 대한 검정

[두 모분산 σ_1^2, σ_2^2이 알려져 있는 정규모집단의 경우]

① [도구]-[데이터 분석]의 대화상자에서 [Z-검정: 평균에 대한 두 집단]을 선택한다.

② [Z-검정: 평균에 대한 두 집단] 대화상자에서 두 집단의 자료 범위, 가설에서 설정된 두 모평균의 차(즉, $\mu_1 - \mu_2$ 의 값), 변수들의 분산, 그리고 유의수준과 출력 범위를 입력한 후 "확인"을 누른다.

[실습 - 예제 1] <그림 9.3>과 같이 "입력"과 "출력 옵션"란에 필요한 사항을 입력한 후 "확인"을 누르면 <그림 9.4>에서와 같은 결과를 얻게 된다.

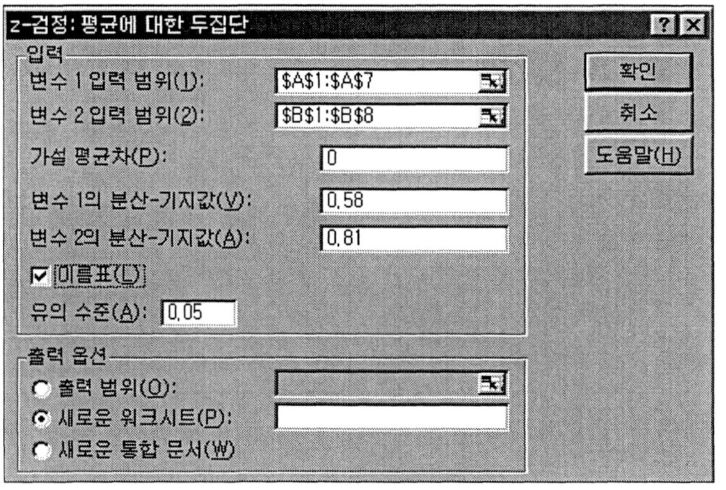

<그림 9.3> [Z-검정 : 평균에 대한 두 집단] 대화상자

<그림 9.4>에서 "z통계량 -2.15441"은 좌측검정에서 계산된 검정통계량의 값이다. 그러나 예제 1)은 양측검정이므로, 이 값의 절대값 $|z| = 2.1544$ 와 "z기각치 양측검정 1.959961"의 값을 비교하여야 한다.

따라서 $|z| = 2.1544 > 1.959961$ 이므로, 검정통계량의 값은 기각역에 들어가게 되어 귀무가설을 기각한다(p값을 유의수준과 비교할 경우 양측검정에서의 p값 0.031208이 유의수준 $\alpha = 0.05$ 보다 작으므로, 동일한 결론을 내릴 수 있다).

Book1

	A	B	C	D
1	z-검정: 평균에 대한 두 집단			
2				
3		지혈제 A	지혈제 B	
4	평균	8.75	9.742857	
5	기지의 분산	0.58	0.81	
6	관측수	6	7	
7	가설 평균차	0		
8	z 통계량	-2.15441		
9	P(Z<=z) 단측 검정	0.015604		
10	z 기각치 단측 검정	1.644853		
11	P(Z<=z) 양측 검정	0.031208		
12	z 기각치 양측 검정	1.959961		
13				
14				

<그림 9.4> 두 모평균의 차에 대한 검정 결과

* P(Z≤z) **단측검정**은 단측검정에서의 p값으로서 Z값이 음수인 경우에는 $P(Z \le z)$ 인 값, Z값이 양수인 경우에는 $P(Z \ge z)$ 인 값을 의미한다. P(Z≤z) **양측검정**은 양측검정에서의 p값으로서 단측검정에서의 p값의 2배가 된다. 그리고 **Z기각치 단측검정**은 우측검정의 경우에는 z_α, 좌측검정의 경우에는 계산된 값에 -를 붙인 $-z_\alpha$, **Z기각치 양측검정**은 $z_{\alpha/2}$ 인 값을 각각 의미한다.

[두 모분산 σ_1^2, σ_2^2 이 알려져 있지 않은 정규모집단의 경우]

· 두 모분산이 서로 같을 때

① [도구]-[데이터 분석]의 대화상자에서 [t-검정: 등분산 가정 두 집단]을 선택한다.

② [t-검정: 등분산 가정 두 집단] 대화상자에서 두 집단의 자료범위, 가설에서 설정된 두 모평균의 차, 그리고 유의수준과 출력 범위를 입력한 후 "확인"을 누르면 된다.

[실습-예제 2] <그림 9.5>와 같이 "입력"과 "출력 옵션"란에 필요한 사항을 입력한 후 "확인"을 누르면 <그림 9.6>에서와 같은 결과를 얻게 된다.

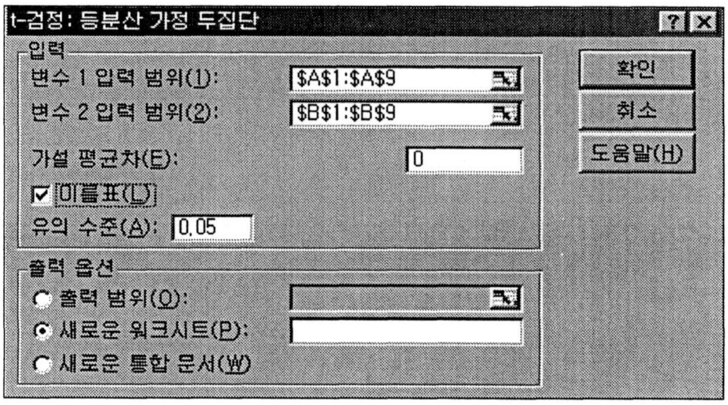

<그림 9.5> [t-검정 : 등분산 가정 두 집단] 대화상자

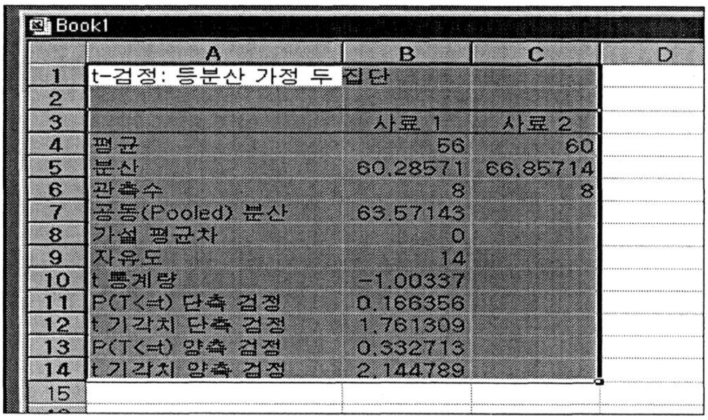

	A	B	C
1	t-검정: 등분산 가정 두 집단		
2			
3		사료 1	사료 2
4	평균	56	60
5	분산	60.28571	66.85714
6	관측수	8	8
7	공동(Pooled) 분산	63.57143	
8	가설 평균차	0	
9	자유도	14	
10	t 통계량	-1.00337	
11	P(T<=t) 단측 검정	0.166356	
12	t 기각치 단측 검정	1.761309	
13	P(T<=t) 양측 검정	0.332713	
14	t 기각치 양측 검정	2.144789	

<그림 9.6> 두 모평균의 차에 대한 검정 결과(모분산이 같음)

<그림 9.6>에서 "t-통계량 -1.00337"은 좌측검정에서의 계산된 검정통계량의 값이다. 따라서 앞의 예제와 마찬가지로 예제 2)도 양측검정이므로, 이 값의 절대값 $|t| = 1.00337$과 "t 기각치 양측검정 2.144789"의 값과 비교하여 귀무가설의 기각 또는 채택 여부를 결정하여야 한다. $|t| = 1.00337 < 2.144789$ 이므로, 검정통계량의 값은 채택역에 들어가게 되어 귀무가설을 채택한다(양측검정에서의 p값 0.332713은 유의수준 $\alpha = 0.05$ 보다 크므로, 동일한 결론을 내릴 수 있다).

· 두 모분산이 서로 다를 때

① [도구]-[데이터 분석]의 대화상자에서 [t-검정: 이분산 가정 두 집단]을 선택한다.

② [t-검정: 이분산 가정 두 집단] 대화상자에서 두 집단의 자료 범위, 가설에서 설정된 두 모평균의 차, 그리고 유의수준과 출력 범위를 입력한 후 "확인"을 누르면 된다.

[실습-예제 3] <그림 9.7>과 같이 "입력"과 "출력 옵션"란에 필요한 사항을 입력한 후 "확인"을 누르면 <그림 9.8>에서와 같은 결과를 얻게 된다.

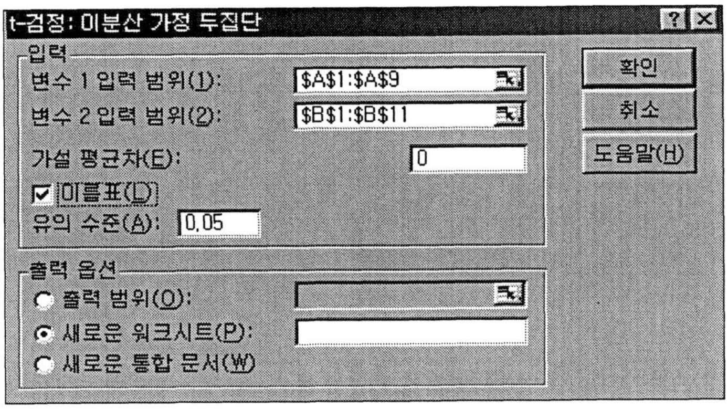

<그림 9.7> [t-검정 : 이분산 가정 두 집단] 대화상자

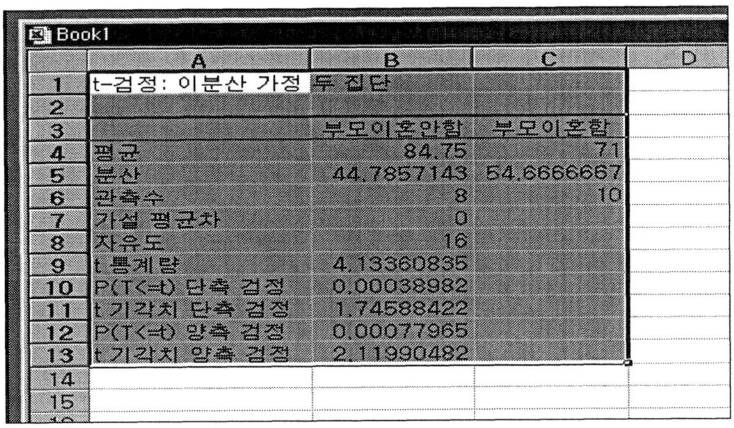

	A	B	C
1	t-검정: 이분산 가정 두 집단		
2			
3		부모이혼안함	부모이혼함
4	평균	84.75	71
5	분산	44.7857143	54.6666667
6	관측수	8	10
7	가설 평균차	0	
8	자유도	16	
9	t 통계량	4.13360835	
10	P(T<=t) 단측 검정	0.00038982	
11	t 기각치 단측 검정	1.74588422	
12	P(T<=t) 양측 검정	0.00077965	
13	t 기각치 양측 검정	2.11990482	

<그림 9.8> 두 모평균의 차에 대한 검정 결과(모분산이 다름)

<그림 9.8>에서 "t 통계량 4.13360835"는 우측검정에서의 계산된 검정통계량의 값이며, P(T<=t) 단측검정 0.00039는 실제적으로 P(T>=t)인 값을 의미한다. 따라서 p값 0.00039는 주어진 유의수준 $\alpha=0.05$ 보다 작으므로, 귀무가설을 기각한다.

[대응표본일 경우]

① [도구]-[데이터 분석]의 대화상자에서 [t-검정: 쌍체비교]를 선택한다.

② [t-검정: 쌍체비교] 대화상자에서 두 집단의 자료 범위, 가설에서 설정된 두 모평균 차 (즉, $\mu_1 - \mu_2$ 의 값), 그리고 유의수준과 출력 범위를 입력한 후 "확인"을 누르면 된다.

[실습-예제 5] <그림 9.9>와 같이 "입력"과 "출력 옵션"란에 필요한 사항을 입력한 후 "확인"을 누르면 <그림 9.10>에서와 같은 결과를 얻게 된다.

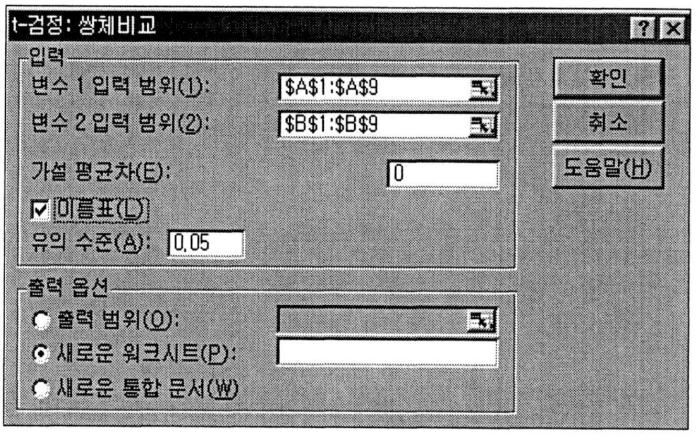

<그림 9.9> [t-검정 : 쌍체비교] 대화상자

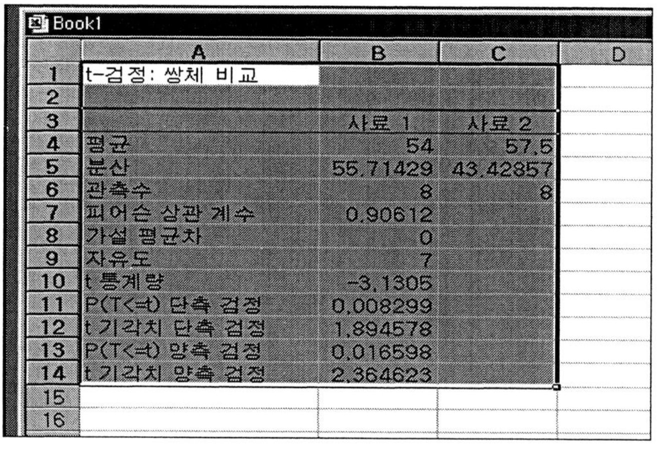

	A	B	C
1	t-검정: 쌍체 비교		
2			
3		사료 1	사료 2
4	평균	54	57.5
5	분산	55.71429	43.42857
6	관측수	8	8
7	피어슨 상관 계수	0.90612	
8	가설 평균차	0	
9	자유도	7	
10	t 통계량	-3.1305	
11	P(T<=t) 단측 검정	0.008299	
12	t 기각치 단측 검정	1.894578	
13	P(T<=t) 양측 검정	0.016598	
14	t 기각치 양측 검정	2.364623	

<그림 9.10> 대응비교에 대한 검정 결과

<그림 9.10>의 출력 결과에서 보는 바와 같이 양측검정에서 p 값 0.016598은 주어진 유의수준 0.05보다 작다. 따라서 귀무가설을 기각한다.

F 분포의 확률 계산

F 분포에서 우측확률 $P(X > x)$의 계산은 [수식 입력줄]에 다음과 같이 입력하면 된다.

```
=FDIST( x, 분자 자유도, 분모 자유도)
```

F 분포의 상위 100 α% 백분위수 계산

F가 자유도 $(n_1,\ n_2)$ 인 F 분포를 할 때 우측확률이 α가 되는 백분위수 즉, $P[F \geq F(n_1,\ n_2\,;\ \alpha)] = \alpha$가 되는 값 $F(n_1,\ n_2\,;\ \alpha)$는 [수식 입력줄]에 다음과 같이 입력하여 구해질 수 있다.

```
=FINV( α, 분자 자유도, 분모 자유도)
```

두 모분산의 동일성에 대한 검정

① [도구]-[데이터 분석]의 대화상자에서 [F-검정: 분산에 대한 두 집단]을 선택한다.

② [F-검정: 분산에 대한 두 집단] 대화상자에서 두 집단의 자료 범위, 유의수준과 출력 범위를 입력한 후 "확인"을 누르면 된다.

[실습] 서울시에서는 공기 중의 아황산가스를 측정하기 위해 사용되고 있는 두 종류의 기기에 대한 정밀도를 조사하고자 한다. 기기 A로 8번, 기기 B로 7번의 측정한 결과 다음과 같은 자료를 얻었다.

기기 A	0.91 0.88 0.95 0.80 0.78 0.83 0.95 0.71
기기 B	0.88 0.90 0.91 0.90 0.89 0.94 0.92

두 기기의 정밀도가 같다고 할 수 있는지를 유의수준 $\alpha = 0.1$로 검정하여라.

풀이) 두 기기의 정밀도가 같은 지의 여부를 검사하는 것은 두 모분산이 동일한지의 여부를 검사하는 것과 같다. 따라서 귀무가설과 대립가설은 각각 다음과 같이 설정될 수 있다.

$$H_0: \frac{\sigma_1^2}{\sigma_2^2} = 1, \qquad H_1: \frac{\sigma_1^2}{\sigma_2^2} \neq 1$$

[F-검정 : 분산에 대한 두 집단] 대화 상자에서 <그림 9-11>과 같이 입력하면 <그림 9-12>와 같은 결과를 얻게 된다.

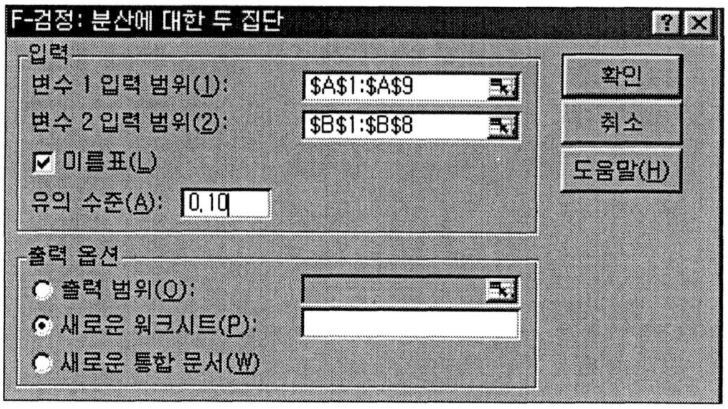

<그림 9.11> [F-검정 : 분산에 대한 두 모집단] 대화상자

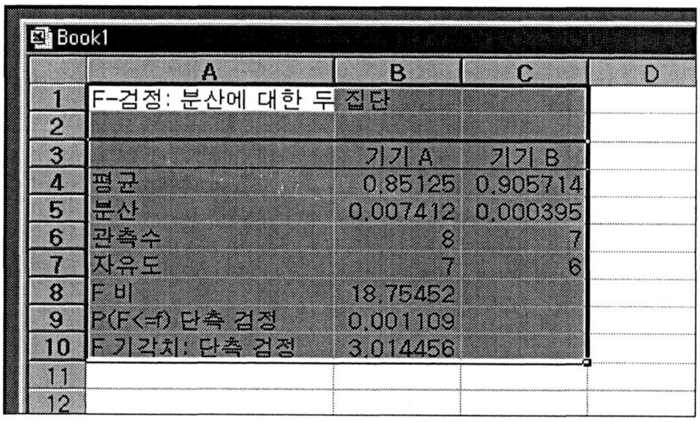

	A	B	C
1	F-검정: 분산에 대한 두 집단		
2			
3		기기 A	기기 B
4	평균	0.85125	0.905714
5	분산	0.007412	0.000395
6	관측수	8	7
7	자유도	7	6
8	F 비	18.75452	
9	P(F<=f) 단측 검정	0.001109	
10	F 기각치: 단측 검정	3.014456	

<그림 9.12> 두 모분산의 동일성에 대한 검정 결과

<그림 9.12>에서 P(F<=f) 단측검정 0.001109는 계산된 검정통계량의 값 18.75452보다 크거나 같을 확률 즉, P(F>=f)인 값(p값)을 의미한다. 따라서 출력된 단측확률을 두 배하면 양측검정에서의 p값 0.002218을 얻게 되고 이 값은 유의수준 0.10보다 작으므로, 귀무가설을 기각한다. 즉, 두 기기의 정밀도가 같다고 할 수 없다.

연습문제

1. A와 B 두 대의 자동주입장치를 이용하여 5.50ℓ 병에 어떤 용액을 주입한다고 하자. 이때 두 대의 주입장치를 이용하여 병속에 주입되는 용액의 양은 각각 정규분포를 따르고, $\sigma_1^2 = 0.04$, $\sigma_2^2 = 0.09$ 라 가정한다. 이 두 장치에서 주입되는 용액의 평균량에 차이가 있는지를 알아보기 위해 A로부터 10개의 표본과 B로부터 15개의 표본을 무작위로 추출하여 관측한 결과 표본평균 $\overline{X_1} = 5.65$, $\overline{X_2} = 5.40$ 이었다.

   1) 두 평균량의 차에 대한 95% 신뢰구간을 구하여라.
   2) 두 평균량에 차이가 있는지를 유의수준 $\alpha = 0.05$ 로 검정하여라.

2. 새로운 강의방법이 학생들의 독해력을 향상시킨다고 예상된다. 이를 확인하기 위해 16명의 학생을 대상으로 8명씩 랜덤으로 추출하여 두 조로 나누고 한 조에는 새로운 강의방법을, 다른 한 조에는 기존의 강의방법을 적용한 후 시험을 치른 결과가 다음과 같다.

기존의 방법	65	70	76	63	72	71	67	68
새로운 방법	75	79	72	77	69	81	71	76

   주어진 자료를 이용하여 두 강의방법에 따른 독해력 성적에 차이가 있는지를 유의수준 $\alpha = 0.05$ 로 검정하여라(단, 시험점수는 정규분포를 따른다고 가정한다).

3. 어느 제약회사에서 비만증 환자를 위한 약을 개발하였다. 이 약이 환자에게 부작용이 있는지 없는지를 알아보기 위해 12명의 환자를 랜덤으로 추출하여 약을 복용하기 전과 복용하고 난 후의 혈압을 측정한 결과 다음과 같은 자료를 얻었다.

환 자	1	2	3	4	5	6	7	8	9	10	11	12
복용 전	128	176	110	149	183	136	118	158	150	130	126	162
복용 후	134	174	118	152	187	136	125	168	152	128	130	161

주어진 자료를 이용하여 두 혈압에 차이가 있는지를 유의수준 $\alpha=0.05$로 검정하여라(단, 혈압은 정규분포를 따른다고 가정한다).

4. 어느 TV 방송사에서 전국의 150가구를 랜덤으로 추출하여 주당 TV 시청시간을 조사한 결과 평균 40시간, 표준편차 10시간이었고, 서울시의 36가구를 랜덤으로 추출하여 조사한 결과 평균은 30시간, 표준편차는 13시간이었다.

   1) 두 지역의 시청시간의 차에 대한 90% 신뢰구간을 구하여라.
   2) 두 지역의 시청시간에 차이가 있는지를 유의수준 $\alpha=0.1$로 검정하여라.

5. 두 기능공 A와 B가 제작한 선반 회전축의 정밀도를 검사하기 위해 각각 크기 $n_1=25$, $n_2=30$인 표본을 랜덤으로 추출하여 그 지름을 측정한 결과(단위 : mm) $S_1^2=1.44$, $S_2^2=1.80$ 을 얻었다(단, 기계의 지름은 정규분포를 따른다고 가정한다). 두 기계의 정밀도에 차이가 있는지를 유의수준 $\alpha=0.05$로 검정하여라.

6. 어느 지역의 국회의원 선거에서 특정후보에 대한 남녀의 지지율에 차이가 있는지를 알아보기 위해 남녀별로 표본을 랜덤으로 추출하여 관측한 결과 남자는 225명 중 54명, 여자는 175명 중 52명이 그 특정후보를 지지하였다. 이때,

   1) 두 지지율의 차에 대한 90% 신뢰구간을 구하여라.
   2) 두 지지율에 차이가 있는지를 유의수준 $\alpha=0.1$로 검정하여라.

7. 공기중의 수은 농도를 측정하는 두 가지 기기 A, B의 정밀도를 검사하기 위해 각각의 기기로 측정한 결과 다음과 같은 자료를 얻었다(단위 : ppm/cm^3).

기기 A	0.95	0.83	0.78	0.96	0.72	0.86	0.99
기기 B	0.90	0.92	0.94	0.91	0.90	0.89	

   1) 두 모분산의 비에 대한 90% 신뢰구간을 구하여라.
   2) 기기 B의 정밀도가 기기 A의 정밀도보다 좋다고 할 수 있는지를 유의수준 $\alpha=0.05$로 검정하여라.

참고문헌

Bhattacharyya, G.K. & R.A. Johnson(1977). Statistical concepts and methods, New York: John Wiley & Sons, Inc.

DeGroot, M.H.(1975). Probability and statistics, New York.: McGraw-Hill Book Co., Inc.

Fisher, R.A.(1954). Statistical methods for research workers, Hanfner Publishing Company.

Goodman, L.A.(1978). Analyzing qualitive categorical data, Cambridge, Mass: 묫 Associates.

Harnett, D.L.(1975). Introduction to statistical methods. 2nd ed, Reading, Mass: Addison-Wesley, Francisco.

Hays, H.(1981). Statistics, 3rd ed., CBS College Publishing, Holt, Rinehart and Winston.

Mood, A.M., Graybill, F.A., and Boes, D.C.(1974). Introduction to the theory of statistics. 3rd ed, New York: McGraw-Hill.

Snedecor, G.W. and Cochran, W.G.(1967). Statistical method. The Iowa State University Press.

강근석 외(1993), 『PC 통계학』 서울: 자유아카데미

김연형(1992), 『통계학 개론』 서울: 형설출판사

김우철 외(1989), 『통계학 개론』 서울: 영지문화사

김제영 외(1995), 『확률 및 통계』 서울: 청문각

박성현 외(1997), 『회귀분석』 서울: 한국방송대학교 출판부

박성현(1981), 『회귀분석』 서울: 대영사

박종태 외(1999), 『엑셀을 활용한 통계적 방법』 서울: 교우사

배현웅(1999), 『통계학의 이해와 응용』 서울: 도서출판 봉명

신봉섭(1998), 『엑셀 활용과 통계자료분석』 서울: 교우사

이기훈(1999), 『EXCEL을 이용한 통계학』 서울: 자유아카데미

이승욱(1991), 『통계학의 이해』 서울: 자유아카데미

이홍준(1981), 『통계 해석』 서울: 치정문화사

부 록

〈표 1〉 난수표(1-1)

55671	43373	87463	97494	92288	27935	83194
41282	71129	95782	89366	17724	48573	37456
93329	88845	24616	36778	74471	73286	61222
79743	55292	16535	78519	51913	65149	29878
16965	69436	43929	51823	83332	89612	45769
64436	24681	79341	62642	29859	92428	96981
87817	12568	31298	44187	65167	54351	14317
32194	36757	68877	25951	38546	36794	52545
28558	97914	52154	13235	46695	11867	78633
74615	92229	28173	24219	24831	26548	84942
93832	11198	94954	88886	77546	53276	93821
16347	65845	61719	52563	85755	69981	36797
68284	48786	57545	96758	59977	85335	69469
41478	23934	42236	47425	63369	17854	45214
29193	79662	16461	79974	18418	92793	18355
55551	37477	85892	15132	96284	38119	57133
82929	86553	79688	31697	41693	44662	72688
37766	54311	33327	63341	32122	71427	21576
97755	99938	98617	58612	19833	31773	76655
38172	62716	41342	36243	26128	88627	89747
43427	73172	15486	62161	78517	59136	31231
59283	37589	29171	23834	35999	72341	57178
16511	56441	73723	47388	93256	66959	98912
62836	84625	52268	91756	47464	17464	12886
24964	18354	36594	85979	81681	45595	24594
85699	25267	87839	19425	64745	23282	63323
71348	41893	64955	74597	52372	94818	45469
74987	97171	92387	78535	51649	78618	29734
56112	64614	59128	24687	73761	51741	93477
49356	11848	35493	36123	26877	45385	85951
33228	52322	73869	41861	19236	39577	12812
21494	46283	27651	57312	98413	63129	61588
97545	39799	14234	69744	32522	84263	56363
62639	88555	86772	93458	87994	92494	48129
85871	23937	41515	85976	45358	16852	34645
18763	75466	68946	12299	64185	27936	77296
84686	21997	22189	51924	52628	16883	81941
99458	44878	87597	36477	38536	44677	66878
66311	68319	75755	65185	24382	51436	49786
73772	73622	38946	47269	79741	38265	35314
28934	15551	54364	78753	95865	82792	53435
37269	86463	41821	19648	47213	63551	22699
51845	99184	19432	82896	63499	27124	98262
45527	32736	93218	93512	16977	95918	77157
12193	57245	66673	24331	81154	79349	14523

난수표(1-2)

Line	(1)-(5)	(6)-(10)	(11)-(15)	(16)-(20)	(21)-(25)	(26)-(30)	(31)-(35)
101	13284	16834	74151	92027	24670	36665	00770
102	21224	00370	30420	03883	94648	89428	41583
103	99052	47887	81085	64933	66279	80432	65793
104	00199	50993	98603	38452	87890	94624	69721
105	60578	06483	28733	37867	07936	98710	98539
106	91240	18312	17441	01929	18163	69201	31211
107	97458	14229	12063	59611	32249	90466	33216
108	35249	38646	34475	72417	60514	69257	12489
109	38980	46600	11759	11900	46743	27860	77940
110	10750	52745	38749	87365	58959	53731	89295
111	36247	27850	73958	20673	37800	63835	71051
112	70994	66986	99744	72438	01174	42159	11392
113	99638	94702	11463	18148	81386	80431	90628
114	72055	15774	43857	99805	10419	76939	25993
115	24038	65541	85788	55835	38835	59399	13790
116	74976	14631	35908	28221	39470	91548	12854
117	35553	71628	70189	26436	63407	91178	90348
118	35676	12797	51434	82976	42010	26344	92920
119	74815	67523	72985	23183	02446	63594	98924
120	45246	88048	65173	50989	91060	89894	36036
121	76509	47069	86378	41797	11910	49672	88575
122	19689	90332	04315	21358	97248	11188	39062
123	42751	35318	97513	61537	54955	08159	00337
124	11946	22681	45045	13964	57517	59419	58045
125	96518	48688	20996	11090	48396	57177	83867
126	35726	58643	76869	84622	39098	36083	72505
127	39737	42750	48968	70536	84864	64952	38404
128	97025	66492	56177	04049	80312	48028	26408
129	62814	08075	09788	56350	76787	51591	54509
130	25578	22950	15227	83291	41737	59599	96191
131	68763	69576	88991	49662	46704	63362	56625
132	17900	00813	64361	60725	88974	61005	99709
133	71944	60227	63551	71109	05624	43836	58254
134	54684	93691	85132	64399	29182	44324	14491
135	25946	27623	11258	65204	52832	50880	22273
136	01353	39318	44961	44972	91766	90262	56073
137	99083	88191	27662	99113	57174	35571	99884
138	52021	45406	37945	75234	24327	86978	22644
139	78755	47744	43776	83098	03225	14281	83637
140	25282	69106	59180	16257	22810	43609	12224
141	11959	94202	02743	86847	79725	51811	12998
142	11644	13792	98190	01424	30078	28197	55583
143	06307	97912	68110	59812	95448	43244	31262
144	76285	75714	89585	99296	52640	46518	55486
145	55322	07598	39600	60866	63007	20007	66819
146	78017	90928	90220	92503	83375	26986	74399
147	44768	43342	20696	26331	43140	69744	82928
148	25100	19336	14605	86603	51680	97678	24261
149	83612	46623	62876	85197	07824	91392	58317
150	41347	81666	82961	60413	71020	83658	02415

〈표 2〉 이항분포표

한 점 $x=k$ 에서의 확률값 $P(X=k)=\binom{n}{k}p^2(1-p)^{n-k}$

n	k	$p=0.1$	$p=0.2$	$p=0.3$	$p=0.4$	$p=0.5$
2	0	.8100	.6400	.4900	.3600	.2500
	1	.1800	.3200	.4200	.4800	.5000
	2	.0100	.0400	.0900	.1600	.2500
3	0	.7290	.5120	.3430	.2160	.1250
	1	.2430	.3840	.4410	.4320	.3750
	2	.0270	.0960	.1890	.2880	.3750
	3	.0010	.0080	.0270	.0640	.1250
4	0	.6561	.4096	.2401	.1296	.0625
	1	.2916	.4096	.4116	.3456	.2500
	2	.0486	.1536	.2646	.3456	.3750
	3	.0036	.0256	.0756	.1536	.2500
	4	.0001	.0016	.0081	.0256	.0625
5	0	.5905	.3277	.1681	.0778	.0312
	1	.3280	.4096	.3602	.2592	.1562
	2	.0729	.2048	.3087	.3456	.3125
	3	.0081	.0512	.1323	.2304	.3125
	4	.0005	.0064	.0284	.0768	.1562
	5	.0000	.0003	.0024	.0102	.0312
6	0	.5314	.2621	.1176	.0467	.0156
	1	.3543	.3932	.3025	.1866	.0938
	2	.0984	.2458	.3241	.3110	.2344
	3	.0146	.0819	.1852	.2765	.3125
	4	.0012	.0154	.0595	.1382	.2344
	5	.0001	.0015	.0102	.0369	.0938
	6	.0000	.0001	.0007	.0041	.0156
7	0	.4783	.2097	.0824	.0280	.0078
	1	.3720	.3670	.2471	.1306	.0547
	2	.1240	.2753	.3176	.2613	.1641
	3	.0230	.1147	.2269	.2903	.2734
	4	.0026	.0287	.0972	.1935	.2734
	5	.0002	.0043	.0250	.0774	.1641
	6	.0000	.0004	.0036	.0172	.0547
	7	.0000	.0000	.0002	.0016	.0078

이항분포표(계속)

n	k	$p = 0.1$	$p = 0.2$	$p = 0.3$	$p = 0.4$	$p = 0.5$
8	0	.4305	.1678	.0576	.0168	.0039
	1	.3826	.3355	.1977	.0896	.0312
	2	.1488	.2936	.2965	.2090	.1094
	3	.0331	.1468	.2541	.2787	.2188
	4	.0046	.0459	.1361	.2322	.2734
	5	.0004	.0092	.0467	.1239	.2188
	6	.0000	.0011	.0100	.0413	.1094
	7	.0000	.0001	.0012	.0079	.0312
	8	.0000	.0000	.0001	.0007	.0039
9	0	.3874	.1342	.0404	.0101	.0020
	1	.3874	.3020	.1556	.0605	.0176
	2	.1722	.3020	.2668	.1612	.0703
	3	.0446	.1762	.2668	.2508	.1641
	4	.0074	.0661	.1715	.2508	.2461
	5	.0008	.0165	.0735	.1672	.2461
	6	.0001	.0028	.0210	.0743	.1641
	7	.0000	.0003	.0039	.0212	.0703
	8	.0000	.0000	.0004	.0035	.0176
	9	.0000	.0000	.0000	.0003	.0020
10	0	.3487	.1074	.0282	.0060	.0010
	1	.3874	.2684	.1211	.0403	.0098
	2	.1937	.3020	.2335	.1209	.0439
	3	.0574	.2013	.2668	.2150	.1172
	4	.0112	.0881	.2001	.2508	.2051
	5	.0015	.0264	.1029	.2007	.2461
	6	.0001	.0055	.0368	.1115	.2051
	7	.0000	.0008	.0090	.0425	.1172
	8	.0000	.0001	.0014	.0106	.0439
	9	.0000	.0000	.0001	.0016	.0098
	10	.0000	.0000	.0000	.0001	.0010

이항분포표(계속)

n	k	p = 0.1	p = 0.2	p = 0.3	p = 0.4	p = 0.5
15	0	.2059	.0352	.0047	.0005	.0000
	1	.3432	.1319	.0305	.0047	.0005
	2	.2669	.2309	.0916	.0219	.0032
	3	.1285	.2501	.1700	.0634	.0139
	4	.0428	.1876	.2186	.1268	.0417
	5	.0105	.1032	.2061	.1859	.0916
	6	.0019	.0430	.1472	.2066	.1527
	7	.0003	.0138	.0811	.1771	.1964
	8	.0000	.0035	.0348	.1181	.1964
	9	.0000	.0007	.0116	.0612	.1527
	10	.0000	.0001	.0030	.0245	.0916
	11	.0000	.0000	.0006	.0074	.0417
	12	.0000	.0000	.0001	.0016	.0139
	13	.0000	.0000	.0000	.0003	.0032
	14	.0000	.0000	.0000	.0000	.0005
	15	.0000	.0000	.0000	.0000	.0000
20	0	.1216	.0115	.0008	.0000	.0000
	1	.2701	.0576	.0068	.0005	.0000
	2	.2852	.1369	.0278	.0031	.0002
	3	.1901	.2054	.0716	.0123	.0011
	4	.0898	.2182	.1304	.0350	.0046
	5	.0319	.1746	.1789	.0746	.0148
	6	.0089	.1091	.1916	.1244	.0370
	7	.0020	.0545	.1643	.1659	.0739
	8	.0003	.0222	.1144	.1797	.1201
	9	.0001	.0074	.0654	.1597	.1602
	10	.0000	.0020	.0308	.1171	.1762
	11	.0000	.0005	.0120	.0710	.1602
	12	.0000	.0001	.0039	.0355	.1201
	13	.0000	.0000	.0010	.0146	.0739
	14	.0000	.0000	.0002	.0049	.0370
	15	.0000	.0000	.0000	.0013	.0148
	16	.0000	.0000	.0000	.0003	.0046
	17	.0000	.0000	.0000	.0000	.0011
	18	.0000	.0000	.0000	.0000	.0002
	19	.0000	.0000	.0000	.0000	.0000
	20	.0000	.0000	.0000	.0000	.0000

〈표 3〉 푸아송분포표

한 점 $x = k$ 에서의 확률값 $P(X = k) = \dfrac{e^{-\lambda}\lambda^{k}}{k!}$

k	$\lambda = .1$	.2	.3	.4	.5	.6	.7	.8	.9	1.0
0	.9048	.8187	.7408	.6703	.6065	.5488	.4966	.4493	.4066	.3679
1	.0905	.1637	.2222	.2681	.3033	.3293	.3476	.3595	.3659	.3679
2	.0045	.0164	.0333	.0536	.0758	.0988	.1217	.1438	.1647	.1839
3	.0002	.0011	.0033	.0072	.0126	.0198	.0284	.0383	.0494	.0613
4	.0000	.0001	.0003	.0007	.0016	.0030	.0050	.0077	.0111	.0153
5	.0000	.0000	.0000	.0001	.0002	.0004	.0007	.0012	.0020	.0031
6	.0000	.0000	.0000	.0000	.0000	.0000	.0001	.0002	.0003	.0005
7	.0000	.0000	.0000	.0000	.0000	.0000	.0000	.0000	.0000	.0001
8	.0000	.0000	.0000	.0000	.0000	.0000	.0000	.0000	.0000	.0000
k	$\lambda = 1.5$	2	3	4	5	6	7	8	9	10
0	.2231	.1353	.0498	.0183	.0067	.0025	.0009	.0003	.0001	.0000
1	.3347	.2707	.1494	.0733	.0337	.0149	.0064	.0027	.0011	.0005
2	.2510	.2707	.2240	.1465	.0842	.0446	.0223	.0107	.0050	.0023
3	.1255	.1804	.2240	.1954	.1404	.0892	.0521	.0286	.0150	.0076
4	.0471	.0902	.1680	.1954	.1755	.1339	.0912	.0573	.0337	.0189
5	.0141	.0361	.1008	.1563	.1755	.1606	.1277	.0916	.0607	.0378
6	.0035	.0120	.0504	.1042	.1462	.1606	.1490	.1221	.0911	.0631
7	.0008	.0034	.0216	.0595	.1044	.1377	.1490	.1396	.1171	.0901
8	.0001	.0009	.0081	.0298	.0653	.1033	.1304	.1396	.1318	.1126
9	.0000	.0002	.0027	.0132	.0363	.0688	.1014	.1241	.1318	.1251
10	.0000	.0000	.0008	.0053	.0181	.0413	.0710	.0993	.1186	.1251
11	.0000	.0000	.0002	.0019	.0082	.0225	.0452	.0722	.0970	.1137
12	.0000	.0000	.0001	.0006	.0034	.0113	.0264	.0481	.0728	.0948
13	.0000	.0000	.0000	.0002	.0013	.0052	.0142	.0296	.0504	.0729
14	.0000	.0000	.0000	.0001	.0005	.0022	.0071	.0169	.0324	.0521
15	.0000	.0000	.0000	.0000	.0002	.0009	.0033	.0090	.0194	.0347
16	.0000	.0000	.0000	.0000	.0000	.0003	.0014	.0045	.0109	.0217
17	.0000	.0000	.0000	.0000	.0000	.0001	.0006	.0021	.0058	.0128
18	.0000	.0000	.0000	.0000	.0000	.0000	.0002	.0009	.0029	.0071
19	.0000	.0000	.0000	.0000	.0000	.0000	.0001	.0004	.0014	.0037
20	.0000	.0000	.0000	.0000	.0000	.0000	.0000	.0002	.0006	.0019
21	.0000	.0000	.0000	.0000	.0000	.0000	.0000	.0001	.0003	.0009
22	.0000	.0000	.0000	.0000	.0000	.0000	.0000	.0000	.0001	.0004
23	.0000	.0000	.0000	.0000	.0000	.0000	.0000	.0000	.0000	.0002
24	.0000	.0000	.0000	.0000	.0000	.0000	.0000	.0000	.0000	.0001
25	.0000	.0000	.0000	.0000	.0000	.0000	.0000	.0000	.0000	.0000

〈표 4〉 표준정규분포표

누적확률값 $\Phi(Z) = \int_{-\infty}^{z} \frac{1}{\sqrt{2\pi}} \exp\left(-\frac{1}{2}t^2\right) dt$

Z	.00	.01	.02	.03	.04	.05	.06	.07	.08	.09
.0	.5000	.5040	.5080	.5120	.5160	.5199	.5239	.5279	.5319	.5359
.1	.5398	.5438	.5478	.5517	.5557	.5596	.5636	.5675	.5714	.5753
.2	.5793	.5832	.5871	.5910	.5948	.5987	.6026	.6064	.6103	.6141
.3	.6179	.6217	.6255	.6293	.6331	.6368	.6406	.6443	.6480	.6517
.4	.6554	.6591	.6628	.6664	.6700	.6736	.6772	.6808	.6844	.6879
.5	.6915	.6950	.6985	.7019	.7054	.7088	.7123	.7157	.7190	.7224
.6	.7257	.7291	.7324	.7357	.7389	.7422	.7454	.7486	.7517	.7549
.7	.7580	.7611	.7642	.7673	.7703	.7734	.7764	.7794	.7823	.7852
.8	.7881	.7910	.7939	.7967	.7995	.8023	8051	.8078	.8106	.8133
.9	.8159	.8186	.8212	.8238	.8264	.8289	.8315	.8340	.8365	.8389
1.0	.8413	.8438	.8461	.8485	.8508	.8531	.8554	.8577	.8599	.8621
1.1	.8643	.8665	.8686	.8708	.8729	.8749	.8770	.8790	.8810	.8830
1.2	.8849	.8869	.8888	.8907	.8925	.8944	.8962	.8980	.8997	.9015
1.3	.9032	.9049	.9066	.9082	.9099	.9115	.9131	.9147	.9162	.9177
1.4	.9192	.9207	.9222	.9236	.9251	.9265	.9279	.9292	.9306	.9319
1.5	.9332	.9345	.9357	9370	.9382	.9394	.9406	.9418	.9429	.9441
1.6	.9452	.9463	.9474	.9484	.9495	.9505	.9515	.9525	.9535	.9545
1.7	.9554	.9564	.9573	.9582	.9591	.9599	.9608	.9616	.9625	.9633
1.8	.9641	.9649	.9656	.9664	.9671	.9678	.9686	.9693	.9699	.9706
1.9	.9713	.9719	.9726	.9732	.9738	.9744	.9750	.9756	.9761	9767
2.0	.9772	.9778	.9783	.9788	.9793	.9798	.9803	.9809	.9812	.9817
2.1	.9821	.9826	.9830	.9834	.9838	.9842	.9846	.9850	.9854	.9857
2.2	.9861	.9864	.9868	.9871	.9875	.9878	.9881	.9884	.9887	.9890
2.3	.9893	.9896	.9898	.9901	.9904	.9906	.9909	.9911	.9913	.9916
2.4	9918	.9920	.9922	.9925	.9927	.9929	.9931	.9932	.9934	.9936
2.5	.9938	.9940	.9941	.9943	.9945	.9946	.9948	.9949	.9951	.9952
2.6	.9953	.9955	.9956	.9957	.9959	.9960	.9961	.9962	.9963	.9964
2.7	.9965	.9966	.9967	.9968	.9969	.9970	.9971	.9972	.9973	.9974
2.8	.9974	.9975	.9976	.9977	.9977	.9978	.9979	.9979	.9980	.9981
2.9	.9981	.9982	.9982	.9983	.9984	.9984	.9985	.9985	.9986	.9986
3.0	.9987	.9987	.9987	.9988	.9988	.9989	.9989	.9989	.9990	.9990
3.1	.9990	.9991	.9991	.9991	.9992	.9992	.9992	.9992	.9993	.9993
3.2	.9993	.9993	.9994	.9994	.9994	.9994	.9994	.9995	.9995	.9995
3.3	.9995	.9995	.9995	.9996	.9996	.9996	.9996	.9996	.9996	.9997
3.4	.9997	.9997	.9997	.9997	.9997	.9997	.9997	.9997	.9997	.9998
3.5	.9998	.9998	.9998	.9998	.9998	.9998	.9998	.9998	.9998	.9998

〈표 5〉 ***t*** **분포표**

t 분포의 상위 $100\alpha\%$ 백분위수 $t(n, \alpha) = P(T \geq t) = \int_t^{\infty} f(t)\, dt$

n \ α	.25	.10	.05	.025	.01	.00833	.00625	.005
1	1.000	3.078	6.314	12.706	31.821	38.190	50.923	63.657
2	.816	1.886	2.920	4.303	6.965	7.649	8.860	9.925
3	.765	1.638	2.353	3.182	4.541	4.857	5.392	5.841
4	.741	1.533	2.132	2.776	3.747	3.961	4.315	4.604
5	.727	1.476	2.015	2.571	3.365	3.534	3.810	4.032
6	.718	1.440	1.943	2.447	3.143	3.287	3.521	3.707
7	.711	1.415	1.895	2.365	2.998	3.128	3.335	3.499
8	.706	1.397	1.860	2.306	2.896	3.016	3.206	3.355
9	.703	1.383	1.833	2.262	2.821	2.933	3.111	3.250
10	.700	1.372	1.812	2.228	2.764	2.870	3.038	3.169
11	.697	1.363	1.796	2.201	2.718	2.820	2.981	3.106
12	.694	1.356	1.782	2.179	2.681	2.779	2.934	3.055
13	.694	1.350	1.771	2.160	2.650	2.746	2.896	3.012
14	.692	1.345	1.761	2.145	2.624	2.718	2.864	2.977
15	.691	1.341	1.753	2.131	2.602	2.694	2.837	2.947
16	.690	1.337	1.746	2.120	2.583	2.673	2.813	2.921
17	.689	1.333	1.740	2.110	2.567	2.655	2.793	2.898
18	.688	1.330	1.734	2.101	2.552	2.639	2.775	2.878
19	.688	1.328	1.729	2.093	2.539	2.625	2.759	2.861
20	.687	1.325	1.725	2.086	2.528	2.613	2.744	2.845
21	.686	1.323	1.721	2.080	2.518	2.601	2.732	2.831
22	.686	1.321	1.717	2.074	2.508	2.591	2.720	2.819
23	.685	1.319	1.714	2.069	2.500	2.582	2.710	2.807
24	.685	1.318	1.711	2.064	2.492	2.574	2.700	2.797
25	.684	1.316	1.708	2.060	2.485	2.566	2.692	2.787
26	.684	1.315	1.706	2.056	2.479	2.599	2.684	2.779
27	.684	1.314	1.703	2.052	2.473	2.552	2.676	2.771
28	.683	1.313	1.701	2.048	2.467	2.546	2.669	2.763
29	.683	1.311	1.699	2.045	2.462	2.541	2.663	2.756
30	.683	1.310	1.697	2.042	2.457	2.536	2.657	2.750
40	.681	1.303	1.684	1.021	2.423	2.499	2.616	2.704
60	.679	1.296	1.671	2.000	2.390	2.463	2.575	2.660
120	.677	1.289	1.658	1.980	2.358	2.428	2.536	2.617
∞	.674	1.282	1.645	1.960	2.326	2.394	2.498	2.576

〈표 6〉 카이제곱분포표

카이제곱분포의 상위 $100\alpha\%$ 백분위수 $\chi(n,\ \alpha) = P(V \geq v) = \int_{v}^{\infty} f(v)\,dv$

n \ α	.99	.975	.95	.90	.50	.10	.05	.025	.01
1	.0002	.001	.004	.02	.45	2.71	3.84	5.02	6.63
2	.02	.05	.10	.21	1.39	4.61	5.99	7.38	9.21
3	.11	.22	.35	.58	2.37	6.25	7.81	9.35	11.34
4	.30	.48	.71	1.06	3.36	7.78	9.49	11.14	13.28
5	.55	.83	1.15	1.61	4.35	9.24	11.07	12.83	15.09
6	.87	1.24	1.64	2.20	5.35	10.64	12.59	14.45	16,81
7	1.24	1.69	2.17	2.83	6.35	12.02	14.07	16.01	18.48
8	1.65	2.18	2.73	3.49	7.34	13.36	15.51	17.53	20.09
9	2.09	2.70	3.33	4.17	8.34	14.68	16.92	19.02	21.67
10	2.56	3.24	3.94	4.87	9.34	15.99	18.31	20.48	23.21
11	3.05	3.81	4.57	5.58	10.34	17.28	19.68	21.92	24.72
12	3.57	4.40	5.23	6.30	11.34	18.55	21.03	23.34	26.22
13	4.11	5.01	5.89	7.04	12.34	19.81	22.36	24.74	27.69
14	4.66	5.62	6.57	7.79	13.34	21.06	23.68	26.12	29.14
15	5.23	6.26	7.26	8.55	14.34	22.31	25.00	27.49	30.58
16	5.81	6.90	7.96	9.31	15.34	23.54	26.30	28.85	32.00
17	6.41	7.56	8.67	10.09	16.34	24.77	27.59	30.19	33.41
18	7.01	8.23	9.39	10.86	17.34	25.99	28.87	31.53	34.81
19	7.63	8.90	10.12	11.65	18.34	27.20	30.14	32.85	36.19
20	8.26	9.59	10.85	12.44	19.34	28.41	31.41	34.17	37.57
21	8.90	10.28	11.59	13.24	20.34	29.62	32.67	35.48	38.93
22	9.54	10.98	12.34	14.04	21.34	30.81	33.92	36.78	40.29
23	10.20	11.69	13.09	14.85	22.34	32.01	35.17	38.08	41.64
24	10.86	12.40	13.85	15.66	23.34	33.20	36.42	39.36	42.98
25	11.52	13.11	14.61	16.47	24.34	34.38	37.65	40.65	44.31
26	12.20	13.84	15.38	17.29	25.34	35.56	38.89	41.92	45.64
27	12.88	14.57	16.15	18.11	26.34	36.74	40.11	43.19	46.96
28	13.56	15.30	16.93	18.94	27.34	37.92	41.34	44.46	48.28
29	14.26	16.04	17.71	19.77	28.34	39.09	42.56	45.72	49.59
30	14.95	16.78	18.49	20.60	29.34	40.26	43.77	46.98	50.89
40	22.16	24.42	26.51	29.05	39.34	51.81	55.76	59.34	63.69
50	29.71	32.35	34.76	37.69	49.33	63.17	67.50	71.42	76.15
60	37.48	40.47	43.19	46.46	59.33	74.40	79.08	83.30	88.38
70	45.44	48.75	51.74	55.33	59.33	85.53	90.53	95.02	100.43
80	53.54	57.15	60.39	64.28	79.33	96.58	101.88	106.63	112.33
90	61.75	65.64	69.13	73.29	89.33	107.57	113.15	118.14	124.12
100	70.06	74.22	77.93	82.36	99.33	118.50	124.34	129.56	135.81

〈표 7〉 **F 분포표**

F 분포의 90% 백분위수 $F(n_1, n_2; 0.10)$

n_2 \ n_1	1	2	3	4	5	6	7	8	9	10	12	15	20	24	30	40	60	120	∞
1	39.86	49.50	53.59	55.83	57.24	58.20	58.91	59.44	59.86	60.19	60.71	61.22	61.74	62.00	62.26	62.53	62.79	63.06	63.33
2	8.53	9.00	9.16	9.24	9.29	9.33	9.35	9.37	9.38	9.39	9.41	9.42	9.44	9.45	9.46	9.47	9.47	9.48	9.49
3	5.54	5.46	5.39	5.34	5.31	5.28	5.27	5.25	5.24	5.23	5.22	5.20	5.18	5.18	5.17	5.16	5.15	5.14	5.13
4	4.54	4.32	4.19	4.11	4.05	4.01	3.98	3.95	3.94	3.92	3.90	3.87	3.84	3.83	3.82	3.80	3.79	3.78	3.76
5	4.06	3.78	3.62	3.52	3.45	3.40	3.37	3.31	3.32	3.30	3.27	3.24	3.21	3.19	3.17	3.16	3.14	3.12	3.10
6	3.78	3.40	3.29	3.18	3.11	3.05	3.01	2.98	2.90	2.94	2.90	2.87	2.84	2.82	2.80	2.78	2.76	2.74	2.72
7	3.59	3.20	3.07	2.96	2.88	2.83	2.78	2.75	2.72	2.70	2.67	2.63	2.59	2.58	2.58	2.54	2.51	2.49	2.47
8	3.46	3.11	2.92	2.81	2.73	2.67	2.62	2.59	2.50	2.54	2.50	2.40	2.42	2.40	2.38	2.36	2.34	2.32	2.20
9	3.36	3.01	2.81	2.69	2.61	2.55	2.51	2.47	2.44	2.42	2.38	2.34	2.30	2.28	2.25	2.23	2.21	2.18	2.16
10	3.29	2.92	2.73	2.61	2.52	2.46	2.41	2.38	2.35	2.32	2.28	2.24	2.20	2.18	2.16	2.13	2.11	2.08	2.06
11	3.23	2.86	2.66	2.54	2.45	2.30	2.34	2.30	2.27	2.25	2.21	2.17	2.12	2.10	2.08	2.05	2.03	2.00	1.97
12	3.18	2.81	2.61	2.48	2.39	2.33	2.28	2.24	2.21	2.19	2.15	2.10	2.06	2.04	2.01	1.99	1.96	1.93	1.90
13	3.14	2.76	2.50	2.43	2.35	2.28	2.23	2.20	2.16	2.14	2.10	2.05	2.01	1.98	1.96	1.93	1.90	1.88	1.85
14	3.10	2.73	2.52	2.39	2.31	2.24	2.19	2.15	2.12	2.10	2.05	2.01	1.96	1.94	1.91	1.89	1.86	1.83	1.80
15	3.07	2.70	2.49	2.36	2.27	2.21	2.16	2.12	2.09	2.06	2.02	1.97	1.92	1.90	1.87	1.85	1.82	1.79	1.76
16	3.05	2.07	2.46	2.33	2.24	2.18	2.13	2.09	2.06	2.03	1.99	1.97	1.89	1.87	1.84	1.81	1.78	1.76	1.72
17	3.03	2.64	2.44	2.31	2.22	2.15	2.10	2.06	2.03	2.00	1.96	1.91	1.86	1.84	1.81	1.78	1.75	1.72	1.69
18	3.01	2.62	2.42	2.29	2.20	2.13	2.08	2.04	2.00	1.98	1.93	1.89	1.84	1.81	1.78	1.75	1.72	1.69	1.66
19	2.99	2.61	2.40	2.27	2.18	2.11	2.06	2.02	1.98	1.96	1.91	1.86	1.81	1.79	1.78	1.73	1.70	1.67	1.63
20	2.97	2.59	2.38	2.25	2.16	2.09	2.04	2.00	1.96	1.94	1.89	1.84	1.79	1.77	1.74	1.71	1.68	1.64	1.61
21	2.96	2.57	2.36	2.23	2.14	2.08	2.02	1.98	1.95	1.92	1.87	1.83	1.78	1.75	1.72	1.69	1.66	1.62	1.59
22	2.95	2.56	2.35	2.22	2.13	2.06	2.01	1.97	1.93	1.90	1.86	1.81	1.76	1.73	1.70	1.67	1.64	1.60	1.57
23	2.94	2.55	2.34	2.21	2.11	2.05	1.99	1.95	1.92	1.89	1.84	1.80	1.74	1.72	1.69	1.66	1.62	1.59	1.55
24	2.93	2.54	2.33	2.19	2.10	2.04	1.98	1.94	1.91	1.88	1.83	1.78	1.73	1.70	1.67	1.64	1.61	1.57	1.53
25	2.92	2.53	2.32	2.18	2.09	2.02	1.97	1.93	1.89	1.87	1.82	1.77	1.72	1.69	1.66	1.63	1.59	1.56	1.52
26	2.91	2.52	2.31	2.17	2.08	2.01	1.96	1.92	1.88	1.86	1.81	1.76	2.71	1.68	1.65	1.61	1.58	1.54	1.50
27	2.90	2.51	2.30	2.17	2.07	2.00	1.95	1.91	1.87	1.85	1.80	1.75	1.70	1.67	1.64	1.60	1.57	1.53	1.49
28	2.89	2.50	2.20	2.16	2.06	2.00	1.94	1.90	1.87	1.84	1.79	1.74	1.69	1.66	1.63	1.59	1.56	1.52	1.48
29	2.89	2.50	2.28	2.15	2.06	1.99	1.93	1.89	1.86	1.83	1.78	1.73	1.68	1.65	1.62	1.58	1.55	1.51	1.47
30	2.88	2.49	2.28	2.14	2.05	1.98	1.93	1.88	1.85	1.82	1.77	1.72	1.67	1.61	1.61	1.57	1.54	1.50	1.46
40	2.84	2.44	2.23	2.09	2.00	1.93	1.87	1.83	1.79	1.76	1.71	1.68	1.61	1.57	1.54	1.51	1.47	1.42	1.38
60	2.79	2.39	2.18	2.04	1.95	1.87	1.82	1.77	1.74	1.71	1.66	1.60	1.54	1.51	1.48	1.44	1.40	1.35	1.29
120	2.75	2.35	2.13	1.99	1.90	1.82	1.77	1.72	1.68	1.65	1.60	1.55	1.48	1.45	1.41	1.37	1.32	1.26	1.19
∞	2.71	2.30	2.08	1.94	1.85	1.77	1.72	1.67	1.63	1.60	1.55	1.49	1.42	1.38	1.34	1.30	1.24	1.17	1.00

F 분포표(계속)

F 분포의 97.5% 백분위수 $F(n_1, n_2; 0.025)$

n_2 \ n_1	1	2	3	4	5	6	7	8	9	10	12	15	20	24	30	40	60	120	∞
1	647.8	799.5	804.2	899.6	921.8	937.1	948.2	956.7	963.3	968.6	976.7	984.9	993.1	997.2	1001	1006	1010	1014	1018
2	38.51	39.00	39.17	39.25	39.30	39.33	39.36	39.37	39.39	39.40	39.41	39.43	39.45	39.45	39.46	39.47	39.48	39.49	39.50
3	17.44	16.04	15.44	15.10	14.88	14.73	14.62	14.54	14.47	14.42	14.34	14.25	14.17	14.12	14.08	14.04	13.99	13.95	13.90
4	12.22	10.65	9.93	9.60	9.36	9.20	9.07	8.98	8.90	8.84	8.75	8.66	8.56	8.51	8.46	8.41	8.36	8.31	8.26
5	10.01	8.43	7.76	7.39	7.15	6.98	6.85	6.76	6.68	6.62	6.52	6.43	6.33	6.28	6.23	6.18	6.12	6.07	6.02
6	8.81	7.26	6.60	6.23	5.99	5.82	5.70	5.60	5.52	5.46	5.37	5.27	5.17	5.12	5.07	5.01	4.96	4.90	4.85
7	8.07	6.54	5.89	5.52	5.29	5.12	4.99	4.90	4.82	4.76	4.67	4.57	4.47	4.42	4.36	4.31	4.25	4.20	4.14
8	7.57	6.06	5.42	5.05	4.82	4.65	4.53	4.43	4.36	4.30	4.20	4.10	4.00	3.95	3.89	3.84	3.78	3.73	3.67
9	7.21	5.71	5.08	4.72	4.48	4.32	4.20	4.10	4.03	3.96	3.87	3.77	3.67	3.61	3.56	3.51	3.45	3.39	3.33
10	6.94	5.46	4.83	4.47	4.24	4.07	3.95	3.85	3.78	3.72	3.62	3.52	3.42	3.37	3.31	3.25	3.20	3.14	3.08
11	6.72	5.26	4.63	4.28	4.04	3.88	3.76	3.66	3.59	3.53	3.43	3.33	3.23	3.17	3.12	3.06	3.00	2.94	2.88
12	6.55	5.10	4.47	4.12	3.89	3.73	3.61	3.51	3.44	3.37	3.28	3.18	3.07	3.02	2.96	2.91	2.85	2.79	2.72
13	6.41	4.97	4.35	4.00	3.77	3.60	3.48	3.39	3.31	3.25	3.15	3.05	2.95	2,89	2.84	2.78	2.72	2.66	2.60
14	6.30	4.86	4.24	3.89	3.66	3.50	3.38	3.29	3.21	3.18	3.05	2.95	2.84	2,79	2.73	2.67	2.61	2.55	2.49
15	6.20	4.77	4.15	3.80	3.58	3.41	3.29	3.20	3.12	3.06	2.96	2.86	2.76	2.70	2.64	2.59	2.52	2.46	2.40
16	6.12	4.69	4.08	3.73	3.50	3.34	3.22	3.12	3.05	2.09	2.89	2.79	2.68	2.63	2.57	2.51	2.45	2.38	2.32
17	6.04	4.62	4.01	3.06	3.44	3.28	6.16	3.06	2.98	2.92	2.82	2.72	2.62	2.56	2.50	2.44	2.38	2.32	2.25
18	5.98	4.56	3.95	3.61	3.38	3.22	3.10	3.01	2.93	2.87	2.77	2.67	2.56	2.50	2.44	2.38	2.32	2.26	2.19
19	5.92	4.51	3.90	3.56	3.33	3.17	3.05	2.96	2.88	2.82	2.72	2.62	2.51	2.45	2.39	2.33	2.27	2.20	2.13
20	5.87	4.46	3.86	3.51	3.29	3.13	3.01	2.91	2.84	2.77	2.68	2.57	2.56	2.41	2.35	2.29	2.22	2.16	2.09
21	5.83	4.42	3.82	3.48	3.25	3.09	2.97	2.87	2.80	2.73	2.64	2.53	2.42	2.37	2.31	2.25	2.18	2.11	2.04
22	5.79	4.38	3.78	3.44	3.22	3.05	2.93	2.84	2.76	2.70	2.60	2.50	2.39	2.33	2.27	2.21	2.14	2.08	2.00
23	5.75	4.35	3.75	3.41	3.18	3.02	2.90	2.81	2.73	2.67	2.57	2.47	2.36	2.30	2.24	2.18	2.11	2.04	1.97
24	5.72	4.32	3.72	3.38	3.15	2.99	2.87	2.78	2.70	2.64	2.54	2.44	2.33	2.27	2.21	2.15	2.08	2.01	1.94
25	5.69	6.29	3.69	3.35	3.13	2.97	2.85	2.75	2.68	2.61	2.51	2.41	2.30	2.24	2.18	2.12	2.05	1.98	1.91
26	5.66	4.27	3.67	3.83	3.10	2.94	2.82	2.73	2.65	2.59	2.49	2.39	2.28	2.22	2.16	2.09	2.03	1.95	1.88
27	5.63	4.24	3.65	3.31	3.08	2.92	2.80	2.71	2.63	2.57	2.47	2.36	2.25	2.19	2.13	2.07	2.00	1.93	1.85
28	5.61	4.22	3.63	3.20	3.06	2.90	2.78	2.69	2.61	2.55	2.45	2.34	2.23	2.17	2.11	2.05	1.98	1.91	1.83
29	5.59	4.20	3.61	3.27	3.04	2.85	2.76	2.67	2.59	2.53	2.43	2.32	2.21	2.15	2.09	2.03	1.96	1.89	1.81
30	5.57	4.18	3.59	3.25	3.03	2.87	2.75	2.65	2.57	2.51	2.41	2.31	2.20	2.14	2.07	2.01	1.94	1.87	1.79
40	5.42	4.05	3.46	3.13	2.90	2.74	2.62	2.53	2.45	2.39	2.29	2.18	2.07	2.01	1.94	1.88	1.80	1.72	1.64
60	5.29	3.93	3.34	3.01	2.79	2.63	2.51	2.41	2.33	2.27	2.17	2.08	1.94	1.88	1.82	1.74	1.67	1.58	1.48
120	5.15	3.90	3.23	2.89	2.67	2.52	2.39	2.30	2.22	2.16	2.05	1.94	1.82	1.76	1.69	1.61	1.53	1.43	1.31
∞	5.02	3.69	3.12	2.79	2.57	2.41	2.29	2.19	2.11	2.05	1.94	1.83	1.71	1.64	1.57	1.48	1.39	1.37	1.00

F 분포표(계속)

F 분포의 95% 백분위수 $F(n_1, n_2; 0.05)$

n_2 \ n_1	1	2	3	4	5	6	7	8	9	10	12	15	20	24	30	40	60	120	∞
1	161.4	199.5	215.7	224.6	230.2	234.0	236.8	238.9	240.5	241.9	243.9	245.9	248.0	249.1	250.1	251.1	252.2	253.3	254.3
2	18.51	19.00	19.16	19.30	19.30	19.33	19.35	19.37	19.33	19.49	19.41	19.43	19.45	19.45	19.46	19.47	19.48	19.49	19.50
3	10.13	9.55	9.28	9.01	9.01	8.94	8.89	8.85	8.81	8.79	8.74	8.70	8.60	8.64	8.62	8.59	8.57	8.55	8.53
4	7.71	6.94	6.59	6.26	6.26	6.16	6.09	6.04	6.00	5.90	5.91	5.86	5.80	5.77	5.75	5.72	5.69	5.66	5.63
5	6.61	5.79	5.41	5.19	5.05	4.95	4.88	4.82	4.77	4.74	4.68	4.62	4.56	4.53	4.50	4.46	4.43	4.40	4.36
6	5.99	5.14	4.76	4.53	4.39	4.28	4.21	4.15	4.10	4.06	4.00	3.94	3.87	3.84	3.81	3.77	3.74	3.70	3.67
7	5.50	4.74	4.35	4.12	3.97	3.87	3.79	3.73	3.68	3.64	3.57	3.51	3.44	3.41	3.38	3.34	3.30	3.27	3.23
8	5.32	4.46	4.07	3.84	3.69	3.58	3.50	3.44	3.39	3.35	3.28	3.22	3.15	3.12	3.08	3.04	3.01	2.97	2.93
9	5.12	4.26	3.86	3.63	3.48	3.37	3.29	3.23	3.18	3.14	3.07	3.01	2.94	2.90	2.86	2.83	2.79	2.75	2.71
10	4.96	4.10	3.71	3.48	3.33	3.22	3.14	3.07	3.01	2.98	2.91	2.85	2.77	2.74	2.70	2.66	2.62	2.58	2.54
11	4.84	3.98	3.59	3.36	3.20	3.09	3.01	2.95	2.90	2.85	2.79	2.72	2.65	2.61	2.57	2.53	2.49	2.45	2.40
12	4.75	3.89	3.49	3.28	3.11	3.00	2.91	2.85	2.80	2.75	2.69	2.52	2.54	2.51	2.47	2.43	2.38	2.34	2.30
13	4.67	3.81	3.41	3.18	3.03	2.92	2.83	2.77	2.71	2.67	2.60	2.53	2.46	2.42	2.38	2.34	2.30	2.25	2.21
14	4.60	3.74	3.34	3.11	2.96	2.85	2.76	2.70	2.05	2.60	2.53	2.46	2.39	2.35	2.31	2.27	2.22	2.18	2.13
15	4.54	3.68	3.29	5.06	2.90	2.79	2.71	2.64	2.59	2.54	2.48	2.40	2.33	2.29	2.25	2.20	2.16	2.11	2.07
16	4.49	3.63	3.24	3.01	2.85	2.74	2.66	2.59	2.54	2.49	2.42	2.35	2.28	2.24	2.19	2.15	2.11	2.06	2.01
17	4.45	3.59	3.20	2.96	2.81	2.70	2.61	2.55	2.49	2.45	2.38	2.31	2.23	2.19	2.15	2.10	2.06	2.01	1.96
18	4.41	3.55	3.16	2.93	2.77	2.66	2.58	2.51	2.26	2.41	2.34	2.27	2.19	2.15	2.11	2.06	2.02	1.97	1.92
19	4.38	3.52	3.13	2.90	2.74	2.63	2.54	2.48	2.42	2.38	2.31	2.23	2.16	2.11	2.07	2.03	1.98	1.93	1.88
20	4.35	3.49	3.10	2.87	2.71	2.60	2.51	2.45	2.39	2.35	2.28	2.20	2.12	2.08	2.04	1.99	1.95	1.00	1.84
21	4.32	3.47	3.07	2.84	2.68	2.57	2.49	2.42	2.37	2.32	2.25	2.18	2.10	2.05	2.01	1.96	1.92	1.87	1.81
22	4.30	3.44	3.05	2.82	2.66	2.55	2.46	2.40	2.31	2.30	2.23	2.15	2.07	2.03	1.98	1,94	1.89	1.84	1.78
23	4.28	3.42	3.03	2.80	2.64	2.53	2.44	2.37	2.32	2.27	2.20	2.13	2.05	2.01	1.96	1,91	1.86	1.81	1.76
24	4.26	3.40	3.01	2.78	2.62	2.51	2.42	2.36	2.30	2.25	2.18	2.11	2.03	1.98	1.94	1,89	1.84	1.79	1.73
25	4.24	3.39	2.99	2.76	2.60	2.49	2.40	2.34	2.28	2.24	2.16	2.09	2.01	1.96	1.92	1.87	1.82	1.77	1.71
26	4.23	3.37	2.98	2.74	2.59	2.47	2.39	2.32	2.27	2.22	2.15	2.07	1.99	1.95	1.90	1.85	1.80	1.75	1.69
27	4.21	3.35	2.96	2.73	2.57	2.46	2.37	2.31	2.25	2.20	2.13	2.06	1.97	1.93	1.88	1.84	1.79	1.73	1.67
28	4.20	3.34	2.95	2.71	2.56	2.45	2.36	2.29	2.24	2.19	2.12	2.04	1.96	1.91	1.87	1.82	1.77	1.71	1.65
29	4.18	3.33	2.93	2.70	2.55	2.43	2.35	2.28	2.22	2.18	2.10	2.03	1.94	1.90	1.85	1.81	1.75	1.70	1.61
30	4.17	3.32	2.93	2.69	2.53	2.42	2.33	2.27	2.21	2.16	2.09	2.01	1.93	1.89	1.84	1.79	1.74	1.68	1.62
40	4.08	3.23	2.84	2.61	2.45	2.34	2.25	2.18	2.12	2.08	2.00	1.92	1.84	1.79	1.74	1.69	1.64	1.58	1.51
60	4.00	3.15	2.76	2.53	2.37	2.25	2.17	2.10	2.04	1.99	1.92	1.84	1.75	1.70	1.65	1.59	1.53	1.47	1.39
120	3.92	3.07	2.68	2.45	2.29	2.17	2.09	2.02	1.96	1.91	1.83	1.75	1.66	1.61	1.65	1.50	1.43	1.35	1.25
∞	3.84	3.00	2.60	2.37	2.21	2.10	2.01	1.94	1.88	1.83	1.75	1.67	1.57	1.52	1.40	1.39	1.32	1.22	1.00

연습문제 풀이

제 3 장 확률

1. A를 앞면의 수가 뒷면의 수 보다 적게 나타나는 사건이라 할 때 $P(A)=1/2$.

2. $P(\text{재수 안함})=0.4$, $P(\text{재수함})=0.6$, $P(A \mid \text{재수 안함})=0.2$, $P(A \mid \text{재수함})=0.3$ 이므로

$$P(\text{재수함} \mid A)=\frac{P(\text{재수함})P(A \mid \text{재수함})}{P(A)}=\frac{(0.6)(0.3)}{(0.6)(0.3)+(0.4)(0.2)}=0.692$$

3. $$\begin{aligned} P(A \cup B) &= P(A)+P(B)-P(AB) \\ &= 0.5+0.2-0.1=0.6 \end{aligned}$$

4. 1) $P(100\text{원 이상})=\frac{1}{3}$

   2) $P(10\text{원, } 100\text{원, } 500\text{원})=\left(\frac{5}{15}\right)\left(\frac{3}{14}\right)\left(\frac{2}{13}\right)=\frac{1}{91}$

   3) $P(10\text{원, } 100\text{원})+P(100\text{원, } 10\text{원})=\left(\frac{5}{15}\right)\left(\frac{3}{15}\right)+\left(\frac{3}{15}\right)\left(\frac{5}{15}\right)=\frac{2}{15}$

5. $P(A)=P(B)=P(C)=\frac{1}{2}$, $P(AB)=P(BC)=P(AC)=\frac{1}{4}$ 이므로 $P(AB)=P(A)P(B)$, $P(AC)=P(A)P(C)$, $P(BC)=P(B)P(C)$는 성립한다. 그러나 $P(ABC)=0 \neq P(A)P(B)P(C)=\frac{1}{8}$ 이므로 세 사건 A, B, C는 서로 독립이 아니다.

6. A를 폐암에 걸리는 사건, B를 흡연을 하는 사건이라 할 때
   $P(A)=0.52$, $P(A^c)=0.48$, $P(B)=0.50$, $P(B^c)=0.50$이고
   $P(A \cap B)=0.37 \neq P(A)P(B)=0.26$이다. 따라서 A와 B는 서로 독립이 아니다.

7. A를 부품 1이 작동하는 사건, B를 부품 2가 작동하는 사건이라 할 때
   1) $P(AB)=P(A)P(B)=(0.98)(0.95)=0.931$
   2) $P(A \cup B)=P(A)+P(B)-P(AB)=0.98+0.95-0.931=0.999$

8. A를 제 1냉각장치가 작동하는 사건, B를 제 2냉각장치가 작동하는 사건이라 할 때

$$P(A \cup B) = P(A) + P(B) - P(AB)$$
$$= 0.98 + 0.90 - (0.98)(0.90) = 0.998$$

9. 1) $P(A \cup B) = P(A) + P(B) - P(AB)$
$$= 0.5 + 0.5 - 0.3 = 0.7$$

2) $P(B \mid A) = \dfrac{P(AB)}{P(A)} = \dfrac{0.3}{0.5} = \dfrac{3}{5}$, $P(A \mid B) = \dfrac{P(AB)}{P(B)} = \dfrac{0.3}{0.5} = \dfrac{3}{5}$

10. B를 긴 볼트를 뽑는 사건이라고 할 때 $P(A_1) = P(A_2) = 0.5$, $P(B \mid A_1) = 0.6$, $P(B \mid A_2) = 0.4$ 이므로

1) $P(B) = P(A_1)P(B \mid A_1) + P(A_2)P(B \mid A_2) = (0.5)(0.6) + (0.5)(0.4) = 0.5$

2) $P(A_1 \mid B) = \dfrac{P(A_1)P(B \mid A_1)}{P(B)} = \dfrac{0.3}{0.5} = 0.6$

11. A를 질병에 감염되는 사건, B를 양성반응을 보이는 사건이라 할 때 $P(A) = 0.1$, $P(A^c) = 0.9$, $P(B \mid A) = 0.9$, $P(B \mid A^c) = 0.2$ 이므로

$$P(A \mid B) = \frac{(0.1)(0.9)}{(0.1)(0.9) + (0.9)(0.2)} = \frac{1}{3}$$

12. A를 실제로 비가 온 사건, B를 비가 올 것이라고 예보하는 사건이라 할 때

$$P(A \mid B) = \frac{P(A)P(B \mid A)}{P(A)P(B \mid A) + P(A^c)P(B \mid A^c)}$$
$$= \frac{(0.4)(0.9)}{(0.4)(0.9) + (0.6)(0.3)} = 0.67$$

제 4 장 확률변수와 확률분포

1.

X	2	3	4	9
$P(X=x)$	1/8	5/8	1/8	1/8

$E(X) = \dfrac{15}{4}$, $V(X) = \dfrac{67}{16}$

2. 1) $P(0 < X \leq 2) = P(X=1) + P(X=2) = \dfrac{1}{2^3}\left[\binom{3}{1} + \binom{3}{2}\right] = \dfrac{3}{4}$

2) $E(X) = \sum_{x=0}^{3} xf(x) = 1.5$, $E(X^2) = \sum_{x=0}^{3} x^2 f(x) = 3$, $V(X) = 3 - (1.5)^2 = 0.75$

3. $E(X) = \frac{3}{32}\int_{-2}^{2} x(4-x^2)\,dx = 0$

4. 1) $\int_0^4 cx\,dx = 8c = 1$ 이므로 $c = \frac{1}{8}$

2) $P(1 \le X \le 2) = \int_1^2 \frac{1}{8}x\,dx = \frac{3}{16}$

5. $E(X) = (0)(0.05) + (1)(0.21) + \cdots + (6)(0.01) = 2.18$

$E(X^2) = (0^2)(0.05) + (1^2)(0.21) + \cdots + (6^2)(0.01) = 6$

$V(X) = 6 - (2.18)^2 = 1.2476$

6. 1) 확률변수 X와 Y의 결합확률분포 $f(x, y)$:

Y \ X	1	2	3	4
0	0.20	0.15	0.10	0.00
1	0.10	0.20	0.07	0.03
2	0.04	0.05	0.04	0.02

2) X의 주변확률질량함수: $f_X(x) = \sum_{y=0}^{2} f(x, y) = \begin{cases} 0.34, & x=1 \\ 0.40, & x=2 \\ 0.21, & x=3 \\ 0.05, & x=4 \\ 0, & \text{기타} \end{cases}$

Y의 주변확률질량함수: $f_Y(y) = \sum_{x=1}^{4} f(x, y) = \begin{cases} 0.45, & y=0 \\ 0.40, & y=1 \\ 0.15, & y=2 \\ 0, & \text{기타} \end{cases}$

3) $E(XY) = \sum_{x=1}^{4}\sum_{y=0}^{2} xyf(x, y)$

$= (1\times0\times0.20) + \cdots + (4\times2\times0.02) = 1.51$

$E(X) = \sum_{x=1}^{4} xf_X(x) = (1\times0.34) + \cdots + (4\times0.05) = 1.97$

$E(Y) = \sum_{y=0}^{2} yf_Y(y) = (0\times0.45) + (1\times0.40) + (2\times0.15) = 0.70$

4) $Cov(X, Y) = E(XY) - E(X)E(Y) = 1.51 - (1.97)(0.70) = 0.131$

7. 1) $P(X \ge Y) = \int_0^1 \int_{x^2}^{x} \frac{21}{4}x^2y\,dydx = \frac{3}{20}$

2) $f_X(x) = \int_{x^2}^{1} \frac{21}{4}x^2y\,dy = \frac{21}{8}x^2(1-x^4), \quad -1 \le x \le 1$

$$f_Y(y)=\int_{-\sqrt{y}}^{\sqrt{y}}\frac{21}{4}x^2y\,dx=\frac{7}{2}y^{\frac{5}{2}},\quad 0\le y\le 1$$

3) $E(X)=0$, $E(X^2)=\frac{7}{15}$, $V(X)=\frac{7}{15}$,

$E(Y)=\frac{7}{9}$, $E(Y^2)=\frac{7}{11}$, $V(Y)=\frac{28}{891}$

$E(XY)=\int_{-1}^{1}\int_{x^2}^{1}xyf(x,\ y)dydx=0$

$$\therefore\ \rho=\frac{E(XY)-E(X)E(Y)}{\sqrt{V(X)V(Y)}}=0$$

8. 생략

제 5 장 특수한 형태의 분포

1. X를 패혈증에 걸린 환자 중에서 살아나는 사람 수라고 하면, X는 $B(100,\ 0.6)$을 따른다. 이때 평균 $np=60$, 분산 $npq=24$이므로,

$$P(X\ge 65)\simeq P\left(Z\ge\frac{65-60}{\sqrt{24}}\right)=P(Z\ge 1.02)=0.1539$$

2. $P(X=1)=\dfrac{\binom{5}{1}\binom{95}{9}}{\binom{100}{10}}$

3. $P(X\ge 3)=\dfrac{\binom{5}{3}\binom{10}{4}+\binom{5}{4}\binom{10}{3}+\binom{5}{5}\binom{10}{2}}{\binom{15}{7}}$

4. $P(X=10)=\dfrac{\binom{700}{10}\binom{1300}{10}}{\binom{2000}{20}}$

5. $P(X\ge 6)=1-P(X\le 5)=1-\sum_{x=0}^{5}\dfrac{e^{-3}3^x}{x!}$

6. X를 불량품의 개수라고 하면, X는 $B(100,\ 0.01)$을 따른다.

   1) $P(X=5)=\binom{100}{5}(0.01)^5(0.99)^{95}=0.0028$

   2) $P(X=5)=\dfrac{e^{-1}1^5}{5!}=0.0030$

7. 생략

8. 야구선수가 처음으로 안타를 칠 때까지의 타석수를 X라고 하면, X는 $B^{-1}(1, 0.3)$을 따른다.

$$P(X=5)=f(5)=(0.3)(0.7)^4$$

9. A가 3번 이길 때까지의 시합횟수를 X라고 하면, X는 $B^{-1}(3, 0.6)$을 따른다.

$$P(X=5)=f(5)=\binom{4}{2}(0.6)^3(0.4)^2=0.207$$

10. $f(x, y)=\frac{1}{12}, \quad -2<x<1, \ -1<y<3$

$$\therefore \quad P(X^2+Y^2\le 0.4^2)=\int_{-0.4}^{0.4}\int_{-\sqrt{0.4^2-y^2}}^{\sqrt{0.4^2-y^2}}\frac{1}{12}\,dx\,dy=\frac{1}{75}\pi$$

11. X를 포도의 무게라고 하면, X는 $N(250, 10^2)$을 따른다.

$$P(230\le X\le 260)=P(-2\le Z\le 1)=0.8186$$

12. X를 완전 대피에 소용되는 시간이라고 하면, X는 $N(330, 30^2)$을 따른다.

$$P(0\le X\le 240)=P(-11\le Z\le -3)=0.0013$$

13. X를 통계학 기말시험 점수라고 하면, X는 $N(65, 5^2)$을 따른다.

1) $P(60\le X\le 75)=P(-1\le Z\le 2)=\Phi(2)+\Phi(-1)=0.8186$

2) $P\left(\frac{X-65}{5}\ge z_{0.15}\right)=0.15, \quad \frac{X-65}{5}=z_{0.15}=1.04$

$\therefore \quad X=65+(5)(1.04)=70.2$ 이므로, 71점 이상을 받아야 한다.

14. X를 출근하는데 걸리는 시간이라고 하면, X는 $N(30, 6^2)$을 따른다.

1) $P(X\le 35)=P(Z\le 5/6)=0.7967$

2) $P\left(\frac{X-30}{6}\le z_{0.05}\right)=0.95$

$\therefore \quad X=30+(6)(1.645)=39.87$ 이므로 늦어도 8시 20분에 출발하여야 한다.

15. X를 예약을 취소 또는 변경하는 사람 수라고 하면, X는 $B(230, 0.1)$을 따른다.

$$P(X\ge 23)=1-\sum_{x=0}^{22}\binom{230}{x}(0.1)^x(0.9)^{230-x}$$

16. $P(X\le 1)=1-e^{-\frac{1}{3}}$

제 6 장 표본분포

1. 1) $\mu=E(X)=\frac{1}{5}(1+2+3+4+5)=3, \quad \sigma^2=E(X^2)-\mu^2=11-9=2$

2) (1, 1), (1, 2), ⋯, (5, 5)

3)

$\bar{x}$	1.0	1.5	2.0	2.5	3.0	3.5	4.0	4.5	5.0
$f(\bar{x})$	$\frac{1}{25}$	$\frac{2}{25}$	$\frac{3}{25}$	$\frac{4}{25}$	$\frac{5}{25}$	$\frac{4}{25}$	$\frac{3}{25}$	$\frac{2}{25}$	$\frac{1}{25}$

4) $E(\overline{X})=\mu=3$, $V(\overline{X})=\sigma^2/2=1$

2. X를 전구의 수명이라고 할 때

$$P(\overline{X}\le 1990)=P\left(\frac{\overline{X}-2000}{5}\le\frac{1990-2000}{5}\right)\simeq P(Z\le -2)=0.0227$$

3. $P(|\overline{X}-\mu|\le 0.1)=P\left(\frac{|\overline{X}-\mu|}{2/\sqrt{n}}<\frac{0.1}{2/\sqrt{n}}\right)=P\left(|Z|<\frac{0.1}{2/\sqrt{n}}\right)\ge 0.95$

$$\frac{0.1}{2/\sqrt{n}}=z_{0.025}=1.96,\qquad \therefore\ n=1537$$

4. X를 학생의 체중이라고 하면, X는 $N(66,\ 4^2)$을 따른다.

$$P(66\le\overline{X}<67)=P(0\le Z<1.25)=0.3944$$

5. X를 강철빔의 장력이라고 하면, X는 $N(\mu,\ 10^2)$, $V=\frac{10S^2}{100}$ 은 $\chi^2(10)$을 따른다.

$$P(S^2>205)=P(V>20.5)\simeq 0.025$$

6. 시청률을 $\hat{p}$라고 할 때

$$P(\hat{p}>0.52)=P\left(\frac{\hat{p}-0.6}{\sqrt{p(1-p)/n}}>\frac{0.52-0.6}{\sqrt{(0.6)(0.4)/150}}\right)\simeq P(Z>-2)=0.9773$$

7. $X\sim B(64,\ 0.2)$일 때

$$P(X>16)=P\left(\frac{X-np}{\sqrt{npq}}>\frac{16-12.8}{\sqrt{10.24}}\right)\simeq P(Z>1)=0.1587$$

8. 생략

제 7 장 추정

1. $f(x)=\frac{1}{\theta}$, $\quad 0<x<\theta$

$E(\overline{X})=\frac{\theta}{2}\ne\theta$ $\therefore$ $\overline{X}$는 θ의 편의추정량이다.

2. $E(T_1)=E(T_2)=E(T_3)=\mu$이므로, T_1, T_2, T_3는 θ의 불편추정량이다.

$V(T_1)=\frac{1}{3}\sigma^2$, $V(T_2)=\frac{9}{25}\sigma^2$, $V(T_3)=\frac{11}{25}\sigma^2$이므로, 통계량 T_1이 가장 유

효하다.

3\. 1) $\overline{X} = \frac{1}{9}(1570 + 1840 + \cdots + 1260) = 1550$,

$S^2 = \frac{1}{8}[(1570 - 1550)^2 + \cdots + (1260 - 1550)^2] = 195^2$

2) $1550 \pm z_{0.025}\frac{180}{\sqrt{9}} = (1432.4,\ 1667.6)$

3) $1550 \pm t(8,\ 0.025)\frac{195}{\sqrt{9}} = (1400.11,\ 1699.89)$

4\. $172 \pm z_{0.005}\frac{4}{\sqrt{100}} = (170.97,\ 173.03)$

5\. 1) $S^2 = 6$ 2) 가정: 정규 모집단,

$\left(\frac{(11)(6)}{\chi^2(11,\ 0.05)},\ \frac{(11)(6)}{\chi^2(11,\ 0.95)}\right) = (3.35,\ 14.43)$

6\. $\hat{p} \pm z_{0.025}\sqrt{\frac{\hat{p}\hat{q}}{n}} = 0.45 \pm 1.96\sqrt{\frac{(0.45)(0.55)}{100}} = (0.3526,\ 0.5474)$

7\. 1) $\hat{p} = \frac{144}{225} = 0.64$

2) 표준오차의 추정값 $\sqrt{\frac{\hat{p}\hat{q}}{n}} = \sqrt{\frac{(0.64)(0.36)}{225}} = 0.032$

3) $\hat{p} \pm z_{0.05}\sqrt{\frac{\hat{p}\hat{q}}{n}} = 0.64 \pm (1.645)(0.032) = (0.5874,\ 0.6926)$

8\. $n \geq 0.5 \times 0.5\left(\frac{1.96}{0.025}\right)^2 = 1536.64$ 이므로, 필요한 표본의 크기는 $n = 1537$ 명이다.

9\. $n \geq 0.5 \times 0.5\left(\frac{1.645}{0.05}\right)^2 = 270.60$ 이므로, 필요한 표본의 크기는 $n = 271$ 명이다.

10\. $59.0718 \pm z_{0.025}\frac{3.2595}{\sqrt{32}} = (57.9425,\ 60.2011)$,

$59.0718 \pm t(31,\ 0.025)\frac{3.2595}{\sqrt{32}} = (57.8967,\ 60.2469)$

11\. 생략

12\. 생략

제 8 장 통계적 가설검정

1. 가설: $H_0: \mu = 15 \quad H_1: \mu < 15$

   검정통계량 $Z = \frac{13-15}{3/\sqrt{9}} = -2 < -z_{0.05} = -1.645$ 이므로, H_0를 기각

2. 가설: $H_0: \mu = 4 \quad H_1: \mu < 4$

   검정통계량 $Z = \frac{3.9-4}{0.4/\sqrt{36}} = -1.5 > -z_{0.05} = -1.645$ 이므로, H_0를 채택

3. 가설: $H_0: \sigma^2 = 1.5^2 \quad H_1: \sigma^2 > 1.5^2$

   검정통계량 $V = \frac{(9)(5.155)}{1.5^2} = 20.622 > \chi^2(9,\ 0.05) = 16.92$ 이므로, H_0를 기각

4. 가설: $H_0: p = 0.2 \quad H_1: p > 0.2$

   검정통계량 $Z = \frac{0.4074-0.2}{\sqrt{(0.2)(0.8)/81}} = 4.6665 > z_{0.01} = 2.33$ 이므로, H_0를 기각

5. 가설: $H_0: p = 0.8 \quad H_1: p > 0.8$

   검정통계량 $Z = \frac{0.84375-0.8}{\sqrt{(0.8)(0.2)/64}} = 0.875 < z_{0.05} = 1.645$ 이므로, H_0를 채택

6. 가설: $H_0: p = 0.5 \quad H_1: p \neq 0.5$

   검정통계량 $|Z| = \left| \frac{0.45-0.5}{\sqrt{(0.5)(0.5)/100}} \right| = 1.0 < z_{0.05} = 1.645$ 이므로, H_0를 채택

7. 가설: $H_0: p = 0.7 \quad H_1: p \neq 0.7$

   검정통계량 $|Z| = \left| \frac{0.6-0.7}{\sqrt{(0.7)(0.3)/50}} \right| = 1.5432 < z_{0.025} = 1.96$이므로, H_0를 채택

제 9 장 두 모집단에 대한 추론

1. 1) $(\overline{X} - \overline{Y}) \pm z_{\alpha/2}\sqrt{\frac{\sigma_1^2}{n_1} + \frac{\sigma_2^2}{n_2}} = (5.65 - 5.40) \pm 1.96\sqrt{\frac{0.04}{10} + \frac{0.09}{15}}$

   $= (0.054,\ 0.446)$

   2) 가설: $H_0: \mu_1 = \mu_2 \quad H_1: \mu_1 \neq \mu_2$

   $|Z| = \left| \frac{\overline{X} - \overline{Y}}{\sqrt{\sigma_1^2/n_1 + \sigma_2^2/n_2}} \right| = \left| \frac{5.65 - 5.40}{\sqrt{0.04/10 + 0.09/15}} \right| = 2.5 > z_{0.025} = 1.96$ 이

므로, H_0 를 기각

2. $S_p^2 = \dfrac{(8-1)(17.1428)+(8-1)(16.8571)}{16-2} = 16.9999$

가설: $H_0: \mu_1 = \mu_2 \qquad H_1: \mu_1 \neq \mu_2$

$|T| = \left| \dfrac{69-75}{\sqrt{16.9999\left(\frac{1}{8}+\frac{1}{8}\right)}} \right| = 2.9105 > t(14,\ 0.025) = 2.145$ 이므로, H_0 를 기각

3. 가설: $H_0: \mu_1 = \mu_2 \qquad H_1: \mu_1 \neq \mu_2$

$|T| = \left| \dfrac{\overline{D}}{S_D/\sqrt{n}} \right| = \left| \dfrac{-3.25}{4.0028/\sqrt{12}} \right| = 2.8125 > t(11,\ 0.025) = 2.201$ 이므로, H_0 를 기각

4. 1) $(\overline{X}-\overline{Y}) \pm z_{0.05}\sqrt{\dfrac{S_1^2}{n_1}+\dfrac{S_2^2}{n_2}} = (40-30) \pm 1.645\sqrt{\dfrac{100}{150}+\dfrac{169}{36}}$

$= (6.1912,\ 13.8088)$

2) 가설: $H_0: \mu_1 = \mu_2, \quad H_1: \mu_1 \neq \mu_2$

$|Z| = \left| \dfrac{\overline{X}-\overline{Y}}{\sqrt{S_1^2/n_1 + S_2^2/n_2}} \right| = \left| \dfrac{40-30}{\sqrt{100/150+169/36}} \right| = 4.3189 > z_{0.05} = 1.645$

이므로, H_0 를 기각

5. 가설: $H_0: \dfrac{\sigma_1^2}{\sigma_2^2} = 1 \qquad H_1: \dfrac{\sigma_1^2}{\sigma_2^2} \neq 1$

기각역: $F \geq F(24, 29; 0.025) = 2.15$ 또는 $F \leq F(24, 29; 0.975) = 0.45$

검정통계량의 값은 $F(24,\ 29; 0.025) > F = 0.8 > F(24,\ 29; 0.975)$ 이므로, H_0를 채택

6. 1) $(\hat{p}_1 - \hat{p}_2) \pm z_{0.05}\sqrt{\dfrac{\hat{p}_1(1-\hat{p}_1)}{n_1}+\dfrac{\hat{p}_2(1-\hat{p}_2)}{n_2}}$

$= (0.240-0.297) \pm 1.645\sqrt{\dfrac{(0.240)(0.760)}{225}+\dfrac{(0.297)(0.703)}{175}}$

$= (-0.131,\ 0.017)$

2) p 의 합동추정값 $\hat{p} = \dfrac{54+52}{225+175} = 0.265$

가설: $H_0: p_1 = p_2 \qquad H_1: p_1 \neq p_2$

$|Z| = \left| \dfrac{\hat{p}_1 - \hat{p}_2}{\sqrt{\hat{p}(1-\hat{p}) \cdot \left(\frac{1}{n_1}+\frac{1}{n_2}\right)}} \right|$

$$= \left| \frac{0.240 - 0.297}{\sqrt{(0.265)(0.735) \cdot \left(\frac{1}{225} + \frac{1}{175}\right)}} \right| = 1.281 < z_{0.05} = 1.645$$ 이므로,

H_0를 채택

7. 1) $\left(\frac{S_1^2}{S_2^2} \times \frac{1}{F(6,\ 5;\ 0.05)},\ \frac{S_1^2}{S_2^2} \times F(5,\ 6;\ 0.05) \right)$

$$= \left(\frac{0.0102}{0.0003} \times \frac{1}{4.95},\ \frac{0.0102}{0.0003} \times 4.39 \right) = (6.868,\ 149.26)$$

2) 가설 $H_0 : \frac{\sigma_1^2}{\sigma_2^2} = 1 \qquad H_1 : \frac{\sigma_1^2}{\sigma_2^2} > 1$

$F = \frac{S_1^2}{S_2^2} = \frac{0.0102}{0.0003} = 34 > F(6,\ 5;\ 0.05) = 4.95$ 이므로, H_0를 기각

찾아보기

김제영(金濟榮)

서울대학교 (학사)
미국 미시간대학교 대학원(통계학 석사)
미국 미시간대학교 대학원(통계학 박사)
현: 육군사관학교 교수

배현웅(裵玄雄)

육군사관학교(학사)
고려대학교 대학원(통계학 석사)
미국 아이오와대학교 대학원(통계학 박사)
현: 육군사관학교 교수

윤병창(尹秉昌)

서울대학교(학사)
서울대학교 대학원(통계학 석사)
서울대학교 대학원(통계학 박사)
현: 육군사관학교 교사

[개정판]
EXCEL을 이용한 **통계학의 기초와 이해**

2001년 9월 1일 초 판 발행
2023년 5월 8일 개정판 8쇄 발행

저 자 / 김제영 · 배현웅 · 윤병창
발행자 / 오판근
발행처 / 교우사

주 소 / 서울특별시 동대문구 약령시로 8 교우빌딩 2층
전 화 / 925-2861(대), 편집부 / 925-2825, 홈쇼핑 / 969-5762
팩 스 / 925-2860

E-mail / kyowoo@kyowoo.co.kr
http://www.kyowoo.co.kr

등록 / 1994. 3. 24 제6-0256호

ISBN 978-89-8172-268-5 (93310)

값 24,000원